河湖岸线多孔混凝土特定生境生态修复技术与实践

吴义锋　吕锡武　著

中国水利水电出版社
www.waterpub.com.cn
·北京·

内 容 提 要

本书是一本关于水体岸线生态修复关键技术原理与实践应用的图书。本书紧紧围绕当前被广泛关注的河湖岸线水土保持与生态修复的热点问题，基于河湖岸线生态功能及生境修复的理论基础分析，全面介绍河湖岸线生态修复型多孔混凝土材料配比及构型优化设计技术，阐述河湖多孔混凝土生态岸线水质净化效应、微生物富集效应、生态化岸线水土界面的物质交换机制，系统研究多孔混凝土制备与构型优化设计、河湖岸线多孔混凝土特定生境生态修复关键技术，展示多孔混凝土载体联合植物群落应用于环境改善和生态修复的成功案例，提供多孔混凝土制备工艺与构型优化设计技术、河湖岸线多孔混凝土生态建设技术及应用两部技术指南。

本书可供环境工程、环境科学、水利工程、市政工程等学科的科研人员、大学教师及其相关专业的本科生、研究生，以及从事环境保护、水土保持及水生态、水资源等领域的工程技术和管理人员参考。

图书在版编目（CIP）数据

河湖岸线多孔混凝土特定生境生态修复技术与实践 / 吴义锋，吕锡武著. -- 北京 : 中国水利水电出版社，2016.12
ISBN 978-7-5170-5043-8

Ⅰ. ①河… Ⅱ. ①吴… ②吕… Ⅲ. ①多孔板－混凝土板－应用－生态环境－生态恢复－研究 Ⅳ. ①X171.4

中国版本图书馆CIP数据核字(2016)第316036号

书　　名	**河湖岸线多孔混凝土特定生境生态修复技术与实践** HEHU ANXIAN DUOKONG HUNNINGTU TEDING SHENGJING SHENGTAI XIUFU JISHU YU SHIJIAN
作　　者	吴义锋　吕锡武　著
出版发行	中国水利水电出版社 （北京市海淀区玉渊潭南路 1 号 D 座　100038） 网址：www. waterpub. com. cn E - mail：sales@waterpub. com. cn 电话：(010) 68367658（营销中心）
经　　售	北京科水图书销售中心（零售） 电话：(010) 88383994、63202643、68545874 全国各地新华书店和相关出版物销售网点
排　　版	中国水利水电出版社微机排版中心
印　　刷	北京瑞斯通印务发展有限公司
规　　格	184mm×260mm　16 开本　10.5 印张　249 千字
版　　次	2016 年 12 月第 1 版　2016 年 12 月第 1 次印刷
印　　数	0001—1000 册
定　　价	**48.00** 元

前言

河湖岸线是高低水位之间直到水面影响完全消失为止的生态过渡带，是陆源污染物进入水域前的最后一道生态屏障，是生态系统中水土界面物质与能量交换过程的重要枢纽。长期以来，人们对河湖岸线的治理仅侧重于水土保持、防洪、航运、景观等单方面的需求，岸线普遍采用硬质化的护坡方式，切断了生态系统中水体与陆地间的物质、能量和信息交换过程，从而导致地表水体水质恶化、自净功能丧失、物种多样性下降、生态系统破损等诸多严重后果。河湖硬质岸坡的生态化改造以及生态水体的构建已成为现代水利工程发展过程中不可或缺的重要内容之一。随着对生态岸线内涵及其功能研究的不断深入，河湖生态岸线构建及其生态效应评价迫切需要建立一套完整的技术与理论体系，从而实现地表水体生态治理的目的，对河湖环境保护也具有重要的理论和现实意义。

多孔混凝土是采用特殊级配的集料和胶凝材料，使其力学性能满足河湖岸线修复工程使用要求的同时，内部形成蜂窝状的结构，连续贯通多孔结构和巨大的比表面积使得其表面非常适宜富集微生物及生长绿色植物，兼具类似土壤的透水透气性和一定的抗压强度，将之作为河湖岸线生态的生境修复材料及其应用模式备受关注。在关于河湖岸线生境修复大量的实地调研、实验室研究和工程实践的基础上，形成了系列化、标准化的多孔混凝土制备成型工艺及河湖岸线生境修复的优化构型设计，提出了多孔混凝土应用于河湖岸线修复水力学关键参数及其岸线多孔混凝土生境的植物群落构建模式。

为科学评价河湖岸线多孔混凝土生态建设的环境效应，在综述分析国内外河湖工程治理研究动态的基础上，本书利用理论分析和实验模拟相结合的研究方法，从河流生态岸坡的构建技术及其功能研究的角度出发，提出了水体岸线的生态治理工程模式。采用新型生态环保材料——生态混凝土构建了生态护砌河道实验模型，并以大量实验研究和理论分析为基础，提出了一整套河流生态岸坡水质改善功能及生态效应评价的技术与理论体系，重点探讨了生态混凝土护坡构建技术及河流岸坡生物栖息地改替等生态修复的工程实践方法。

根据天然河流形态和运动特征，构建了仿天然河流自然弯曲特征的多孔混凝土护砌河道实验模型，通过实验模型的运行调控，模拟并研究岸线特定生境在河道常水位和水位动态周期变化条件下的水质净化效果以及抗污染冲击负荷的能力，并取得了良好的水质改善效果。论文研究中提出的多孔混凝土生态岸线的植被覆盖率高，水质改善效果明显，相对“三面光”硬化模式岸线的河道中污染物去除率有很大的提高；在模拟河道水位动态周期性变化水质改善效果时，多孔混凝土生态岸线的水质改善效果全面优于模拟河道常水位运行时的水质改善效果；同时研究表明，具有生态岸线的河道抗污染冲击负荷的能力较强，实验河道中总氮浓度分别瞬时增加时，生态护砌河道水质恢复的时间较“三面光”河道有很大程度的缩减。针对地表水体地中阿特拉津、酞酸酯类等微量内分泌干扰物的检出频率和浓度均呈上升趋势的特性，通过大量实验分析重点研究了生态护砌河道对微量有机物的去除效果，最终得出多孔混凝土生态岸线能强化并有效去除水中阿特拉津、酞酸酯类、氯代苯类等微量有机污染物，而“三面光”硬化模式的水体中微量有机物的去除效果不稳定且去除率低的有利结论，为水源地的水质安全保障和生态修复提供了重要参考依据。

本书通过微生物学检测和坡面基质生化性质分析，探讨了岸线多孔混凝土生境基质微生物量、富集微生物的分布特性及岸线生境微生物栖息地改替等生态修复技术，提出了河道岸坡面的水生植物生长区是改善河流生态系统最活跃的功能区，也是河流生态修复的控制区。采用 PFU 法监测实验河道的微型生物群落结构，对比研究了多孔混凝土岸线生境修复模式、“三面光”硬化岸线模式等不同类型河道中的微型生物群落的构成特征，多孔混凝土岸线修复模式能强化水中微型生物群集速率，在较短的时间内实现了微生物物种平衡，生态系统自我完善功能强大，微型生物群集速率、生物多样性指数明显高于“三面光”硬化岸线模式。在对多孔混凝土生态岸线实验模型水质演变理论分析的基础上，系统实验研究了多孔混凝土岸线修复对其水动力学特性的影响，确定了生态护砌河道的粗糙系数，为水工计算提供设计依据。

河湖岸线的生态混凝土生境修复可有效改善水体水质，提高水体自净能力，修复和完善水生生态系统，本书提供了《岸线修复型多孔混凝土制备与预制构型设计技术指南》和《河湖岸线生态建设技术指南》等两部实用的技术指南，为多孔混凝土及其生态构建模式在河湖岸线防护的应用提供设计、施工、验收、管养等成套的规程文件，本书成果可为不同类型的河湖等地表水体的生态修复和环境质量改善提供基础数据和技术支撑。

本书内容主要是作者在河湖岸线生态建设和水环境保护等领域长期的研

究成果的总结。全书共包含5个方面的内容，分为11章。第1章为文献综述、研究背景与研究意义；第2章和第9章主要阐述多孔混凝土材料制备成型工艺、多孔混凝土构型优化设计及河湖岸线生态构建关键技术与工程案例；第3～7章系统分析了水体岸线多孔混凝土生态修复的环境效应评价的实验研究成果，包括实验模型设计、水质净化过程与机理分析、微量有机物去除、多孔混凝土生境水土界面微生物富集特性、岸线构建模式对水生生态系统的影响等；第8章分析了多孔混凝土生态岸线与硬化岸线对水动力特征的影响；第10章和第11章为关键技术应用指南专辑，提供了两部关于河湖岸线生态建设的实用技术指南。

本书得到了国家十二五科技支撑计划课题“水网密集地区村镇宜居社区与工业化小康住宅建设关键技术研究与集成示范”（2013BAJ10B13）的资助，获得了国家水体污染控制与治理重大科技专项“竺山湾农村分散式生活污水处理技术集成研究与工程示范”（2011ZX07101－005）、江苏省自然科学基金课题“水体岸坡特定生境中氮磷营养盐的水土界面微生态过程及其生态修复潜力研究”（BK20161146）、浙江省水利科技项目“‘万里清水河道建设’生态堤岸适用技术研究”（RB0914）、国家自然科学基金“河渠岸坡特定生态系统水-土界面物质交换机理与功能强化”（50119027）等科研课题的支持；全书由吴义锋撰写和统稿，同时也凝聚了东南大学吕锡武教授的大量心血，在资料收集和本书编写过程中，得到了韩玉玲、高建明、刘劲松、岳春雷、徐晓东等专家学者的悉心指导和帮助，上海市黄浦江原水厂、浙江省河道管理总站、江苏省水利厅、中国水利水电出版社等单位领导和专家给予了大力支持；戴喆秦、代洪亮、殷志平、朱闻博、陈杨辉等均参加了河湖岸线环境构建关键技术等课题的部分研究工作；东南大学朱光灿研究员、河海大学薛联青教授也给予了帮助与支持。在本书出版之际，作者在此深表谢意！

同时对本书所引用的参考文献的作者及不慎疏漏的引文作者也一并致谢！

由于作者的专业水平和知识领域有限，在本书编写过程中难免存在不足、不妥及顾此失彼之处，敬请专家、同仁及各界读者给予批评指正！

作者

2016年10月于东南大学

目　录

第1章　绪　　论

1.1　研究背景

1.1.1　水环境现状

“水环境形势依然十分严峻，老问题尚未解决，新问题又接踵而至，主要污染物排放总量明显超过水环境容量，群众对水污染事件的投诉越来越多……”，《水污染防治行动计划》（国发〔2015〕17号）描述了我国当前水环境形势和水污染防治情况，由此表明我国水环境形势十分严峻，水污染防治任重道远。

国家环境保护部提供的《2015中国环境状况公报》显示，我国的水污染形势依然严峻，国家环境监测网监测的423条主要河流、62座重点湖泊（水库）的967个断面中，Ⅰ～Ⅲ类、Ⅳ～Ⅴ类、劣Ⅴ类水质的断面比例分别为64.5%、26.7%和8.8%，后两者比例之和高达35.5%。七大水系中，黄河、海河、淮河、辽河等重点流域中，劣Ⅴ类水质断面分别占12.9%、9.6%、39.1%和14.5%，主要污染指标为化学需氧量（COD）、五日生化需氧量（BOD_5）和总磷（TP）；2015年全国62个重点湖泊（水库）中，富营养化问题依然突出，重度富营养湖泊（水库）5个，中富营养湖泊（水库）4个，主要污染物为总磷、化学需氧量和高锰酸盐指数（COD_{Mn}）等。另据新华网资料，我国重点流域40%以上的断面水质没有达到治理规划的要求，一些地区出现“有河皆干、有水皆污”的恶性循环，全国大、中城市浅层地下水不同程度地遭到污染，约有一半的城市市区地下水污染较为严重，部分流域的水资源开发利用程度过高、水污染事故频发等问题，也严重影响着我国的水环境。世界各国也存在不同程度的水体污染问题。在非洲，各类河流被未处理的工业废水和生活污水污染，河流的纳污能力几乎丧失，生态功能受到严重损害；美国50%以上的河流不能支持基本水生价值或不具备娱乐游泳的水体功能，英国85%的地表水体受到不同程度的污染。联合国环境规划署的统计资料表明，美国境内有76%的湖泊处于富营养化、23%的湖泊处于中营养化水平，欧洲范围内96个湖泊中有80%的湖泊受到不同程度的氮磷污染，呈现较强的藻类生长能力。

人类社会的高速发展带来了一系列的环境问题，其中水问题给人们的生产、生活带来的负面影响较为严重。寻求解决水污染问题的方法，一方面是控制点源污染和面源污染；另一方面是对天然水体实施工程性或非工程性的措施，提高河流、湖泊等水体的自净能力，修复恶化的水生生态环境。对于前者，各地方主管部门均采取了强制性的措施，新建和扩建污水处理设施，对农田水利实施有效节水灌溉，从源头控制进入水体的污染负荷，对河湖等地表水体水质改善具有一定的作用，尽管如此，大多数河流、湖泊等地表水体所接纳的污染负荷仍然超过其纳污能力，水体长期处于污染状态，使得外源污染逐渐转化为水体的内源污染；对于后者，世界各国在对河流、湖泊实施水利工程措施的时候，其目标仅仅局限于保障天然水体的航运、防洪等单方面的需求，建成了硬质性的岸坡护砌，然而对水体的生态系统造成了致命的伤害。岸坡是水生生态系统中生命体最活跃的区域，硬质化的护砌方式阻隔了水体与陆地生态系统中各要素之间的物质、能量和信息的交流，水体封闭在河道中，生物多样性降低，生态系统脆弱，自净能力下降，河流对外部污染负荷的抗冲击能力削弱甚至失去，一旦污染物进入水体即造成严重污染，若污染物进入硬质护砌的水源地，造成的水质风险则更为严重。因此，修复河流生态和改变岸坡护砌方式成为环境、水利、生态等学科共同关注的热点课题。

1.1.2 水环境生态修复

水体污染及其生态环境的破损，是由多种原因同时作用促成的。人们对水体施加了过多的环境压力，同时还为了水土保持、防洪、航运等自身安全和经济发展目的，对河湖等水体采取了大规模的人工改造，采用现代工程技术手段和非生态性的硬质化护砌技术加固堤坝，改变了水体的自然特征，水生生态系统封闭化、自然河流渠道化、几何形状规则化、护砌材料硬质化。近年来，随着环境、材料以及生态工程等学科的发展，以及对非生态性工程措施严重后果的认识进一步加深，生态水处理技术以及水体原位性生态修复工程逐渐成为人们关注的问题之一。

生态工程技术以仿生学为基本原理，在天然水体生态系统中引进工程的力量，从而提高水质净化能力，该技术体系是以生态系统为基础，以食物链为纽带，为细菌、藻类、原生动物、微小后生动物到鱼类、两栖类动物在水域、陆域等环境生态场所提供有机的链接功能，并用工程学的方法予以控制。生态工程技术的特点是强化自然净化机能，强化物质、能量和信息通过生物之间的相互转换，实现生态系统的功能健全，进而使包括人类在内的环境系统实现和谐统一。目前，生态工程技术已广泛应用于微污染水体的生态修复之中，常用的技术方法有植物修复、滨水湿地原位净化、河道滞留生态塘、生态浮岛与生态鱼礁等。

1.1.2.1 植物修复

绿色植物是水生生态系统的重要组成部分，是整个系统中的能量和物质基础，为微生物提供生境，对维护生态完整性具有重要作用。水生植物可以吸收并去除水中的营养物质，并可对有毒有害物质具有很强的吸收、分级和净化能力。植物修复对污染物的去除主要是通过植物萃取、降解、挥发、根际过滤、植物固定等作用共同完成的。

植物修复的效果在一定程度上取决于植物品种的选用，挺水植物、沉水植物、浮叶植物、浮游植物以及陆生的草本植被的生长状况和生活习性各不相同，在生态系统中占据着各自的生态位，在水质改善和生态修复中发挥的作用也不相同。相关学者已系统性地研究了多种植物对水体污染的吸收能力和吸收效果，植物的选择应根据水质状况、污染物种类来共同决定，目前应用最多的植物主要为美人蕉、香蒲、芦苇、水葱、苦草、菹草、浮萍、水花生以及水生蔬菜等。在植物的品种和数量选择上，一般应选择4～6种植物混种，以增加生态系统的容量，同时还应防止和控制外来物种对土著植物的生物入侵。植物的利用形式也成为相关学者研究的重要内容之一，近年来植物利用形式也呈现多样化趋势，如水生植物滤床、植物浮岛、植物廊道、水生植物塘等相继被研究和应用。在污染水体水质和水生生态系统得到改善的同时，植物修复技术还可产生一定的经济效益。

1.1.2.2 滨水湿地原位净化

滨水湿地是利用基质、植物和微生物相互关联，通过物理、化学、生物过程的协同作用，改善水质和生态修复的生态工程。植物是人工湿地的核心部分，旺盛生长的绿色植物在吸收污染物的同时，供其生长的基质和根系微环境为微生物的富集、栖息和繁衍提供良好的生境，最终形成了结构稳定和功能完整的微型生态系统。人工湿地的水质净化机理除了通过植物和填料对悬浮性污染物的过滤、吸附及吸收作用外，植物根际微生物也对有机物、氮、磷等营养物的去除起到了关键作用。人工湿地应用范围广泛，可用于处理生活污水和废水，也可用于水体的原位生态修复，均能有效改善污染水体水质。无锡市在饮用水源地太湖湖湾处开辟了面积达 $50hm^2$ 的水域，其中部分水域种植凤眼莲等水生植物，并投放了白鲢鱼、福寿鱼等，构成大片的人工湿地，有效抑制了浮游藻类的生长及密度，叶绿素浓度比场外降低了40%～90%，每年削减污染物相当于25t氮、4t磷。

1.1.2.3 河道滞留生态塘

滞留生态塘修复技术是以太阳能为初始能源，通过在塘中种植水生植物，并进行水产和水禽养殖，形成复合型的人工生态系统，物质、能量在生态塘中多条食物链中逐级传递、转化，水体的污染物得以降解，且水生植物和水产可作资源回收，实现了污水处理的资源化。目前，滞留生态塘系统也逐渐应用于河流等污染水体的综合治理之中，充分利用河流地形条件，建设滞留堰拦截河水以构建河道滞留塘，延长河水在单位长度的滞留时间，通过重力沉降、植物吸收和微生物降解，有效改善河水水质，而且能增加河流的景观功能。

1.1.2.4 人工介质（生态浮岛与生态鱼礁）

天然河道中因泥沙沉积而形成的岛（洲）对水生生态系统有着重要的影响，由于岛（洲）为绿色植物生长、微生物富集提供了生境，为鱼类等脊椎动物提供了栖息繁衍的场所，在岛上形成了微生物-动物-绿色植物的联合体，且四周与水体相连，对河流水质净化起着关键性的作用。但随着对河流的底泥疏浚、裁弯取直、硬质化等水利工程的实施，天然岛屿消失，水体自净能力因此下降，生态系统遭到破坏。人工生态浮岛是采用多孔性材质人为在水中设置构筑物，作为水生生物栖息、生长、繁衍的场所，营造适宜鱼类等动物生长的环境。生态浮岛是将绿化技术和漂浮技术相结合的水质净化措施，一般用聚氨酯涂装的发泡聚苯乙烯作为植物生长的浮体，下部用多孔性材料作骨架，作为鱼类和水生昆虫栖息环境。另外，生态浮岛可吸收水中的氮磷污染物，还有利于水产渔业的增收和生态环境的保护。

人工生态鱼礁是人为在水中设置构造物，为鱼类等水生生物栖息、生长、繁殖提供必要、安全的场所，营造一个适宜鱼类生长的环境，从而达到保护、增殖渔业资源的目的。生态鱼礁上所发生的化学过程、生物过程及其生态稳定性深刻影响着所属水体的物理化学变化过程，因此生态鱼礁技术可用来改善水体水质和修复生态环境。目前，生态鱼礁主要应用于近海海域的渔业场所，整修海洋渔场。近年来，日本在近海海域投放了大量的生态鱼礁，整修了沿岸渔场，海水水质得到很大改善，海水赤潮发生频率大大降低。我国浙江省在近海海域17个站点投放了人工生态鱼礁，投放海域的海洋生态环境和渔业资源得到有效改善。河湖等地表微污染水体投放生态鱼礁会影响其航运、泄洪等功能，因而地表水体投放生态鱼礁的生态修复技术尚未得到广泛应用。

1.1.3 提出问题

随着环境工程学、材料工程学以及生态工程学等学科的发展，微污染水体的生态修复技术已从单一性的修复技术发展到多学科交叉的综合性控制技术。总体而言，现有的生态修复技术措施还存在以下问题值得商榷：

（1）过分强调近期水质改善效果。河流、湖泊等地表水体的污染一般都是一个长期积累的过程，也是外源污染逐渐转化为内源污染的过程，长期以来，原本健康的生态环境逐渐遭受破坏，并且逐渐退化。要恢复破坏了的生态系统，在施加人为的控制措施条件下，还需要一个相对较长的时间过程，而且水体水质受到河流地形条件、水动力学条件以及水体内源、外源污染负荷的共同影响，因此仅强调水质恢复的治理措施只能起到治标不治本的结果。

（2）生态修复整治过程限制了水体的局部使用功能。人们往往习惯于择水而居，水体在满足饮水要求的同时，也在运输、防洪等功能方面发挥着重要的作用。在对河流实施生态修复或水质改善的工程措施时，向水体中填设人工载体或生物浮床等，严重影响水体的行洪条件，导致岸坡侵蚀，妨碍船只通行。

（3）应用范围相对较小，可能对生态系统造成负面影响。大多数生态工程技术如人工湿地、生态浮床、滞留塘等技术，往往只对局部水体实施修复整治，而无法实现对整个水域产生影响，尤其对平原水网地区来说，水体交互强烈，局部水体的生态修复工程一般不会产生太大的效果。另外，局部水体生态条件的改变，会牵制整个水体，甚至流域的生态变动，带来一定的负面影响。

（4）过度强调植物作用。绿色植物是生态系统中最重要的生产者，然而，生态系统是一个高度的复合体，过度强调绿色植物的生态修复作用，短期内可有效改善水体水质，长期以来可能会导致水生生态系统失衡，妨碍水体的航运、行洪功能，同时产生大量的植物残体，导致二次污染。

由于污染水体水文条件的不确定性、环境条件的复杂性，对水体实施生态修复工程技术时，可能对其结构和使用功能估计不足，从而导致水质改善效果和生态系统恢复不理想。因此，有必要探索对水体扰动小、效率高、适用范围广的新型生态修复技术，同时结合我国水体污染的自身特点，并在应用过程中尽可能保持水体的原始面貌和使用功能，确保生态工程技术的可行性、通用性，改变传统仅注重水质改善效果的基本思想，强化水体自身特点，采取新型环保材料和工程技术加强水体自身生态条件的改变。

针对当前河湖等地表水体硬质化护砌的弊端和现有生态修复工程技术的某些不足，改变现有的硬质化河渠为类似天然的生态型河渠成为河流治理的新的工程理念。然而，我国的大多河渠均流经或靠近城市，两岸的土地面积被高度利用，要将现有的硬质化河渠恢复为自然弯曲，有浅滩、深潭、岛屿的天然河渠缺乏可行性，实施难度很大[10]。因此需要以生态水工学原理为指导，在河渠现状的基础上构建仿天然状态的透水性岸坡将是改善微污染水体生态系统的重要措施。水体岸坡是生态系统的重要组成部分，其护砌方式必然会对生态系统产生重要影响，因此，水体岸坡的生态化建设及其功能探讨逐渐成为人们关注的热点问题。在可控条件下研究水体生态堤岸对整个水生生态系统的影响效果对于构建生态水体和开发生态堤岸构建技术非常重要，进而可推动生态水利工程学的快速发展。

目前，针对生态河渠及其生态护岸的报道大多集中于内涵、结构和功能的描述、讨论上，对于堤岸生态护砌的水生态效应尚缺乏定量性、系统性的研究报道，因此，在水利工程生态化思想的大背景下，提出以环保型的新型材料——多孔混凝土为河道岸坡生态护砌及生态修复材料，综合生态学、环境学、水利工程学等学科的理论研究成果，主要研究多孔混凝土护坡构建技术、水质改善效果、水质净化机制、多孔混凝土护砌面微生物富集效应理化特征分析以及生态护砌河道的生态效应评价。在国家十二五科技支撑计划课题“水网密集地区村镇宜居社区与工业化小康住宅建设关键技术研究与集成示范”（2013BAJ10B13）、国家水体污染控制与治理重大科技专项“竺山湾农村分散式生活污水处理技术集成研究与工程示范”（2011ZX07101-005）和江苏省自然科学基金课题“水体岸坡特定生境中氮磷营养盐的水土界面微生态过程及其生态修复潜力研究”（BK20161146）等项目的资助下，通过构建多孔混凝土河渠岸坡护砌实验模型，以微污染水体的水质改善和岸线生态修复为研究对象，通过系统、连续、动态、定量化的观测和测量，研究多孔混凝土护砌河道的生态系统建立及自我调节的机制，并建立综合水质数学模型，运用数学模拟方法，探讨生态堤岸的水质改善机制，评价生态护砌的生态效应。

1.2 河湖岸线生态化研究进展

河湖断面包括水体经常淹没的区域、水位变动区以及正常水位以上邻接部分的滩、壁、高地等。河湖岸线水土保持与安全防护的重点一般包括常水位以下至一定频率下高水位影响的区域，俗称水体岸线工程护坡。水体岸坡是高低水位之间直到水面影响完全消失为止的生态过渡带，是陆源污染物进入水域前的最后一道生态屏障。氮磷营养盐等伴随着地下水运移等过程参与了岸坡特定生态系统的整个水文过程，是岸线生境水土界面物质交换过程的重要参与者，同时也是水污染控制及环境质量改善重点关注的营养盐污染物。岸坡特定生境通过泥沙沉降、植物吸收、沉积吸附、微生物代谢等过程使之具有削减氮磷负荷或影响氮磷物质界面微生态过程的生态功能，同时也是水生生态系统中最易受人为干预的功能区域。以人工干预生态护岸为生命载体而构建的水体岸坡特定生态系统中，生物群落结构、功能格局以及岸坡生境特征与天然土质岸坡、河床、河岸外围缓冲带等区域相比均有较大的差异性，对稳定岸坡、提高生态系统生产力、改善水质等都具有重要意义和潜在价值。

从环境污染控制和生态功能的角度来说，河湖岸线是水生生态系统与陆生生态系统进行物质、能量、信息交换的一个重要过渡带和两者相互作用的重要纽带和桥梁，并受到地表水以及地下水的共同影响，成为一种生态交错带，具有明显的边缘效应。河湖岸线生物群落的组成、结构和分布格局以及生态环境因子与远离河流区域相比有着较大的差异。河湖岸线子生态系统对增加动植物物种种源、提高生物多样性和生态系统生产力、治理水土流失、稳定河岸、调节微气候和美化环境、开展旅游活动均有重要的现实和潜在价值。从地理学角度看，河岸带是地球化学元素循环的活跃功能区；从环境科学角度看，具有多功能界面的岸坡是污染物净化的理想环境；从水文学角度看，是地表水与地下水动态交换过程的载体；从生态科学角度看，其岸坡护砌方式及其岸坡生境是河流、湖泊等水体生态系统的重要组成部分。

1.2.1　河湖岸线生态水文过程的环境效应

作为位于水体和陆地之间典型的生态过渡单元，水体岸坡是陆域和水域中生命系统的重要生境和生物载体，在涵养水源、蓄洪防旱、促淤造地、维持生物多样性、生态平衡以及生态旅游等方面具有十分重要的作用，并与相邻的生态系统存在强烈的交互作用和传质过程。岸坡生境土壤中的水位梯度控制着地表水与地下水的动态交换，同时也控制着水体与陆域间物质、能量和信息的交互作用与生态过程，继而通过岸坡特定生态系统的生物群落和水文过程及其相互作用来缓解和降低进入水体的非点源氮磷营养盐负荷。

水体岸坡具有廊道功能、缓冲功能和生态护岸功能，其独特的地貌单元为陆生环境和水域环境建立了联系，由于其生物地球化学环境多体现于生境基质——植物系统上，水体附近岸线区域的生态水文和污染控制的意义远比水面控制更为重要。岸边坡地一般具有陆域直接坡向水体的地形条件，其水土微生态界面及其下垫面构成在一定程度上影响着顺坡而下的渗流或径流水体的理化性质，岸边带作为陆生环境对水域产生强烈干扰作用的同时又受到水域环境的影响，发挥着特定的生态功能。在岸坡特定生境削减氮磷营养盐负荷的问题上，应重点关注岸坡特定生态系统中伴随水文过程的营养盐的迁移转化和输移通量控制。研究表明几乎所有的水体岸坡都具有明显的氮磷去除功能，氮磷物质输移的主要途径是地下径流，不同岸坡生境地下水赋存及运动状态对氮磷营养盐输移转化也会产生各异的环境影响。地下水位越接近表层土壤的水体岸坡生境，对氮磷化合物的吸收、吸附及去除能力越强。一般来说，岸坡生境的地下水位较高，植物生物量相应较大，氮磷负荷的迁移转化效率和去除强度也要大一些，可能存在更高的脱氮除磷效率。

1.2.2　岸线传统护坡方式

河湖岸线等地表水体的天然土质岸坡易受到侵蚀而坍塌，必须对岸坡甚至河床进行人工除险加固。长期以来，人们比较注重河道的自身功能建设，如行洪、排涝、航运等，河流治理时，往往采取裁弯取直、底泥清淤、河床和岸坡硬质护砌化等水利工程措施，使得河道断面单一、走向笔直。岸坡的护砌主要采用浆砌块石护砌、干砌块石护砌、现浇普通混凝土护砌、预制混凝土护砌或者土工模袋混凝土护砌等，这些传统的护砌方式有效地维护了岸坡的安全与稳定，使水道畅通，行洪安全条件得到改善，但同时也导致了水体与陆地互相割裂、河流的长度缩短、浅滩深潭消失、岸坡植被减少、生态系统破坏等不良后果。

水体岸坡的护砌通常采用不透水的硬质性材料，水体封闭在河道中，切断了水体生态系统中各要素间的物质、能量和信息的交流（图 1.1），生物多样性降低，生态系统脆弱，自净能力下降，河流对外部污染负荷的抗冲击能力削弱甚至失去，一旦污染物进入河道即造成严重污染。

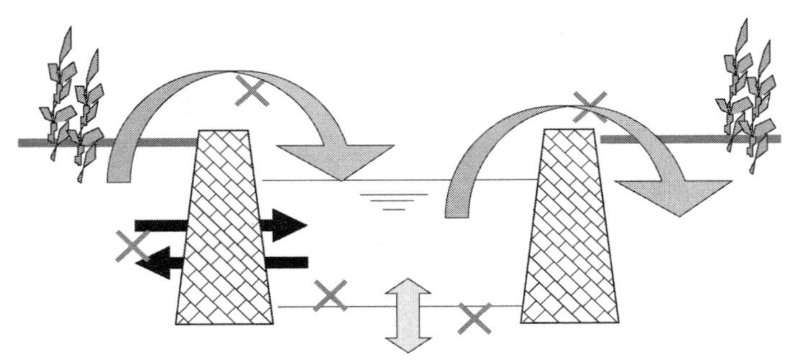

图 1.1 河渠的传统硬质化护砌及局限性示意图

河湖岸线的硬质化防护对生态系统的破坏程度逐渐加剧，迫使人们重新思考使河渠回归自然的可能性。相关学者提出了生态水工学原理，主张通过建设生态岸坡来构建生态河渠，恢复实体天然岸坡面貌。河湖生态岸坡的构建，目标是实现水土保持、涵养水源与净化水质的多重功效，并配以具有环保高效的植物品种，在水体的仿天然岸坡上通过生物控制或生物建造以实现水利功能和环境保护的目的，生态护岸也是利用植物、环保材料等进行坡面保护和侵蚀控制的手段和途径。水体的使用功能和生态环境保护是构建生态岸坡的两个重要因素：①河道岸坡满足防洪抗冲标准要求，构建具有透水、透气和植物生长功能的生态防护平台；②满足河渠岸坡生态平衡要求，目的是要实现良性的水生生态系统。生态河道的构建要综合考虑“水安全、水环境、水资源、水景观”的高度协调，把硬质化岸坡改造成适合生物生长以及水体、土体、植被和微生物相互涵养的仿自然的生态河渠。

河湖岸线生态化是在水利工程与生态工程相结合的基础上建立起来的，形成了生态水工学这一新的发展课题，这是一个必然的发展趋势，它需要水利工程学、环境学、生物学等多学科知识的交叉与融合，在科学研究、典型设计、示范工程和制定技术规范等一系列研究过程中得到完善与发展。在欧美、日本等地，生态河渠的构建思想已经提出，一些示范性工程正在建设，其中包括新的河道整治工程设计，如可为鱼类及动物提供繁衍生息的空间的护岸工程设计、新型材料的研制等，甚至促成了一些河流生态工程咨询公司的建立，极大地促进了生态河渠构想的推广和实现。瑞士等西方国家于 20 世纪 80 年代末提出了“自然设计方法”的技术思想，日本于 1990 年提出了河道整治中“与自然亲近的治河工程”概念，把生态岸坡河道建设思想和构建技术应用于城市河道建设中，并提出了植生型多孔混凝土的概念。Palmer 等[11]提出了河流生态修复是否成功的五条标准，仍在不断修改和完善当中。

我国对河湖岸线生态修复内涵的认识也逐渐成熟，提出了构建河湖岸线生态化工程的可行性建议。董哲仁等[62]在分析原有水利工程存在的问题及其对河流生态系统影响的基础上，提出了生态水工学的理论框架，并指出未来的水利工程应既能实现人们期望的水利开发利用功能价值，又能兼顾建设一个健全的河流湖泊生态系统。王薇等提出了基于景观生态学的思想构建河流及其廊道。杨海军等提出了受损河岸修复的三点原理：生态系统结构与功能恢复原理、生态学和工程学相结合的设计原理以及近自然的修复原理，为河流的生态构型提出了建设性思想。

1.2.3　河湖岸线生态化构建

岸坡是水生生态系统的重要组成部分，其结构与水文环境特征是水生生态系统发挥其生物地球化学作用的基础。岸坡水位梯度控制着地表水与地下水的交换动态，地表水位高于地下水水位时，地表水穿越岸坡补给地下水；当地下水水位高于地表水位时，地下水穿越岸坡排入地表水体，地下水经岸坡过滤或携带自流污染物进入地表水体，使水质发生变化。河湖等水体中携带的污染物在岸坡中发生物理、化学和生物反应，水质得到明显改善。上述的水分运移过程体现了生态岸坡的滞洪补枯作用，而溶质迁移过程体现了生态岸坡对污染物的生物地球化学净化作用。因此，岸坡的结构及其生态特性是生态岸坡构建过程的重要内容，同时岸坡也是采用生态水工学原理对岸坡实施水利工程措施的切入点，其构建材料和构建方式一直是生态河渠建设中备受关注的问题之一。

按照堤岸的冲淤变化，可将其分为冲刷型堤岸、淤积型堤岸、稳定型堤岸三种类型。在进行生态护岸设计时，必须充分考虑岸线类型及其受力特性，使护岸具有抗冲蚀能力并保证其结构的稳定性。目前已经提出了多种构型的生态岸坡，但是对其结构特性和生态功能的系统性研究却很少。

在河湖生态岸坡构建过程中，保证河流岸坡的安全性、耐久性，同时又需要保证动植物及微生物和谐共存的生境是生态岸坡构建的两个最基本的要求。堤岸的传统护砌固然实现了岸坡的坚固耐久，然而也剥夺了生物生长的空间，破坏了水生生态系统的完整性。因此，寻求类似天然土质的透水、透气性可供植物生长的，并具有一定强度的环保型生态护砌材料技术成为制约生态护岸技术的主要问题。在多年生态岸坡的建设实践中，三维土工网垫、水泥生态种植基、土壤生物工程、液力喷草技术、植生型多孔混凝土等技术对维护岸坡稳定和恢复水体生态环境具有较好的环境效益。

1.2.4　岸线水土界面的生态效应

岸坡是生态系统中能量、物质、信息交换和构造水体景观的重要通道，也是陆地区域与水生区域生命系统的重要生境和载体，作为一种位于水生生态系统和陆生生态系统之间典型的生态过渡带，由于位置的特殊性以及由此而产生的功能复杂性，河流岸坡以及外延的河岸带须得到合理的保护，从而有利于水体的综合利用和环境保护。许多研究表明，河岸通过过滤和截留沉积物、水分以及营养物来协调河流横向（河岸边坡高地到河流水体）和纵向（河流上游到下游）的物质流和能量流，因而在与之相关的河渠稳定化、水质改善等方面都起着重要作用。河流岸坡的结构形式和生态状况能有效削减水体的点源和面源污染负荷，提高水体自净能力。吴耀国等研究发现河岸的渗滤作用有效截留进入河道的氮等污染物。王超等通过选择典型河段，考察了传统混凝土护坡河段和河岸生长芦苇的河段中氨氮（NH_3-N）的降解效果，研究发现氨氮在岸坡生长芦苇的河段中的综合衰减系数是无芦苇生长的混凝土护坡河段的 3 倍左右，氨氮的削减量是无芦苇生长河段的 2 倍以上。

岸坡生态效应以及对河流水质的改善作用，主要通过岸坡的纽带作用使水体与陆地之间地球化学元素相互传递、转化，在水文效应、水力运动特性的共同参与下改善水体水质，修复退化了的生态系统。生态护岸对有机物具有吸附作用和功能，生态护岸是集水、气、土壤和生物于一体的多相体系，该体系包含了溶质交换的多重界面，在界面进行的吸附和脱附过程促进了有机物的代谢。土壤中有机物的吸附作用主要是物理化学吸附，吸附能力与土壤和污染物性质密切相关，土壤有机质含量越高，吸附作用越显著，污染物分子越大，吸附能力越强。生态护岸对污染物的吸附作用和降解功能主要包括对特征有机物（如甲苯、萘、四氯联苯、腐殖酸）的吸附规律和不可逆吸附行为。前者以确定特征有机物的吸附等温模式为重点，充分认识生态护岸对若干典型有机物的吸附能力，进而识别生态护岸对有机物的吸附规律；后者以吸附-解吸不可逆过程研究为重点，观察有机污染物解吸滞后效应和动态过程，与护岸颗粒分布和微观结构相结合，深入探讨不可逆吸附过程。

生态护岸能促使水中的有机污染物在阳光、空气、水和微生物的作用下降解，微生物的新陈代谢是最重要的有机物降解机制，而护岸颗粒的非均相催化促进了降解过程的发生和进行。微生物对污染物的分解速度取决于污染物的种类、土壤的水分含量、氧化还原状态、土壤微生物种类及其数量等，生态护岸对污染物的去除过程与机理均涉及复杂的水文地球化学过程。以氮为例，有机氮经矿化作用可以分解为氨氮，氨氮在好氧微生物作用下能够硝化为亚硝酸盐氮，并进一步转化为硝酸盐氮。氨氮也可以参与其他物理化学过程，如土壤吸附和植物吸收等，硝酸盐氮在微生物作用下发生缺氧反硝化反应转化为气态氮，而护岸内累积的硝氮也可能通过渗滤进入地下水体。张宇博等针对修复 4 年的河岸生态修复工程从土壤生物学角度研究人工构建的河岸生境缀块对受损河岸生态系统的修复作用，研究发现修复区土壤中各种微生物的数量、种类、生物多样性指数以及土壤有机质、氮、磷含量较高，修复后，受损河岸的土壤性状明显改善，河流生态系统稳定性提高。

河流坡面生态系统的重要性逐渐为人们所认知，已逐步开展研究生态岸坡的水质改善和生态功能，并取得了一定的研究进展：在理论上，主要集中在生态河岸的定义、功能、管理及护岸技术等宏观方面的研究；在实践上，河岸带的生态防护、生态治理及生态修复工程相继实施，不仅在一定程度上改善了生态，也进一步加深了对生态岸坡的理解。但是，关于河流坡面生态系统的理论创新和功能机制等方面的研究还相对缺乏。

1.3 河湖岸线多孔混凝土生境材料及应用

1.3.1 多孔混凝土修复材料

多孔混凝土（porous concrete）也称生态混凝土（ecological concrete）、环境友好型混凝土（environment - friendly concrete）。多孔混凝土的制备是采用特殊级配的骨料作为骨架，胶凝材料或加入少量细骨料的砂浆薄层包裹在粗骨料颗粒的表面，作为骨料颗粒之间的胶结层，骨料颗粒通过硬化的水泥浆薄层胶结而形成多孔的堆积结构，其内部存在大量的连续贯通的孔隙，孔径在微米级至毫米级之间变化。多孔混凝土的抗压强度一般为 8.5～18.5MPa，孔隙率 10%～30%，透水系数 1.5～3.0cm/s，可广泛应用于水污染控制工程、河湖岸坡护岸工程、生态修复工程、透水铺装、海绵城市等工程领域，能有效降低环境污染负荷，实现人与环境的和谐共存。

目前，多孔混凝土制备技术已经有了比较系统的研究成果，孔隙率的控制、配合比的优化、掺合剂的选用，使得多孔混凝土强度在满足工程使用要求的同时，具有类似土壤的空隙率、适宜的碱度和透水透气性，为植物的生长和微生物的富集提供良好的基质条件。日本于2000年成立了多孔混凝土协会，推动了多孔混凝土的研究和应用，美国及欧洲国家也相继开展了多孔混凝土的研究和开发。多孔混凝土在我国的研究和应用越来越受到重视，董建伟等利用建筑废砖石作骨料，研制出植物相容性的多孔混凝土并对植物生长元素的供给进行了探讨；冯辉荣等研究了轻质绿化混凝土和"沙琪玛骨架"的绿化混凝土，并对植物相容性和力学特性进行了实验研究；刘小康等研究了粗集料级配对多孔混凝土的表观密度、抗压强度、孔隙率、透水系数等物理性能的影响，优化了多孔混凝土制备时的原材料配比；东南大学研究人员在多孔混凝土制备和应用过程中通过优化配合比、投加掺合剂和低碱性的胶凝材料，研制出了碱性适宜的植生型多孔混凝土，并设计了多种构型的多孔混凝土预制砌块，通过砌块组合，尽可能地提高多孔混凝土护砌面的空隙率，工程效果较好；胡春明等通过多孔混凝土孔隙水环境pH值的测定，考察了孔隙状态、高效减水剂以及蜡封等方法对孔隙碱性水环境的影响，提出多孔混凝土经过配合比优化及蜡封处理后，孔隙状态和孔隙水环境均能满足植被生长的需求。

目前多孔混凝土已广泛应用于污水处理、生态修复、生态护坡、道路铺装、低影响开发等，其中多孔混凝土应用于水质净化和生态护砌的研究最受重视。

1.3.2 多孔混凝土的水质净化效应

多孔混凝土作为一种新型的绿色生态材料，在力学性能满足工程使用要求的同时，形成蜂窝状的结构，具有良好的过滤和吸附功能，多孔结构和巨大的比表面积使得其表面非常适宜富集微生物及生长绿色植物，因此多孔混凝土可作为水处理和地表水体生态构建的生态型环保材料。应用于水质改善的多孔混凝土通常掺加缓释性的净水材料，如添加含Mg^{2+}、Al^{3+}的掺合剂，以提高多孔混凝土的净水效果。有文献报道日本将直径1m、高0.5m的圆柱形有孔试块10个1组投入海中，每月监测水质变化，发现多孔混凝土有富集营养物的功能。陈志山等采用多孔混凝土研制出集沉淀、过滤、曝气于一体的污水处理装置，污水中固体物去除率达90%以上，并探讨了多孔混凝土的净水机理；Park等研究了多孔混凝土水质净化过程中污染物去除与其表面附着微生物量及其活性之间的关系；吴义锋等把多孔混凝土作为生态介质的形式预处理富营养化原水，经过3个月的培养，总磷（TP）去除率为18.6%～53.8%、总氮（TN）去除率为13%～70%。金腊华等将多孔混凝土经生物挂膜后用于处理生活污水，COD出水水质基本达到城市二级污水处理厂的排放要求。Yasunori Tanji等研究表明多孔混凝土护砌的生活污水管渠的自净能力明显高于普通混凝土和块石砂浆护砌灌渠，经过79d的运行，TOC、NH_3-N、NO_3^--N等底物消耗速率分别达到480mg/(m^2·h)、87mg/(m^2·h)和170mg/(m^2·h)，护砌面微生物活性较高。

根据多孔混凝土的结构特征和相关实验研究，多孔混凝土介质的净水过程及作用机制主要表现为以下三个方面：①物理作用，多孔混凝土的孔隙率一般为20%～30%，孔径在微米级与毫米级之间变化，并在制备过程中加入缓释性材料以增加其内部的微孔结构，其多孔特性能有效吸附和滤除水中的污染物。②化学作用，多孔混凝土浸泡在水中，会溶析出 $Ca(OH)_2$、Al^{3+}、Mg^{2+} 等物质，均为水处理中常用的混凝剂，可使水中的胶体物质脱稳、絮凝而沉淀。另外，Al^{3+}、Mg^{2+} 与水中的 NH_4^+ 发生离子交换，$Ca(OH)_2$ 与水中的磷酸根离子反应生成磷酸氢钙沉淀物，因此，多孔混凝土通过化学作用可有效去除水中氮、磷等营养物质，降低水体的营养等级。③生物化学作用，多孔混凝土的多孔结构提供了微生物生长的载体，浸泡在水中时，其表面和内部能有效富集微生物而形成生物膜，包括硝化菌、甲烷菌、脱氮菌等好氧性和兼性细菌，生物膜中的微生物高度密集，形成了污染物、细菌、原生动物、后生动物的完整生态链。

1.3.3　多孔混凝土生态护坡

与传统混凝土相比，多孔混凝土的最大特点是其内部连续多孔，具有类似土壤的透水性和透气性，在达到或接近普通混凝土强度要求的条件下，孔隙率可达 20%～30%，从根本上克服了传统混凝土护坡无法生长植被的缺点。多孔混凝土连续的孔隙结构适于植物根系在其内部生长和延伸，它的多孔结构同时提供了适于微生物富集的基质条件，因此，多孔混凝土具备强大的生态功能，其护坡技术已成为相关学者关注的课题之一。

多孔混凝土护坡的护砌方式可分为多孔混凝土现浇式和多孔混凝土预制构件式，铺装后的生态护砌面，根据水位变化情况，应选择水生植物、陆生植物等进行护砌面绿化，因此多孔混凝土护坡囊括了全系列生态护坡的所有功能。1993 年日本大成建设技术研究所研制了植生型的多孔混凝土，并应用于河道护岸的工程实例，河道生态效果显著恢复。近年来，国内也相继开展了多孔混凝土护坡等应用研究，吉林省水利科学研究院、同济大学、东南大学等单位对多孔混凝土的研制及其在国内的推广做了较多的研究工作，取得了一定的研究成果。樊建超等研究了多孔混凝土制备时材料的各种配合比对植物生长效果的影响，为推广多孔混凝土的工程应用奠定了基础。陈庆锋等阐述了多孔混凝土的生态特性和净水机理，提出利用多孔混凝土建设城市透水性路面和绿地，从源头上控制水体面源污染的建设性思想。蒋彬等提出了多孔混凝土护坡技术在饮用水源区生态修复的工程模式。陈杨辉等介绍了多孔混凝土应用于黄浦江生态护坡的工程实例，表明多孔混凝土护坡生态效应良好，同时维护了黄浦江的岸坡稳定。林发永等阐述了多孔混凝土应用于上海市南汇五灶港护坡的工程和坡面制备绿化措施，生态坡面植物成活率高，长势良好。

多孔混凝土护坡技术研究进展已从构思、理念发展到示范工程应用研究阶段，但大多数多孔混凝土护坡示范工程规模偏小，对于研究多孔混凝土护坡的植物生长特性和岸坡稳定性具有实际意义。但欲考察生态护坡对河流的水质改善和生态效应，就需要规模相对较大的生态护坡工程，保证岸坡与水体足够的交互时间，这也是造成目前关于多孔混凝土护坡水质改善的定量化、系统化研究成果较少的主要原因。因此，建设中试规模的多孔混凝土护砌河道实验模型成为定量研究多孔混凝土护坡的生态效应和水质改善效果的重要前提。

1.4 河湖岸线生态构建发展趋势

河渠岸坡特定生态系统已从构思、理念发展到应用研究阶段，然而，目前岸线生态修复及其功能评价的研究应用还存在一定问题：水体的流动特性使得岸坡与其的交互时间较短，水质改善效果不明显，而且在研究应用阶段受多种因素限制尚未建设一定规模的生态护岸作为研究模型，这也是导致目前岸线修复的研究多集中于功能上的定性描述、而缺乏定量研究成果的主要原因。关于岸坡特定生态系统的水文过程中氮磷物质的界面过程及其调控机制的研究范围还比较窄，多集中于水体岸边带或缓冲带氮磷营养盐输移的源和汇两个端点以及岸边带硝酸盐浓度变化的分析研究，主要表现为以下三点：点源氮磷输移通量和岸边带中其他污染物的形态转化或协同效应研究相对分离；河渠岸边特定生态系统中氮素物质的输移转化过程与源汇浓度水平等研究相对分离；岸边带营养盐的迁移转化模型及参数率定还存在较多的不确定性。这些都对岸坡特定生态系统水文过程中污染物质的界面过程和污染负荷削减调控研究提出了新的课题。

第 2 章　河湖岸线生境修复型多孔混凝土材料及构型设计

河湖岸坡生态受损的主要根源是在强化河湖水利功能的同时，由于自然力、人为因素或者两者共同作用破坏了河湖岸线植物、微生物的生境条件，导致水生生态系统生命要素的缺失。通常情况下，河道生态修复的关键是选用合适的植物种类改造介质，或者采用物质、化学和生物学技术方法直接改良和改造介质，使之更适合植物生长，以恢复河流健康生态系统。土壤具有透水、透气性，是绿色植物天然的生境载体，由于天然土坡强度低，难以抵御水浪、水流的长期冲击、淘刷，同时坡面径流也会造成水土流失，危及堤岸安全。因此，对河道堤岸生态修复来说，寻求具有一定力学强度和类似土壤透水透气性，且适合植物生存的多孔结构介质是目前亟待解决的问题之一。

2.1　修复型多孔混凝土制备的配比设计

河湖岸线生态修复或生态建设的主要目标是为植物和微生物提供生存、繁衍的空间。河湖的天然土质由于水力冲蚀、风化、雨水冲沟等因素容易被侵蚀和崩塌，并带来一定生态健康和环境安全的风险，而河湖岸线的硬质保护措施却剥夺了生态系统中生命要素的生存空间，生态系统遭到破坏。因此，河道生态堤岸建设的新型材料是具有一定力学强度、内部具有连续贯通孔隙的天然土质替代产品，为植物和微生物提供栖息繁衍空间。河湖岸线生态修复的新型材料应取材方便，具有较好的经济性能，易于现场化和工程化。多孔混凝土具有透水性和透气性，其基本组成材料与普通混凝土材料没有本质区别，所不同的是普通混凝土总是想方设法减小孔隙率，以使其密实，达到高强度及高耐久性的目的，而多孔混凝土通过选择特殊级配的集料和胶凝材料，在力学性能满足工程使用要求的同时，仍能实现其结构多孔且连续的特点，使其具有良好的透水性。在集中降雨的时候，雨水可以通过连通孔隙及时渗入地下，达到迅速排水及补充地下水资源的目的。同时通过多孔混凝土的构型优化设计，创造植物在多孔混凝土介质中生长的立地条件，从而营造生物多样性的环境，恢复河湖水生生态系统。

2.1.1　多孔混凝土制备原料

多孔混凝土主要由粗骨料、细骨料、水泥、矿物掺合料和外加剂等组分按一定配比，再与水按一定程序混合搅拌而成。多孔混凝土的制备过程和性能要求较普通混凝土严格，可调范围小，所以对原材料的指标要求普遍高于普通混凝土的制备原料。多孔混凝土制备材料配合比通过试件试验和理论计算，提出抗压强度不小于 10MPa、孔隙率 15%～25%的岸线生境修复型多孔混凝土的最优材料比，同时测试材料的孔隙率、抗压性能、孔隙水环境pH值、渗透系数等性能指标，增强其河湖岸线生态建设适用性。

2.1.1.1 骨料

制备多孔混凝土使用粗、细两种骨料类型。

粗骨料为多孔混凝土的结构骨架，以单粒级配的饱满砾石为主，粒径范围为15～25mm，堆积孔隙率为35%～45%，砾石压碎指标宜小于15%，不宜使用表面光滑的鹅卵石。粗骨料中的粉尘、黏土和泥块含量应小于0.5%，针片状颗粒的比例应小于10%，卵石率应小于14%。粗骨料应符合《普通混凝土用砂、石质量及检验方法标准》(JGJ 52—2006)的规定，进场骨料应提供检验报告、出厂合格证等资料。进场后骨料应按照上述方法标准中的规定复验合格后才能使用。

细骨料一般为中砂，掺加细骨料可控制浆体收缩，其质量应符合《普通混凝土用砂、石质量及检验方法标准》的规定。细骨料一般选择级配良好的中砂，材料可为河砂、人工砂或工业废渣，其含泥量不大于1.5%，泥块含量不大于1.0%。

2.1.1.2 水泥

多孔混凝土制备原料中水泥的活性、品种、数量是影响多孔混凝土强度的关键因素之一，水泥强度等级要求较高。选用符合《通用硅酸盐水泥》(GB 175—2007)质量要求的硅酸盐水泥、普通硅酸盐水泥和矿渣硅酸盐水泥，水泥强度等级为42.5及其以上。当采用其他品种的水泥时，其性能指标必须符合相应标准的要求。水泥浆的最佳用量是刚好能够完全包裹骨料，形成均匀的水泥浆膜为适度，并以采用最小水泥用量为原则。

2.1.1.3 胶结材料

矿物掺合料也称矿物外加剂，可选用硅灰、磨细矿渣粉和粉煤灰等，或者多种外加剂的混合物。制备多孔混凝土材料所选用矿物外加剂应符合《高强高性能混凝土用矿物外加剂》(GB/T 18736—2002)中规定的质量要求。矿物外加剂可替代部分水泥用量，应用粉煤灰时，应选用Ⅰ级粉煤灰，掺合量一般不超过15%。使用的磨细矿渣粉(矿渣微粉)一般为S-95型，其用量按多孔混凝土抗压强度要求适配。

增强胶结材也称外加剂，是为提高水泥浆与骨料间的黏结强度，可采用少量树脂配合无机胶材使用，常用树脂有水溶性环氧树脂、丙烯酸树脂和苯丙共聚物树脂等，一般用量控制在4%以下，主要作为无机胶结材的改性剂。

选用的化学外加剂必须符合《混凝土外加剂匀质性试验方法》(GB/T 8077—2012)和《混凝土外加剂应用技术规范》(GB 50119—2013)的规定。

2.1.1.4 减水剂

为改善多孔混凝土成型时的和易性并提高强度，可加入一定量的减水剂，一般可选用粉剂或水剂萘系减水剂、多聚羧酸高效减水剂等，使用中应注意不同类型减水剂与水泥、有机胶结材料的适用性。

2.1.1.5 拌和用水

制备多孔混凝土所用拌和用水应符合国家现行标准《混凝土用水标准》(JGJ 63—2006)的有关规定。

2.1.2 多孔混凝土的配合比设计

多孔混凝土是由粗细骨料、胶结材、水、添加剂等混合而成的多组分体系，其配合比

设计是把各原材料的体积与孔隙体积之和作为混凝土的体积来计算。公式为

$$\frac{m_g}{\rho_g}+\frac{m_c}{\rho_c}+\frac{m_f}{\rho_f}+\frac{m_w}{\rho_w}+\frac{m_s}{\rho_s}+\frac{m_a}{\rho_a}+P=1 \tag{2.1}$$

式中 m_g、m_c、m_f、m_w、m_s、m_a——单位体积混凝土中粗骨料、水泥、矿物掺合料、水、细骨料、外加剂的用量，kg/m^3；

ρ_g、ρ_c、ρ_f、ρ_w、ρ_s、ρ_a——粗骨料、水泥、矿物掺合料、水、细骨料、外加剂的表观密度，kg/m^3；

P——设计孔隙率。

多孔混凝土的制备原料中，外加剂的使用量一般很少，因此，式中的$\frac{m_a}{\rho_a}$可忽略不计。

修复型多孔混凝土配合比目标孔隙率为 20%，工程使用时多孔混凝土的孔隙率与抗压强度等性能相关，其孔隙率应为 15%～25%。

2.1.3 多孔混凝土参数设计

2.1.3.1 水灰（胶）比

水灰（胶）比不仅影响多孔混凝土的强度特性，还是影响多孔混凝土透水性以及预制构型制备的关键工艺参数。对特定的某一单粒径级配骨料和胶结材组分及掺量，存在一个最佳水灰（胶）比范围，当水灰（胶）比小于这一范围值时，多孔混凝土因浆体过干拌料不易均匀，达不到适当的密实度，不利于强度的提高；反之，如果水灰（胶）比过大，胶结材浆体会造成透水孔隙部分或全部堵塞，这样既不利于透水透气，也不利于强度的提高。但是在保证胶结材浆体流动度在有效范围之内，大的水灰（胶）比利于多孔混凝土强度的提高，这是由于同种组成的胶结材浆体，水灰（胶）比越大其流动性越好，越有利于充分均匀包裹粗集料表面，从而提高力学强度。多孔混凝土无细骨料或少量骨料填充，结构上的特殊性使得其拌和方法和普通混凝土不太一样。多孔混凝土的水灰（胶）比设计为 0.20～0.26，现场施工时，应根据当地粗细骨料的含水率情况适当调整水灰（胶）比。

2.1.3.2 用水量

多孔混凝土的用水量与骨料性能、胶结材用量及水胶比有关。水胶比和胶结材的组成有很大的关系，而胶结材浆体的用量又与目标孔隙率密切相关。目标孔隙率高胶结材用量就少，用水量也相应减少；目标孔隙率低胶结材用量就大，用水量就会增大。因此对特定的单一级颗粒级配（10～20mm）的玄武岩碎石骨料来说，多孔混凝土用水量一般为 50～120kg/m^3。

2.1.3.3 工作性

多孔混凝土的工作性是指混合料在运输和成型过程中，胶结材能保持均匀地包裹在集料表面的性能。在振动等外力作用下，集料表面的胶结材能一定程度的液化，以确保集料之间的黏结，过度的液化将导致胶结材从集料表面坠落聚集，从而影响连续孔隙的形成，如图 2.1 所示。截至目前，尚没有适宜的试验方法直接评价多孔混凝土的工作性。采用控制胶结材流动度的方法能够实现对多孔混凝土的工作性进行控制，胶结材的流动度控制在 180～210mm，可获得良好的工作性。实际应用中，目测集料表面是否形成均匀平滑的包

裹层对判定多孔混凝土的工作性虽不十分科学，但非常有效。多孔混凝土混合料的搅拌方式对工作性有很大影响，一般情况下滚筒式搅拌机的搅拌效果优于强制式搅拌机。

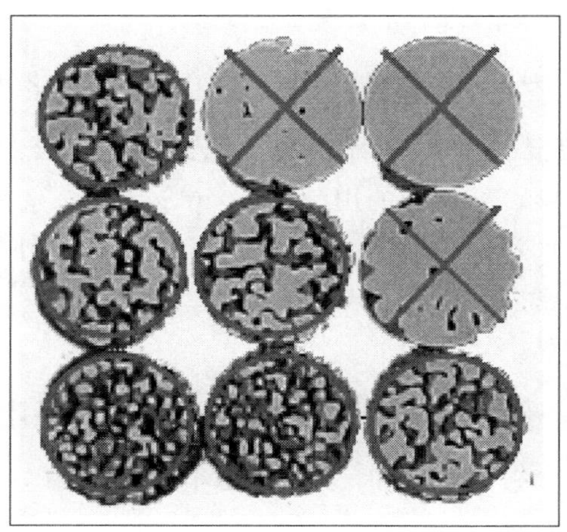

图 2.1　多孔混凝土浆体流动度对孔隙结构的影响

2.1.3.4　灰骨比

增大灰骨比，即增加胶凝材料用量，从而增加骨料周围所包覆的胶结材薄膜厚度，增大黏结面，可有效提高生态型多孔混凝土的强度。但是同时由于黏结面增大，会降低多孔混凝土的孔隙率，降低其透水透气性。因此，在保持多孔混凝土所要求孔隙率的前提下，应尽可能提高胶凝材料的用量，合理地选定灰骨比。另外应该说明的是，小粒径骨料较大粒径骨料具有较大比表面，为保持胶结材浆膜的合理厚度，使用小粒径骨料的多孔混凝土制备时，灰骨比应适当提高；骨料粒径大时，灰骨比适当减小。

2.1.3.5　孔隙率

土壤中的孔隙率为 40%～60%，而普通混凝土的孔隙率只有 4%左右。对多孔混凝土来说，孔隙率的设计依据是既能使植物生长，又能保证其一定的力学强度。国外的相关文献提出应用于生态修复领域的多孔混凝土孔隙率一般要在 15%～25%。实验研究认为，随着种植植物和实际应用的不同，多孔混凝土的设计孔隙率可在 10%～25%。孔隙率过小不利于植物根系的发展，过大又会影响多孔混凝土的强度。因此，应用于河湖岸坡生态修复的多孔混凝土材料应具备一定的力学强度，同时作为绿色植物生长载体，载体内部应具有一定的孔隙率，该情况下多孔混凝土的设计目标孔隙率为 20%。

2.1.4　配合比设计计算方法

多孔混凝土配合比计算之前，制备原料的性能参数或多孔混凝土设计参数应作为设计依据予以明确，见表 2.1。

表 2.1　配合比设计参数

参　数	符号表示	参　数	符号表示
水灰（胶）比	$R_{W/C}$	密度[①]	ρ
目标孔隙率/%	R_{void}	碎石孔隙率/%	ν_C

①　包括碎石的表观密度，水泥及混合外掺料的密度。

按单位绝对体积法且假设不掺混合外掺料：胶结材浆体体积＋粗骨料体积＋目标空隙体积＝1m^3。具体计算分以下步骤。

2.1.4.1　每立方米粗骨料用量的计算

$$W_G = \alpha \rho_G \tag{2.2}$$

式中 W_G——每立方米粗骨料用量，kg/m^3；

ρ_G——碎石紧密堆积密度，kg/m^3；

α——修正系数，这里取 0.98。

2.1.4.2 胶结材浆体体积的计算

$$V_P = 1000 - 10\alpha(100 - \nu_C) - 10R_{wid}(L/m^3) \tag{2.3}$$

式中 V_P——胶结材浆体体积，L/m^3；

ν_C——碎石紧密堆积孔隙率，%；

R_{wid}——设计目标孔隙率，%。

2.1.4.3 每立方米水泥和水用量的计算

$$W_C = \frac{V_P}{R_{W/C} + \frac{1}{\rho_C}}(kg/m^3) \tag{2.4}$$

$$W_W = W_C R_{W/C}(kg/m^3) \tag{2.5}$$

式中 W_C——每立方米水泥用量，kg/m^3；

W_W——每立方米用水量，kg/m^3；

$R_{W/C}$——水灰（胶）比；

ρ_C——水泥密度，kg/m^3。

需要说明的是，当掺用粉煤灰、矿渣微粉和硅灰等矿物掺合料时，按照掺量换算对应的体积计入胶结材浆体体积，按照上述步骤分别计算其用量。一般情况下，外加剂掺量较小，体积可以不计入浆体总体积。

多孔混凝土制备原材料的配合比是通过测定试制件的物理性能参数后优化确定。

2.2 多孔混凝土制备工艺

2.2.1 拌和工艺

多孔混凝土制备原材料按配合比计算后，获得多孔混凝土材料的材料配合比、质量比、水灰（胶）比等关键参数。当在现场生产多孔混凝土时，制备原料配合比随当地材料性状参数而可能发生变动，特别是不同产地的粗骨料的特征参数（含水率）变化较大。一般情况下，水灰（胶）比随粗骨料粒径的减小而适当增加，最大不宜超过 0.30。

用水量的确定：根据设计孔隙率选定胶结材料（水泥）的用量，然后根据多孔混凝土拌和料的工作性要求选定。

多孔混凝土混合物是浆体包裹骨料，浆体必须具有一定的黏聚性，以保证包覆于骨料后仍为颗粒状，一般以手攥成团为度，坍落度在 50mm 内，混合料成型后骨料表面的浆体将颗粒黏聚在一起，保持一定孔隙，随着期龄水化硬化产生强度，成为硬化的整体的多孔结构。

多孔混凝土的混合料中由于使用了矿物外加剂，需要严格控制生产制备过程，其制备采用现场搅拌较为适宜，首先宜选用滚筒式搅拌机，也可以选用强制式搅拌机或自落式搅拌机。图2.2描述了多孔混凝土浆料的拌和工艺。

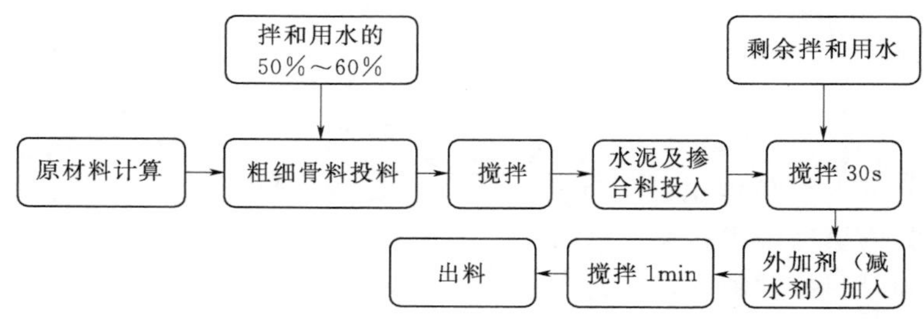

图2.2 多孔混凝土混合料工艺流程

现场生产时，上述制备工艺可根据具体情况适当调整。由于碎石骨料表面粗糙，容易挂浆，可将骨料和胶结材一同加入搅拌，边搅拌边加水，30s内加至用水量的50%～70%后，投入矿物外加剂、减水剂等，再搅拌30s，随着搅拌逐渐加入其余水量至工作性合适为止。在黏聚性要求较高的情况下，也可采用掺用树脂改性的方法以提高黏聚性和改善工作性。

2.2.2 混合浆料性能

岸线修复型多孔混凝土应用时，首先按照设计配合比和拌和工艺制备混合料，根据岸线水力特征和结构特征选用一定形状的预制构型，从而制备岸线修复多孔混凝土预制构件。多孔混凝土拌和料性能影响其预制过程的效率和力学性能。

（1）拌和物要求。多孔混凝土拌和物的性能必须满足如下要求：浆体包裹骨料成团，坍落度控制在20～50mm，颗粒间应有一定黏结力，不跑浆，整体呈多孔堆积状态。

（2）工作性。采用控制胶结材流动度的方法能够实现对多孔混凝土的工作性进行控制，胶结材的流动度控制在180～210mm。

（3）表观密度。多孔混凝土的表观密度宜控制在1800～2000kg/m^3。

（4）出料后的允许时间。多孔混凝土拌和物出料后的运输应遮盖，低温时应有保温措施，出现终凝的拌和物不得用于坡面现场铺装或预制砌块。根据混凝土混合料的特性和初凝时间，拌和物从出料到运输再到浇筑（预制）完毕所允许的最长时间应符合表2.2的规定。

表2.2 拌和料从出料到运输再到浇筑（预制）完毕的允许最长时间

环境温度/℃	时间/h	环境温度/℃	时间/h
5～9	2.0	20～29	1.0
10～19	1.5	30～35	0.75

超过规定时间时，应事先对混凝土配合比进行调整，通过增加缓凝剂和减水剂来满足拌和物的工作性要求。

2.2.3 多孔成型工艺

多孔混凝土成型方法不同于普通混凝土，一般不能采用密实振捣法，通常采用静压法或低频振捣成型。静压成型即使用压力试验机对试模内的拌和物施加压力，成型压力应控制在3MPa左右，加压时间可以通过压力试验机的加压阀控制，保持匀速施压，时间为30s，然后保持3MPa的压力，恒压时间为90s。振捣成型一般采用低频振动机，振动频率为30～50Hz，工作气压30MPa，振动时间为10～20s。

多孔混凝土不同的成型方法，对透水性混凝土的性能产生较大影响。研究过程中分别采用了静压成型和振动成型两种方法，以探讨不同成型工艺对多孔混凝土的影响。多孔混凝土混合料搅拌后，由于水泥浆体和粗集料颗粒间内摩擦作用而具有一定黏性，所以当混合料被浇筑到模具后靠自重产生的流动性是较小的，因此需要来自压力或振动这样的外力来使其密实。当混合料受到振动时引起颤动，这种颤动此起彼伏，破坏了颗粒间的黏结力和机械啮合力，使混合料的内阻力大为降低，最后使混合料部分或全体“液化”。在振动液化过程中，固相颗粒由于混合料黏度的降低，加上重力的作用产生移动，趋于最适宜的稳定位置，水泥浆填充粗集料之间的空隙，使混凝土原来的堆聚结构更为密实。对于多孔混凝土，因其孔隙率的特性，需要对振动的频率和振动时间加以控制，使混凝土既有一定的密实体系，又能保证其多孔堆聚结构。

静压成型的参数是成型压力为3.0MPa，加压时间30s，恒压时间为90s。振动台成型是将拌和好的混合料放入模具，上面加上配重块，放在振动台上振动，振动一定时间后，将模具搬离振动台。实验室的振动台频率控制在30～50Hz。一般振动时间越长，混凝土越密实，但透水性混凝土要求成型后有一定的连通孔隙率，因此振动时间不宜过长，否则会使浆体过多沉积在混凝土底部，堵塞透水通道，使混凝土失去透水性。振动成型时间（10s、15s、20s）对多孔混凝土性能的影响见表2.3。

表2.3　不同成型方法对透水性混凝土性能的影响

成型工艺	成型压力/MPa	振动时间/s	实测孔隙率/%	28d抗压强度/MPa	透水系数/(cm/s)
静压成型	3	—	15.8	32.4	5.8
振动成型	—	10	15.4	28.9	2.0
	—	15	14.9	30.2	1.6
	—	20	16.1	31.0	1.0

注　“—”表示未列入控制参数。

在相同配合比和养护条件下，振动成型试件的透水系数明显低于静压成型试件的透水系数，28d抗压强度均超过28MPa。静压成型的试件强度较高，因为静压成型的试件水泥浆体分布均匀、结构稳定；而振动成型的浆体分布不均造成面层浆体过少，导致强度降低。在实测孔隙率方面，两者的差别不大，观察试件外观，静压成型的试件孔隙分布均匀，浆体包裹均匀。多孔混凝土的透水系数差别较大，静压成型的透水系数达5.8cm/s，而振动成型的多孔混凝土透水系数较小，并随着振动时间的增加而减小。静压成型可形成多孔混凝土较好的性能参数，振动成型的抗压强度、渗透系数较低。在工程使用时，应根据现场条件和设备配置，选用适合的成型工艺。

2.2.4　养护模式

多孔混凝土成型后养护的目的是保证混凝土凝结硬化得以正常进行，使混凝土能获得所需的物理力学性质和耐久性。养护是透水性混凝土生产中时间最长的工序，缩短养护周期对提高设备的利用率、缩小场地占有面积、提高劳动生产率及降低成本均有很大的意义。

多孔混凝土正是由于内部贯通孔隙的存在，其水分流失较快，其养护方式和要求比普通混凝土更为严格。养护对多孔混凝土的强度发展和形成十分重要，多孔混凝土因孔隙较多水分极易挥发，成型后的多孔混凝土要注意保湿，这样有利于水泥浆体的水化。

通过实验研究了多孔混凝土的标准养护和蒸汽养护两种方法，其中蒸汽养护可以提高多孔混凝土的生产效率和工程应用效果。表 2.4 中描述了多孔混凝土不同养护方法对多孔混凝土强度的影响。蒸汽养护的试件比标准养护的试件强度略高，且蒸汽养护的恒温最佳时间是 8h，恒温阶段是混凝土发生水化和水热合成使强度增加的主要阶段，随着恒温时间的延长，水化产物越来越多，强度增加的也越来越快，但达到一定时间后强度增加趋于稳定，因此对试件的蒸汽养护有个最佳的恒温时间。

表 2.4　不同养护方法对透水性混凝土强度的影响

养护方法	28d 抗压强度/MPa	养护方法	28d 抗压强度/MPa
标准养护	28.7	蒸汽养护（恒温 8h）	32.4
蒸汽养护（恒温 6h）	25.6	蒸汽养护（恒温 12h）	30.8

在实际生产施工时，多孔混凝土多采用自然养护。自然养护指在自然条件下，采取浇水湿润、防风、防干、保湿防冻等措施进行养护，使混凝土中水泥充分水化，保证其力学性能。自然养护分覆盖浇水养护和喷洒塑料薄膜养护液养护，对于透水性混凝土宜采用覆盖浇水养护。

2.3　河湖多孔混凝土生态岸线构型设计

多孔混凝土材料适宜的孔隙率使之具有类似天然土质岸坡作为河流生态系统植物、微生物栖息繁衍的生境特征，同时其力学性能也能替代普通混凝土、块石等硬化材料，可作为河湖岸线防护的构筑载体。多孔混凝土应用于河湖岸线坡面生境修复（简称“生态护坡”）时具有耐冲刷、耐侵蚀能力，同时植物根系能够贯穿其中，在具有植物生存所需的营养元素的情况下，能够适合植物生长，从而修复河湖水生生态系统。

通常情况下，多孔混凝土材料应用于河湖岸线生态修复时主要有两种形式：一是现浇式多孔混凝土护坡；二是预制构型生态护坡。现浇式多孔混凝土护坡是将多孔混凝土拌和物在规定的时间内运输至河道堤岸，现场浇筑岸坡，现浇式护岸铺装效率高，但受地形、天气影响，坡面的孔隙率较小，缺乏大型植物生存的空间，坡面多孔混凝土浇筑的防护层也不适应坡面基础的局部变形，容易产生凸起或沉降，削弱坡面的稳定性。另外，多孔混凝土主要由无机材料制作，现浇式护坡的生境条件较为贫瘠，短期内难以形成稳定的植物群落，生态效应较差，同时坡面需预留大量的伸缩缝和变形缝时，施工难度大。多孔混凝土预制构型生态护坡将多孔混凝土制备与现场分离，生产过程受天气、地形的影响较小，同时可根据不同植物类型生长需求，通过构型优化，护坡时产生供大型植物栽植空间，同时也可以向空洞内回填一定的营养土，以促进植物生长，快速形成坡面稳定的植物群落，砌块之间互相牵制，避免产生较大位移，同时坡面多孔混凝土砌块防护层能够适应坡面基础局部变形，稳定性较好。

2.3.1 生态岸线护岸构型设计

多孔混凝土材料本身的渗透系数达到1.5～3.0cm/s，透气透水能力较好，兼具类似土壤性能和一定的力学强度。多孔混凝土应用于河湖岸线生态修复时无需专门设置排水通道，减少了土壤的侧压力和静水压力，船行波、风浪、水流携带能量在圆柱体的界面得以大幅衰减，同时多孔混凝土自身孔隙结构也能吸收部分能量，水浪不会穿越透水性直立墙对堤防的土体产生抽拉和淘刷作用。与此同时，由于多孔混凝土材料的无机性特点，作为河道堤岸生境修复基质时缺乏植物生存的营养元素，必须设计优化构型，预留植物生存空间，通过回填种植土，促进植物生长。根据河道生态功能需求，通过构型优化，设计适用于不同类型河湖岸线生态修复的预制构型，探讨多孔混凝土预制砌块的构型及其组合模式，以实现生态堤岸的稳定性和生态效益的最大化。

多孔混凝土预制构型的设计思想体现于砌块的构型简单、稳定，施工容易，孔隙率高，护砌面适合乔、灌、草等多类型植物生长。采用多孔混凝土的孔隙特征和堤岸的水文生态功能需求，优化预制构型，用于河道堤岸的生态防护和植物生存的基质，其基本思想是在有效维护岸坡安全与稳定的前提下，尽可能扩大孔隙空间，填充种植土，促进初期植物生长，同时多孔混凝土自身孔隙的结构特征，保证了全坡面堤岸的透水透气性，克服了采用硬化材料制作的多孔砖结构的植物生存孤岛状态，即形成的生态坡面为全面透水透气的生态防护层。

通过在江苏省、浙江省、上海市、云南省等不同地区河湖岸线修复的工程案例，结合生态修复的多孔性原理，形成了7种多孔混凝土护坡预制构型并应用于实际，即多孔混凝土预制单球组合、多孔混凝土预制球连体砌块、多孔混凝土凹凸连锁具孔矩形砌块、多孔混凝土预制方形组合自嵌式砌块、多孔混凝土鱼巢式砌块、多孔混凝土直立岸线预制扇形块体、多孔混凝土直立岸线连锁砌块，前4种砌块适用于斜坡式护坡的生态防护，鱼巢式砌块适用于水下挡墙鱼类生境的修复，扇形砌块和直立岸线连锁砌块则适用于直立墙堤岸的生态防护。

2.3.2 预制单球组合

多孔混凝土预制球体为单一球体，球体之间串接互相组合时产生的空间最大，填充的种植土量也较大，护坡初期的植物生长效应较好。图2.3（a）所示是单只多孔混凝土预制球的正面图和平面图，图2.3（b）所示是预制成型的多孔混凝土单球。球体直径可以设计为150mm、200mm、250mm、300mm等系列直径，图中的虚线表示串接单球的连接件预留错位通道，连接件在x、y、z三维方向穿出，使球状构件可以在空间任意方向进行组合，同时还起到配筋作用，一定程度上提高了构件整体的抗折强度。需要注意的是，连接件不应同时穿过球状构件的中心位置，应保留一定的偏心距避免其在构件内部的碰撞。

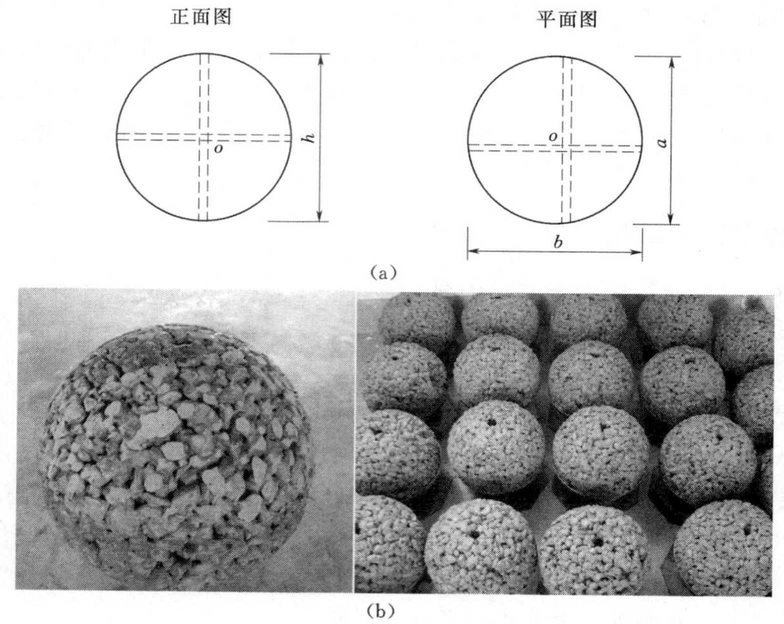

图2.3 多孔混凝土预制单球
(a) 多孔混凝土预制单球示意图；(b) 预制成型的多孔混凝土单球

制作多孔混凝土球状单元体构件的关键是如何保证其内部的多孔混凝土被充分密实，这对其强度的构成至关重要，因此需设计特殊的成型模具进行多孔混凝土球状单元体构件的制作，预制球制作模具及成型过程如图2.4所示，该模具由三部分构成，即底座、活动

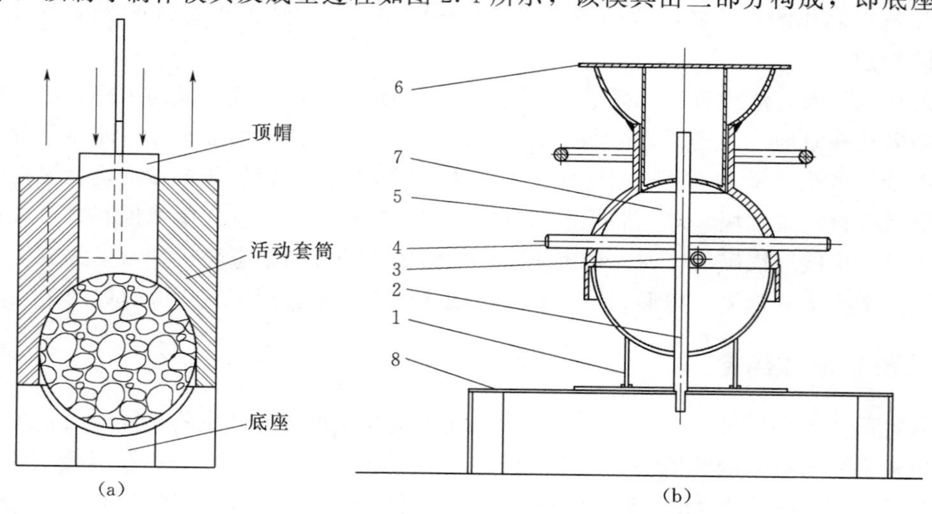

图2.4 预制单球成型模具
(a) 多孔混凝土预制模具示意图；(b) 多孔混凝土预制模具图
1—托盘；2—z向串孔轴；3—x向串孔轴；4—y向串孔轴；5—模体；6—压台；7—料仓；8—操作台

套筒和顶帽。整个制作过程可以分为三个步骤：首先将计算好的定量多孔混凝土拌和料放入底座和活动套筒中；然后将顶帽垂直压下充分压实多孔混凝土，同时轻微振动活动套筒和底座，顶帽保持数秒；最后将活动套筒提起，多孔混凝土球和底座一起送入养护室养护。经过这三个步骤，模具中的多孔混凝土会得到充分的密实，其强度也就有了保证，同时这种模具设计也有利于脱模及生产的自动化和流水化。在成型模具上预留三个方向的通道插入钢筋，压实后拔除即可。由于多孔混凝土球长时间暴露在水环境下，多孔混凝土预制单球的连接件需经过防腐处理，如镀锌处理，同时也可以采用耐腐蚀性好、强度高的聚甲醛（POM）棒锁定，并互相牵制。

多孔混凝土预制单球平面二维串接，可应用于河湖岸线的斜坡式护坡；多孔混凝土预制单球立体三维串接，可用于水下的生态鱼礁（图 2.5）及河湖岸线的挡土墙和拦沙坝（图 2.6）等。

图 2.5　多孔混凝土预制单球鱼礁组合模式

图 2.6　多孔混凝土预制单球应用于拦沙坝

2.3.3　多球连体砌块组合

多孔混凝土预制多球连体砌块既能继承单球球状的结构优点，同时又能减小连接件单球的串接钢筋。多孔混凝土连球体砌块可形成 4 球、16 球等不同数量球体的连体构型。

与单个预制球砌块相比，多孔混凝土多球连体砌块具有以下优势：①它是由半球和圆台组成的，既继承了球形的空间优势，同时底部圆台设计又增加了其稳定性；②它的中间部分预留有空洞，适合一些根系粗大的灌木生长，也为一些小生物营造了栖息空间；③它通过自身混凝土的黏结，大大减少了连接件的数目，有着良好的经济性；④它容易密实，有着更好的自身强度保证。但多孔混凝土多球连体砌块也有其不足的地方，它只能在平面内铺设，没有预制单球的立体构造能力，不如球状构件那样安设灵活。多球连体砌块有序铺装于河湖岸线，联合绿色植物可进行河湖斜坡式坡面的生态防护（图 2.7）。

图 2.7　多孔混凝土联球连体砌块应用于生态护坡（云南省大理市下关波罗江）

图 2.8 即为多孔混凝土多球（4 球）连体砌块结构示意图。它是由上部 4 个半球体和下部 4 个圆台组成的，中间用多孔混凝土自然连接且预留了一个圆台形的空洞，圆台孔洞设计形成特有的斜度使拆模非常方便。为施工时方便和增强构件与构件之间的连接，连接件也是必需的，其在多孔混凝土球状单元体构件中同样也起到加筋的作用。多孔混凝土多球连体砌块的制作模具如图 2.9 所示（4 球连体为例）。在 4 球连体砌块的基础上，可制作 16 球连体砌块。这套成型模具由上模和下模组成，成型时底板朝下，分层装入多孔混凝土并充分捣实。拆模时将底板朝上即先拆下模，利用圆台和挡棒的坡度脱去下模和上模。

2.3.4　凹凸连锁具孔矩形砌块

凹凸连锁具孔矩形砌块的外形为矩形，四周为凹凸连锁机构的锯齿构型，生态坡面铺装时，外形凸凹部位相互咬合，不需要连接件及预留连接部件。砌块中间预留 3 个直径为 80mm 的圆柱形孔洞，为较大植物的生长预留了空间，砌块之间通过锯齿构型互相咬合，相互制约，平面上不产生相对位移，如图 2.10（500mm×330mm 的连锁砌块示意图及组合模式）所示，并可由此制作系列尺寸的多孔混凝土凹凸连锁具孔矩形砌块。该砌块上下均为平面构型，可应用砌块机配套模具形成工业化生产。

砌块依靠自身的凸凹部位互相牵制，铺装时，要求砌块结合紧密，砌块之间缝隙宽度不大于 5mm。砌块铺装遇到护坡边缘时，由砌块的一半予以填充。该砌块适用于斜坡式河岸的生态防护，坡度不大于 1∶1。具孔矩形凹凸自嵌式砌块由于铺装于河湖岸坡，将种植土填充于预留孔洞，选用适宜的植物群落，可进行岸线的生态修复和安全防护（图 2.11）。

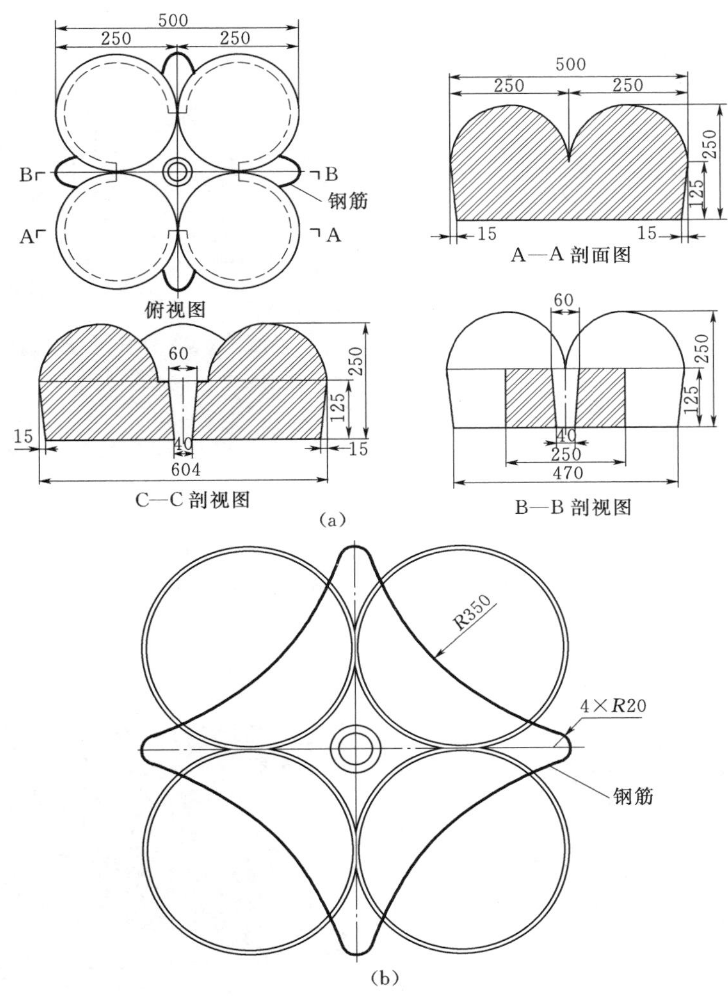

图 2.8　多孔混凝土四联球板构件设计图（直径 250mm 球连体）（单位：mm）

(a) 多孔混凝土 4 球连体砌块设计图；(b) 多孔混凝土 4 球连体砌块内部配筋示意图

图 2.9　多孔混凝土联球连体砌块模具及预制砌块（4 球连体）

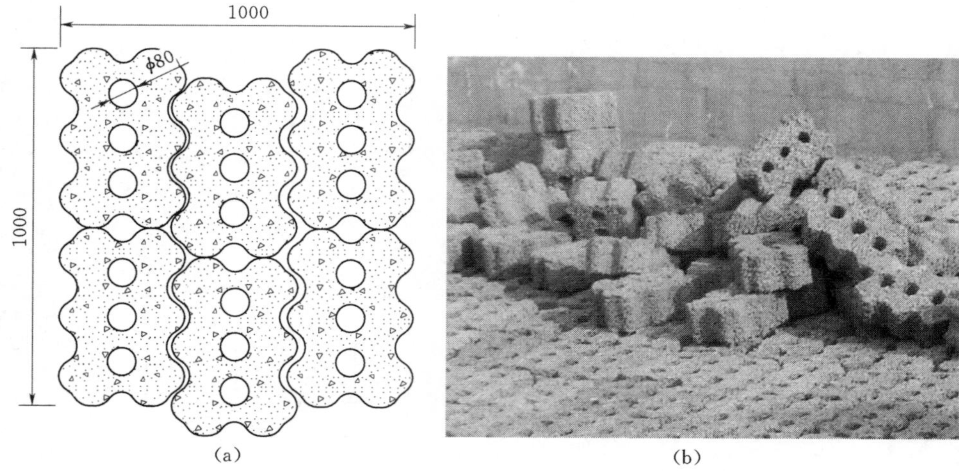

图 2.10　多孔混凝土凹凸连锁具孔矩形砌块（单位：mm）
(a) 凹凸连锁具孔矩形砌块设计图；(b) 预制成型的凹凸连锁具孔矩形砌块

图 2.11　多孔混凝土凹凸连锁具孔矩形砌块生态护坡（金华市金东区八仙溪）

2.3.5　方形组合自嵌式砌块

方形组合自嵌式砌块外形为近似矩形，砌块间通过突出的键体互相咬合，不需连接件，护砌面结构稳定，同时流线型的外观设计保证了生产时易于脱模。砌块连接时自然形成了圆柱形和矩形孔洞，能够适用于水面、水下任何坡位的生态护砌，可为绿色植物提供生存空间，铺设在水面以下时，矩形的孔洞为较大鱼类等水生动物提供栖息繁衍空间。

方形自嵌式砌块外部构型简约，砌块自身并没有孔洞结构特征，块体外部轮廓为梯形，左右对称，上底边设计为半圆槽，下底边预留矩形孔洞，如图 2.12 所示。生态护坡时两个砌块构成方形，并产生矩形和圆形的孔洞，孔洞内填充种植土，以促进移栽植物生长。

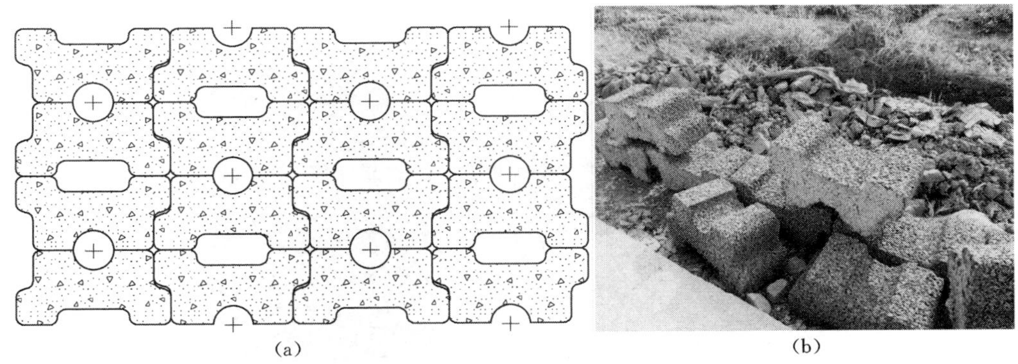
(a) (b)

图 2.12 多孔混凝土自嵌式预制砌块及其组合模式
(a) 自嵌式多孔混凝土预制砌块设计图；(b) 预制成型的自嵌式多孔混凝土预制砌块

2.3.6 鱼巢式砌块

多孔混凝土鱼巢式预制砌块预制块由上、下两部分构成，所述预制块上部的外形轮廓为长方体结构，长方体的一对侧面上分别设置有能与另一预制块相互嵌套的键和凹槽，长方体的纵向上设置有上下贯通的孔洞；所述预制块的下部为 4 根支撑体，分别设置在长方体下表面的四个角处（图 2.13）。鱼礁式多孔混凝土预制块设计充分应用了空间几何原理，砌块组合时自然产生供鱼类洄游的通道，完全适合各类型生物的栖息繁衍，实现了河道生态修复与水质改善的完美统一。

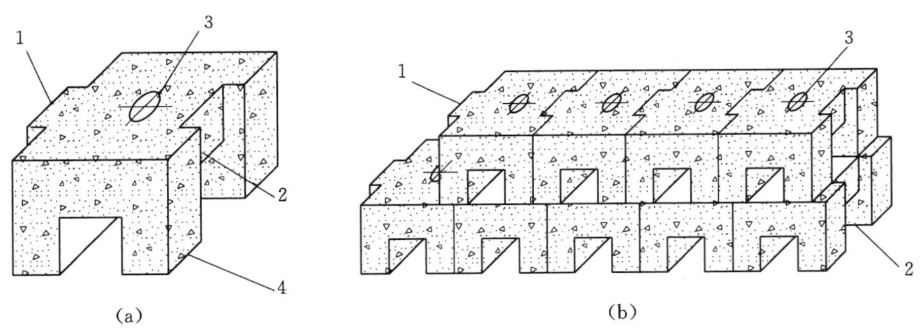

(a) (b)

图 2.13 多孔混凝土鱼巢式预制砌块及其组合模式
(a) 多孔混凝土鱼巢式预制砌块单体设计图；(b) 多孔混凝土鱼巢式预制砌块组合示意图
1—凸键；2—凹槽；3—中心孔；4—支撑体

该砌块主要针对水下生态护岸生境而设计，适合于岸坡坡度大于 1∶1 的陡岸护砌。砌块连接时，依靠砌块间的键体互相咬合，横向和竖向均不会发生错位，有效地维护岸坡的安全与稳定，不需要连接件，块体下部的孔隙结构为鱼类提供了生存空间，如图 2.13 所示。另外，该砌块也可作为水体中生态鱼礁的堆砌体，砌块中可嵌入微生物富集的人工介质，修复水生生态系统，同时起到水质强化净化作用。图 2.14 所示为浙江省桐乡市两河山港的岸线生态护坡实景图，治理挡墙下部的砌块即为多孔混凝土鱼

图 2.14　桐乡市两河山港的岸线生态护坡

巢式砌块。

2.3.7　直立岸线预制扇形块体

对于江南水网地区来说，由于城市化的快速发展，河流空间被严重侵占，为增加其行洪、通航能力，其堤岸一般均筑成直立墙形式，并由浆砌块石等硬化方式维护。硬化岸坡切断了水体与陆地间的物质、能量和信息交流，河流自净能力下降，生态系统破损，寻求适宜河道硬化直立墙的生态修复模式具有重要的现实意义。

多孔混凝土直立岸线预制扇形块体是由半圆柱体前冠和倒圆棱柱体自然连接的实心体，前冠中心设有锥形孔，棱柱体设有 2 个圆柱形孔洞，采用硬质聚氨酯塑料作为连锁件，如图 2.15 所示。水体直立式岸线的透水性生态铺装所用的多孔混凝土砌块孔隙率高（15%～30%），抗压强度不小于 10MPa，上下层砌块之间具有不小于 5.5MPa 的抗剪强度，再加上使用的硬质 POM 棒作为连锁机构具有持久、不腐蚀等金属钢筋无可比拟的优势，直径 18mm 便具有不小于 66MPa 的抗剪强度，上下层砌块的整体连接稳定性即可有效保证，如图 2.16 所示。多孔混凝土水体直立式岸线挡墙本身具有完全的透水

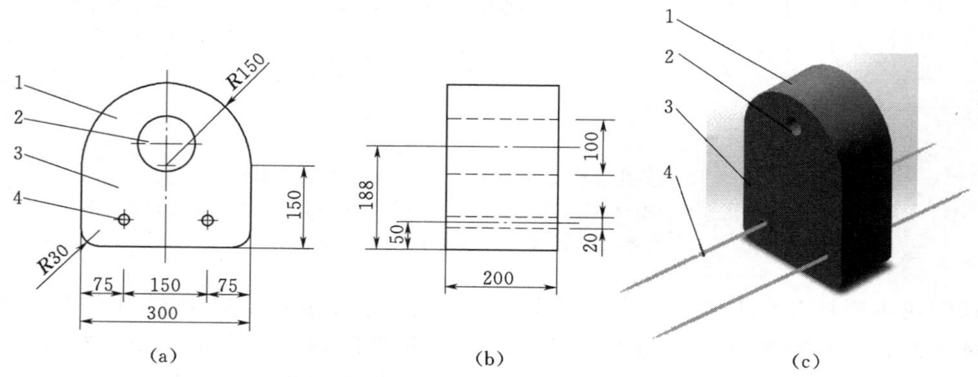

图 2.15　多孔混凝土直立岸线预制扇形块体

(a) 扇形块体平视图；(b) 扇形块体立面图；(c) 成型后的扇形块体

1—半圆柱体前冠；2—锥形孔；3—倒圆棱柱体；4—连锁件

性，透水系数达到3.0cm/s，在应用于直立式岸线修复时，外侧土壤水通过透水岸线和较大水力梯度由岸边向下部水体渗流，而岸线不需承担直立岸线外侧的水压力，仅需承担岸线静止土壤的静压力，该压力仅相当于同高度静水压力的一半左右。图2.14中描述的浙江省桐乡市两河山港的岸线生态护坡，直立挡墙上部的砌块即为多孔混凝土直立岸线预制扇形块体。

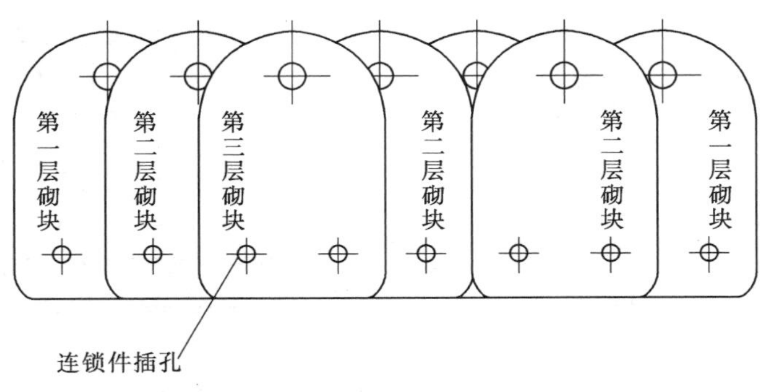

图2.16 多孔混凝土直立岸线预制扇形块体组合

2.3.8 直立岸线连锁砌块

多孔混凝土直立岸线连锁砌块是由扇形前冠和圆弧流线凹凸自嵌周边自然结合而成的柱状实心体，其中左侧凹凸自嵌周边和右侧凹凸自嵌周边尺寸形状相匹配，整体上呈类鱼骨形，左右对称；在自嵌式砌块的尾部左右两侧各设置有一个连锁插孔，在自嵌式砌块的中前部设置有锥形孔，连锁插孔和锥形孔均沿深度方向贯穿自嵌式砌块，如图2.17所示。

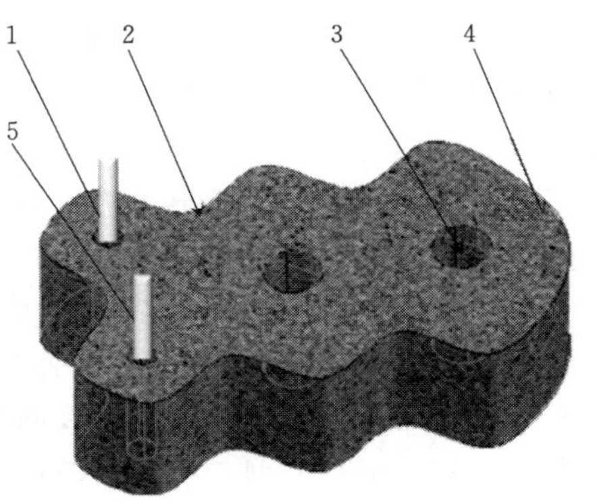

图2.17 多孔混凝土直立岸线连锁砌块
1—连锁插孔；2—凹凸自嵌周边；3—锥形孔；4—扇形前冠；5—硬质聚甲醛棒

将多孔混凝土直立岸线连锁砌块逐层铺装在堤岸基础之上，直至达到设计的堤顶高度；同层自嵌式砌块前后交错放置、通过左右侧的凹凸自嵌周边相互牵制，上下层自嵌式砌块压缝铺装、通过连锁插孔对齐，硬质聚甲醛棒插入上下相邻两块自嵌式砌块的对齐连锁插孔中进行连接，硬质聚甲醛棒的长度大于一个自嵌式砌块厚度、小于两个自嵌式砌块厚度；自嵌式砌块的扇形前冠朝向水体侧，锥形孔用作生态鱼礁或用于种植植物。以此砌块构建的直立挡墙式迎水面错落有致，其削浪效应显著，同时也可以作为落水求生的支撑机构。应用于直立挡墙式河湖岸线生态修复时的组合模式如图2.18所示。多孔混凝土直立岸线连锁砌块构建河湖直立式挡墙，其位于浅水区域及水上区域的锥形孔内填充土壤，移栽或种播植物；水下区域的锥形孔用作生态鱼礁。

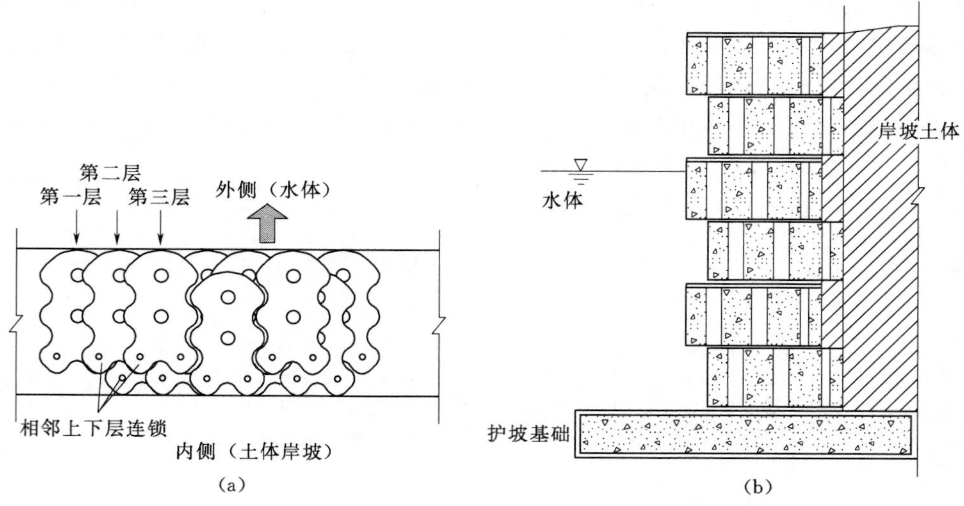

图 2.18　多孔混凝土直立岸线连锁砌块铺装方法
(a) 连锁砌块铺装平面示意图；(b) 连锁砌块铺装剖面示意图

2.4　多孔混凝土预制构型成型工艺

2.4.1　成型控制与养护

根据多孔混凝土预制构型，设计其成型模具，模具制作材料为高强度玻璃钢或金属材质，模具内设有料仓，以盛纳多孔混凝土混合料，模具均设有直接或间接的静压或平板振动位置。多孔混凝土预制砌块的制作采用静压成型或平板振动法成型。

与普通混凝土相比，多孔混凝土混合料中水泥浆量很少，仅够包裹骨料颗粒，在成型过程中不宜强烈振捣或夯实。平板振动时将模板平铺在模具料仓刮平后的混凝土拌和物上，使用平板振动器在模具上方进行振动压实。

振动过程中不能使用高频振捣器，否则会使混凝土过于密实而减小孔隙率，同时也会使水泥浆从骨料表面离析出来而积聚在模具的底部，从而影响坡面水体的渗流效果。

成型振动频率为 50～70Hz，工作气压 30MPa，振动时间 15～30s。振动完毕后，即可脱模，其中球体砌块要在模具托盘静置 12～24h。

多孔混凝土预制成型后的自然养护最为普遍，适宜于现场施工的普通养护方式，在预制成型后最初的 5～7d 内为保证湿度，应每天洒水 1 遍，洒水后再用塑料薄膜覆盖，然后自然养护，养护时间不少于 14d。

2.4.2　预制构型适用性

根据不同河湖岸线的生态特征和水力特征，研发了 6 种多孔混凝土预制构型以适用不同河道堤岸的生态防护。不同河道堤岸形式的多孔混凝土生态防护技术见表 2.5。多孔混凝土预制构型的堤岸生境修复受气候的影响较小，全年即可实现多孔混凝土的生产与

制备。

表 2.5　　不同类型河道堤岸多孔混凝土防护适用性

河道堤岸坡度	坡位	水动力条件	多孔混凝土防护适用构型
小于 1∶1.7（<30°）	常水位以上	径流冲蚀	球体，4 球连体，自嵌式，矩形
	常水位—坡脚	船行波、风浪侵蚀强度大；流速大	球体，矩形砌块
	常水位—坡脚	不通航，水流缓慢	球体，矩形砌块，球连体
1∶1.7～1∶0.8（30°～50°）	常水位以上	径流侵蚀	球体，球连体，矩形砌块
	常水位—坡脚	不限水力条件	球体，矩形砌块，鱼巢式
1∶0.8～1∶0.57（50°～60°）	常水位以上	径流侵蚀	球体
	常水位—坡脚	不限水力条件	球体（多层铺装），鱼巢式
大于 1∶0.57 至直立挡墙（60°～90°）	全坡位	不限水力条件	直立挡墙，鱼巢式

2.5 本章小结

（1）基于多孔混凝土制备原料的性能指标计算并设计多孔混凝土制备材料的最佳配合比模型，同时提出多孔混凝土制备的关键参数设计，如水灰（胶）比、流动性、工作性、孔隙率等。通过实验和现场应用提出了多孔混凝土混合浆料的工艺流程，边搅拌边加水，30s 内加至用水量的 50%～70%后，投入矿物外加料、减水剂等，再搅拌 30s，随着搅拌逐渐加入其余水量至工作性合适为止。多孔混凝土成型宜采用静压法或低频振捣成型。静压成型压力以控制在 3MPa 左右。加压时间可以通过压力机的加压阀控制，保持匀速施压，时间为 30s。然后保持 3MPa 的压力，恒压时间为 90s。振捣成型一般采用低频振动机，振动频率为 30～50Hz，工作气压 30MPa，振动时间为 10～20s。

（2）根据河道生态堤岸构建的实际需求以及坡面植被生长的生境特点，同时为大型植物提供生存空间，将研制的多孔混凝土通过构型优化设计，研发了多种多孔混凝土岸线生态护坡预制构型并应用到实践中，即多孔混凝土预制单球组合、多孔混凝土预制球连体砌块、多孔混凝土凹凸连锁具孔矩形砌块、多孔混凝土预制方形组合自嵌式砌块、多孔混凝土鱼巢式砌块、多孔混凝土直立岸线预制扇形块体和多孔混凝土直立岸线连锁砌块，前 4 种砌块适用于斜坡式护坡的生态防护，鱼巢式砌块适用于水下挡墙鱼类生境的修复，扇形块体适用于直立墙堤岸的生态防护。各种构型铺装的多孔混凝土坡面在依赖于自身重力、砌块之间互相嵌套维护岸坡的安全与稳定，同时为大型植物的生存提供了栖息繁衍的空间。

第3章 河湖岸线多孔混凝土生态护坡效应评价实验模型

河湖岸线的多孔混凝土生境修复为植物和微生物提供了生长和繁衍的场所，一定程度上改善了其水生生态系统，提高了水体的自净能力。为量化评价河湖岸线多孔混凝土生境修复的生态环境效应，构建生态护坡河道实验模型是系统化研究生态护坡构建及其生态效应的重要前提。多孔混凝土生态护坡实验模型应能够充分模拟天然河湖的形态特征，同时保证水生生态系统行为的可控制性和可定量化。在实验模型运转的基础上，通过系统性研究水质改善效果、多孔混凝土生境坡面微生物富集特性、坡面基质生化性质的变化规律以及实验河道微型生物群落的演变，科学地评价生态堤岸的生态效应，为多孔混凝土河湖岸线的生态护坡工程应用和技术推广提供基础数据。

多孔混凝土修复河湖岸线实验模型应是天然水体的缩小模型，体现天然河湖水流运动的特点和形态多样化，并对水体的复杂水生生态系统参量进行适当简化，运行状况通过控制设施予以调控，从而量化评价岸坡生态护砌的生态效应。

3.1 概述

河流、湖泊等地表水体的岸线生态修复或重构主要是为了防止水流和波浪对岸坡基质的冲蚀和淘刷，传统的硬质化护坡主要侧重于水利设施的安全和河流行洪、航运等人类单方面的水环境安全需求，而忽视了河湖岸坡是水生生态系统的重要组成部分，没有综合考虑河湖水生生态系统的整体性和健康水平。随着人类社会的高速发展，人们过度地向水体施加环境压力，而河流、湖泊等地表水体因为非生态工程性措施的干预，抗污染负荷的能力逐渐衰弱，表现为水质日益恶化，生物多样性降低，生态系统破坏，严重地影响人们的日常生活生产活动。目前，岸坡硬质化的护坡方式带来的生态环境问题已得到重视，关于生态河道内涵与功能、生态构建模式、生态效应及生态修复标准的研究成果相继发表，其中以多孔混凝土为代表的新型材料的护岸技术成为取代岸坡硬质化护砌的理想材料和技术基础。

多孔混凝土是使用特殊级配的集料和胶凝材料，在力学性能满足工程使用要求的同时，形成蜂窝状的结构，内部具有连续贯通的孔隙，绿色植物能以此为基质茁壮生长。河道岸坡的多孔混凝土护砌是对河流实施系统性、原位性的生态修复过程，在对某条河流及其流域生态修复效应进行研究时，必须在一定的时间变量和系统行为可定量化的基础上，才能进一步进行实验和机理分析层次的研究，研究结果才能更好地指导生产实践。多孔混凝土护坡方式通常可分为现浇式和预制砌块式。现浇式多孔混凝土护坡是将制备多孔混凝土的原材料在现场通过搅拌机拌和，在规定的时间内利用运输车或翻斗车运送到作业地点进行铺摊、压实，并养护，其生态护坡面整体性好，稳定性强，但受运输、风力、晴雨、气温、日照等因素影响较大，另外，现浇式的多孔混凝土护砌面孔径较小，不具备大型植物生长的条件。多孔混凝土预制砌块组合护砌由于其结构灵活、施工方便、生产和施工分离，而且砌块通常采用改变砌块形状、提高空隙率等技术手段，为大型植物生长预留空隙，提高生态护砌面的生态性能，突破了现浇多孔混凝土护坡的局限，因而被广泛应用。因此，多孔混凝土生境修复实验模型的环境效应评价主要是基于预制构件式多孔混凝土护坡而开展的。

3.2 实验材料

3.2.1 模型构建

河湖岸线的多孔混凝土生态护坡实验模型位于上海市黄浦江原水厂临江泵站内，紧邻黄浦江。在构建多孔混凝土护砌河道实验模型时，将实验河道设计为环形构型，以模拟天然水体的自然弯曲特征，并实现了实验模型的可控制性。实验模型由人工开挖的 4 条结构相同的水体（河渠）组成，人工水体外侧岸周长 54.7m，内侧岸周长 29.5m，中泓线长 42.1m。河道为梯形断面，底宽 1m，上宽 4m，深 1m，岸坡坡度 1：1.5，工作水位 0.8m，4 条河渠中均安装功率相同的潜水型水流推进器，以模拟河水流动，水流推进器叶轮直径 400m，叶轮中心距河床 0.25m，距工作水位约 0.55m。每条河道均安装潜水泵 1 台，河道之间通过管道进行水力联系，可模拟研究多水位多流态条件等不同类型水体的水质改善效果及生态效应。实验模型如图 3.1 所示。

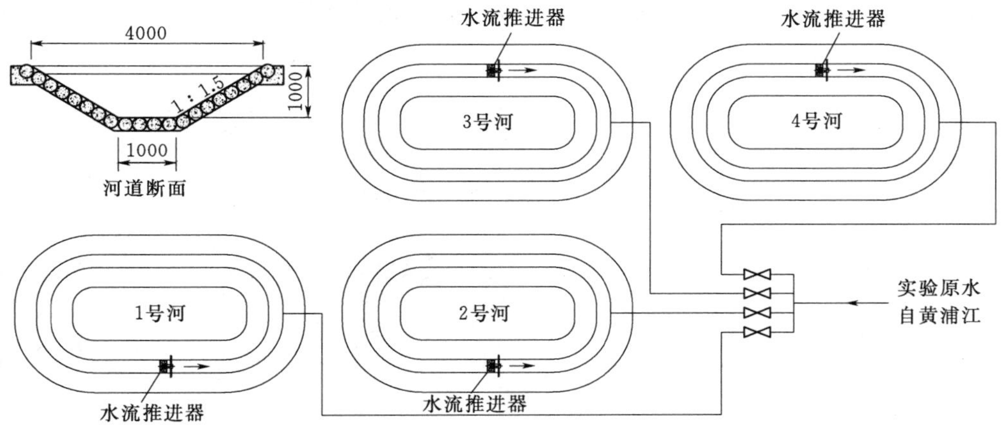

图 3.1 岸线多孔混凝土生境与硬化河渠的实验模型（单位：mm）

实验模型以黄浦江水为实验原水，黄浦江水经水泵抽取均匀配置到 4 条河道中，也可通过阀门调节向其中任一条河道单独进水。实验结束后，每条河道经潜水泵将实验后的水体排出。在实验模型中，4 条河道既保持水力联系，同时又相对独立，水泵的运行和阀门启闭可手动控制或自动控制。

常水位水流运动模拟：抽取黄浦江原水向实验河道进水，当水位达到工作水位时，启动水流推进器，水体在河道中循环流动。

动态变水位水流运动模拟：开启连接任意两条河道的通水阀门和流量调节设施，关闭其他河道的阀门，轮换启动安装在该河道中的潜水泵使河水从一条河道流向另一条河道，从而实现实验河道中水位呈周期性变化，水位变化周期基本等同于黄浦江的潮汐运动周期。

1 号河、2 号河和 3 号河分别采用不同构型的多孔混凝土预制砌块进行岸线特定生境建设，4 号河采用标号 C15 的普通混凝土进行河床和岸坡的三面硬化护砌（模拟“三面光”河渠），对照研究不同岸线生境构建模式方式的水质改善效果。

3.2.1.1 1 号河

多孔混凝土预制单球组合构建河渠岸线特定生境。单球体直径为 250mm，在球中预留 x、y、z 三维方向的通孔，球成型后用经防锈处理的直径 18mm 的钢筋进行连接固定，并充当生态护砌面配筋作用，球体之间自然形成了边长约 100mm 的方孔，如图 3.2（a）所示。护砌面连接为整体，稳定性好，空隙率约 47%。

3.2.1.2 2 号河

多孔混凝土凹凸连锁具孔矩形砌块构建河渠岸线特定生境。砌块的外形为矩形，四周为凹凸锯齿构型，外形尺寸为 550mm×300mm×250mm，砌块中间预留 3 个直径为 80mm 的圆柱形孔洞，为较大植物的生长预留了空间，砌块之间通过锯齿构型互相咬合，不需连接件，护砌面稳定。如图 3.2（c）所示铺装面的空隙率约 22%。

3.2.1.3 3 号河

多孔混凝土预制四球连体砌块构建河渠岸线特定生境。该砌块的构型由上部的 4 个半球和下部的 4 个圆台组成，中间由多孔混凝土自然连接为整体，砌块中央预留直径为 80mm 的圆柱形孔洞。半球的直径为 250mm，砌块平面尺寸为 500mm×500mm。岸线砌块组合时，砌块之间通过预留的连接件连接为一体，四球连体砌块质量较大，岸线生境面稳定，铺装面的空隙率约 31%，如图 3.2（b）所示。

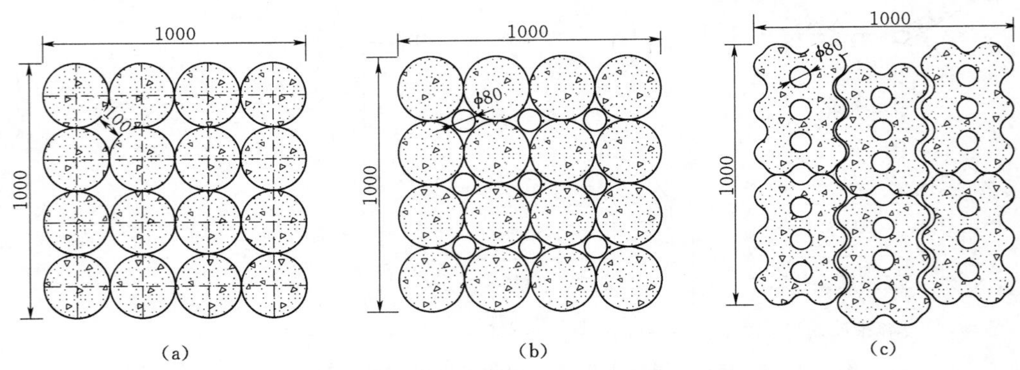

图 3.2 实验模型多孔混凝土预制砌块组合方式（单位：mm）

（a）预制球砌块；（b）预制四球连体砌块；（c）预制具孔矩形砌块

3.2.1.4 4 号河

采用标号为 C15 的普通混凝土进行“三面光”护砌，并以防水砂浆抹面，护砌厚度为 100mm，能有效隔离水土界面的物质、能量和信息交换通道，以作为前 3 条多孔混凝土岸线生境修复河渠的实验对照。

3.2.2 多孔混凝土岸线生境植被

实验模型完成多孔混凝土预制砌块及“三面光”河道的铺砌后，抽取黄浦江原水连续通水换水10次，以充分稀释多孔混凝土的碱性。然后挖取附近地表层20cm的种植土壤填充至生态护砌面的空隙及预留空洞，以创建生境基质并诱导植物生根、发芽、生长，覆土的厚度应高于球顶或护坡平面2～5cm，并充分捣实。覆土结束后，自然沉降20d左右，雨水的浇灌以及河道的持续通水使土壤颗粒渗透至多孔混凝土砌块之间的空隙，另外，种植土壤一般呈弱酸性，可有效中和多孔混凝土的释碱，使之更有利于植物的生长。

多孔混凝土覆土结束后，进行岸线植被植生。植物的选择以黄浦江当地品种为主，为增加实验河道微型生态系统容量和生物物种多样性，生态坡面选择4～6种植物混合栽植，并结合黄浦江原水厂的景观绿化要求，选择狗牙根［*Cynodon dactylon*（*Linn.*）*Pers.*］、美人蕉（*Canna indica L.*）、香蒲（*Typha orientalis Presl*）、苦草［*Vallisneria natans*（*Lour.*）*Hara*］等植物分区种植，冬季时美人蕉等枯萎收割后，补种黑麦草（*Lolium perenne L.*）、水芹［*Oenanthe javanica*（*Blume*）*DC*］等，河道生态坡面植物带从上而下可依次划分为陆生的草本植物带、挺水植物带和沉水植物带，实现了岸坡由水生生态向陆生生态的自然过渡。为模拟天然河水流动模式和减少水流阻力，实验沟渠底部不栽植植物。在植物的选择过程中，除了美人蕉为球状根系外，其他植物均为根系发达的须根系，根系遍及生境基层，增加了岸线多孔混凝土护砌面的稳定性，并为富集微生物提供了基质条件。

草本植被狗牙根采用液压喷播的方式种植，将狗牙根种子、保水剂、黏合剂、草木纤维以及复合肥等与水按一定比例混合成喷浆，用液力喷播机喷播至多孔混凝土岸线生境坡面，草本植被的播种范围为生态面上部水位以上0.5m的区域。挺水植物（如美人蕉、香蒲）采用幼苗移栽的方式栽植，紧邻草本植被的下缘栽植，其中美人蕉栽于上部、香蒲栽于下部，植株幼苗移栽时选取根系完整、植物粗壮的幼苗，并截取植株的上部枝叶，保留33cm左右的青苗长度，以减少植物的蒸腾作用，植株间距30cm，栽植密度为6～9株/m^2。沉水植物选择苦草，苦草广泛生长于黄浦江岸边的水田里，易于成活。实验模型中的沉水植物幼苗栽植于坡面下部0.3m，栽植间距20cm。

植被植生于7月底结束，8—10月为养护期，此时正值夏季，气温较高，河道生态坡面的温度高于附近的地表温度，对植物生长造成一定的影响。养护期结束后，1号河、3号河草本植被基本覆盖多孔混凝土岸线护砌面的上部，且植物生长旺盛，植物高度为30～50cm；2号河生态护砌面为平面构型，护砌面空隙率低，岸线持水能力较弱，多孔混凝土生境面上部约80%被草本植物覆盖，但狗牙根的植株高度小于1号河、3号河，株高仅为10～30cm。1号河生态护砌面的空隙率为47%，挺水植物美人蕉、菖蒲成活率达90%以上；3号河挺水植物成活率为75%左右；2号河由于生态坡面空隙率较小，持水能力弱，挺水植物成活率仅50%左右。由此可见，生态坡面的空隙率对植物生长的影响较大，因此，在选择河流的生态护砌方式时，要根据河流的水动力特征，尽可能扩大生态护砌面的空隙率。苦草等沉水植物由于处于水面以下，养护期间，水流推进器运行时，水流冲刷生态护砌面覆土的土壤颗粒，河水浊度较大，透光率弱，成活率仅40%左右，而且植株生长较为缓慢。图 3.3 所示为多孔混凝土护砌河道实验模型的实景图（植被生长的不同阶段）。

图 3.3　河道生态护砌实验模型实景图

(a)、(b)、(c) 植物生长不同阶段的多孔混凝土护砌河道；(d)"三面光"河道

生态护砌实验河道的多孔混凝土护砌面没有遭到强大水流冲刷和波浪的侵蚀，各种预制砌块的覆土保持能力较好，美人蕉、菖蒲、狗牙根均能较好地适用生态坡面的生境。但由于实验河道护砌面坡度较大，坡面的持水能力较弱，2 号河因多孔混凝土预制具孔矩形砌块护砌面的空隙率低于预制球和四球连体砌块护砌面的空隙率，因而坡面上部的植物因缺少水分生长状况稍差，生态坡面经 3 个月的养护后，至 10 月下旬水质实验启动时，美人蕉、香蒲植株高 1.0～1.5m，狗牙根高 0.3～0.5m，1 号河生态坡面基本被植被完全覆盖，2 号河植被覆盖率为 50%左右，3 号河植物覆盖率为 75%左右。

3.3　水质分析方法

水质分析包括常规水质指标测试和部分微量有机物的测试与分析。常规水质分析在上海黄浦江原水厂化验室进行，其余水质指标的分析在东南大学环境实验室开展。

3.3.1　常规水质分析

实验中水质分析方法参见《水和废水监测分析方法》(第四版，中国环境科学出版社，2009 年 7 月)，具体指标见表 3.1。

表 3.1 **水质测定项目与方法**

分 析 项 目	测 定 方 法
高锰酸盐指数（COD_{Mn}）	水质 高锰酸盐指数的测定 酸性高锰酸钾滴定法（GB 11892—89）
总磷（TP）	水质 总磷的测定 钼酸铵分光光度法
总氮（TN）	水质 总氮的测定 碱性过硫酸钾消解紫外分光光度法（HJ 636—2012）
氨氮（NH_3-N）	水质 氨氮的测定 纳氏试剂分光光度法（HJ 535—2009）
亚硝酸盐氮（NO_2^--N）	N-（1-萘基）-乙二胺分光光度法
硝酸盐氮（NO_3^--N）	紫外分光光度法
溶解氧（DO）	水质 溶解氧的测定 碘量法（GB 7489—87）
pH 值	pHS-3C 数字酸度计
温度	温度计
UV_{254}	紫外分光光度法
浊度	2100 浊度仪
TOC/DOC	TOC-V_{CHS}分析仪

3.3.2 有机物分子量分析方法

测定有机物分子量分布的主要方法有：超滤膜法（UF）、空间排斥色谱法（GPC）、小角度X射线散射、凝胶层析和电子显微镜观察等方法。其中，超滤膜法操作简单，受外界条件干扰小，费用低，是目前给水研究领域主要采用的分子量分布研究方法，这里采用超滤膜法测定有机物的分子量分布。

3.3.2.1 设备与材料

采用超滤膜法测定有机物分子量分布，使用 Amicon 公司生产 8200 型氮气加压搅拌型超滤器，切割分子量分别为 100kDa、10kDa、3kDa、1kDa、0.5kDa 的 5 种超滤膜。超滤膜使用前在 4%盐酸中浸泡 4h，取出后用纯水浸泡漂洗，再用超纯水漂洗 3 次，并放于4℃冰箱中保存备用。

3.3.2.2 方法

待测水样经 0.45μm 的微孔玻璃纤维滤膜过滤，出水再以平行法分别通过超滤器和 5 种超滤膜过滤，测定滤液的 TOC，各分子量分布区间的有机物含量用差减法求得。超滤膜过滤测定分子量分布测定步骤如图 3.4 所示。

3.3.3 微量有机物分析方法

为模拟研究多孔混凝土岸线修复和“三面光”硬化的水源地水质改善效果，考察水体中阿特拉津、酞酸酯类、氯代苯类等微量有机物的变化过程衡量水质变化效果，结合微量有机物气相色谱图谱扫描分析微量有机物的变化特征。

3.3.3.1 阿特拉津分析方法

阿特拉津的测定采用固相萃取柱（SPE）萃取、气相色谱测定。分析步骤如下：

1. C_{18}柱的活化

用甲醇（2×5mL）淋洗 Supelco C_{18}固相萃取柱，再用蒸馏水冲洗柱中残留的甲醇后

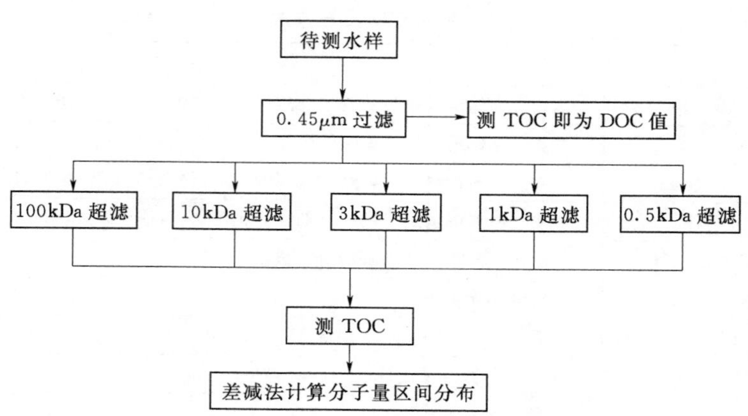

图 3.4　水中有机物分子量分布测定步骤

浸泡在蒸馏水中待用。

2. 固相萃取

将经 0.45μm CF/C 微孔滤膜过滤后水样 1L，以 0.5L/h 的速度通过 C_{18} 固相萃取柱，萃取后 SPE 柱冷冻保存。

3. 洗脱

富集后的 C_{18} 柱恢复至室温，经 3600r/min 离心、3～4min 旋转蒸发，脱去水分。加入 2×5mL 甲醇洗脱，洗脱液经无水 Na_2SO_4 干燥后，在旋转蒸发仪浓缩至小于 1mL，加入一定量的五氯苯甲醚内标溶液，定容至 1mL。

4. GC - ECD 分析

(1) 岛津 GC - 2010 气相色谱仪，Agilent DB - 5 色谱柱（30.0m × 250μm × 0.250mm，Narrowbore)，不分流进样，进样口温度 250℃，进样量 1μL。载气为高纯氮气。

(2) 色谱柱程序升温，初始温度 60℃；以 10℃/min 的速率升温至 200℃，保持 2min；然后以 4℃/min 的速率升温至 240℃；再以 10℃/min 的速率升温至 280℃，保持 2min。

(3) ECD 检测器，检测器温度 310℃，氮气：60mL/min。

3.3.3.2　酞酸酯类化合物分析方法

酞酸酯类有机物的测定采用固相萃取柱（SPE）萃取、气相色谱测定。分析步骤如下：

1. C_{18} 柱的活化

先后用 5mL 乙酸乙酯和 5mL 二氯甲烷淋洗 Supelco C_{18} 固相萃取柱，在每次洗脱后让溶剂流干，然后用 10mL 甲醇淋洗，这时，不让柱子流干，再用 10mL 无碳水将甲醇顶出柱子。

2. 固相萃取

将经 CF/C 滤膜过滤后的 1L 水样，调整 pH 值为 6，水样以 0.5L/h 的速度通过 C_{18} 固相萃取柱，萃取后 SPE 柱冷冻保存。

3. 柱的干燥与洗脱

富集后的 C_{18} 柱恢复至室温，通入 10min 氮气，将柱中的残留水分顶出，用 5mL 乙酸乙酯淋洗柱子，洗脱液通过干燥管（5～7g 无水硫酸钠），并用 2mL 乙酸乙酯淋洗干燥管，收集瓶收集。洗脱液通过热水浴旋转浓缩至体积不小于 0.5mL，向萃取浓缩液中加入 10μL 的 10mg/L 五氯甲苯内标。

4. GC-ECD 分析

（1）岛津 GC-2010 气相色谱仪，Agilent DB-5 色谱柱（30.0m×250μm×0.250mm），不分流进样，进样口温度 260℃，进样量 1μL。载气为高纯氮气。

（2）色谱柱程序升温，柱温 60℃保持 2min，接着以 20℃/min 升温至 120℃，然后以 8℃/min 升温至 180℃并保持 4min，再以 12℃/min 升温至 235℃，最后以 15℃/min 升温至 250℃并保持 12min，全程共 34.08min。

（3）ECD 检测器，检测器温度 320℃，N_2：60mL/min。

3.3.3.3 氯代苯类化合物分析方法

氯代苯类化合物的测定采用固相萃取柱（SPE）萃取、气相色谱测定。分析步骤如下：

1. C_{18} 柱的活化

在使用前依次用 5mL 乙酸乙酯、5mL 二氯甲烷、10mL 甲醇淋洗活化 SPE 萃取柱。

2. 固相萃取

将经 0.45μm CF/C 微孔滤膜过滤后水样 1L，以 0.5L/h 的速度通过 C_{18} 固相萃取柱，萃取后 C_{18} 固相萃取柱冷冻保存。

3. 洗脱

将 SPE 柱恢复至室温，用氮气吹干已富集的 C_{18} 柱，用 10mL 二氯甲烷淋洗，收集洗脱液，无水 Na_2SO_4 干燥，用氮吹仪缓慢吹脱至小体积后替换为甲醇溶剂。

4. GC-ECD 分析

（1）岛津 GC-2010 气相色谱仪，Agilent DB-5 色谱柱（30.0m×250μm×0.250mm，Narrowbore），不分流进样，进样口温度 250℃，进样量 1μL。载气为高纯氦气（纯度 99.99%），恒压 195.121kPa，流速为 1.2mL/min，平均流速 28cm/s。

（2）色谱柱程序温度：初温 60℃；以 10℃/min 的速率升温至 100℃，保持 6min；然后以 8℃/min 的速率升温至 160℃；再以 3℃/min 的速率升温至 200℃；最后以 10℃/min 的速率升温至 250℃，保持 2min。

（3）ECD 检测器，280℃，氮气：60mL/min。

3.3.3.4 气相色谱有机物出峰图谱扫描

气相色谱图谱扫描采用固相萃取柱（SPE）萃取、气相色谱测量。分析方法如下：

1. C_{18} 柱的活化

在使用前依次用 5mL 乙酸乙酯、5mL 二氯甲烷、10mL 甲醇淋洗活化 SPE 柱。

2. 固相萃取

将经 0.45μm CF/C 微孔滤膜过滤后水样 1L，以 0.5L/h 的速度通过 C_{18} 固相萃取柱，萃取后 C_{18} 固相萃取柱冷冻保存。

3. 洗脱

将SPE柱恢复至室温，用氮气吹干已富集的C_{18}柱，用10mL二氯甲烷淋洗，收集洗脱液，无水Na_2SO_4干燥，用氮吹仪吹脱、浓缩至1mL。

4. GC-ECD分析

(1) 岛津GC-2010气相色谱仪，Agilent DB-5色谱柱（30.0m×250μm×0.250mm，Narrowbore），不分流进样，进样口温度250℃，进样量1μL。载气为高纯氮气。

(2) 色谱柱程序升温，初始温度60℃，保持2min；以5℃/min的速率升温至280℃，保持5min。

(3) ECD检测器，检测器310℃，N_2：60mL/min。

3.4 多孔混凝土特定生境微生物分析

3.4.1 微生物生物量的测定

目前，在水生物处理领域应用最广泛的微生物量测定方法是脂磷法，因大部分微生物生物膜脂类是以磷脂（phospholipids）的形式存在的，磷脂在细胞死亡后很快分解，磷脂中的磷（脂磷，Lipid-P）的含量容易通过比色法测定，因此脂磷法测定的微生物量可以用来表征活细菌总数，并有资料表明，脂磷法测得的生物量比传统培养法测得生物量较为准确。

测定步骤为：准确称取5g新鲜泥样，放置于100mL具塞三角瓶中，加入25mL纯水，充分振荡15min，确保无颗粒状土，依次加入氯仿5mL、甲醇10mL、纯水4mL（氯仿、甲醇、纯水的体积比为1∶2∶0.8），用力振荡10min，静置12h后，再向三角瓶中加入氯仿、纯水各5mL，最终使得氯仿、甲醇、纯水的体积比为1∶1∶0.9，用力振荡10min，静置12h，取出含有脂类的下层氯仿相5mL转移至10mL具塞比色管中，水浴蒸干。向比色管中加入5%的过硫酸钾溶液0.8mL，加水至刻度，在高压锅中121℃（1.1～1.4kg/cm^2）消解30min。取出冷却至室温，然后向比色管中加入10%抗坏血酸溶液0.2mL，混匀，30s后加入钼酸盐溶液0.4mL，充分混匀，放置15min，以水为参比，700nm波长，10mm玻璃比色皿比色，记录吸光度，根据标准曲线，计算脂磷浓度，再换算成每克泥样中脂磷含量。

标准曲线的绘制方法如下：吸取50μgP/mL KH_2PO_4标准储备液2mL移入50mL容量瓶中，稀释至刻度，摇匀，制备浓度为2μgP/mL的标准溶液，分别吸取标准溶液0.00mL、0.05mL、0.20mL、0.50mL、1.00mL、2.00mL、3.00mL、4.00mL、5.00mL、6.00mL移至10mL比色管中，稀释至刻度，再分别向比色管中加入10%抗坏血酸溶液0.2mL，混匀，30s后加入钼酸盐溶液0.4mL，充分混匀，放置15min，以水为参比，700nm波长，10mm玻璃比色皿比色，记录吸光度，绘制标准曲线。

3.4.2 基质脱氢酶活性的测定

脱氢酶活性的测定采用氯化三苯基四氮唑（TTC）法，测试原理为脱氢酶能酶促脱氢反应。在泥土中，糖类和有机酸的脱氢作用比较活跃，它们均可作氢的供体，TTC 受氢后，能生成脂溶性的红色的三苯基甲簪（TPF）。

测试过程如下：准确称取 5.0g 新鲜泥样，放入 100mL 具塞三角瓶中，加入 25mL 纯水，充分振荡 15min，制得土壤悬浊液，加 1mg/mL TTC 溶液（缓冲液配制）5mL，pH 值为 7.6 的 0.2mol/L 的 Tris－HCl 缓冲液 2mL，充分振荡 10min，确保无颗粒状土粒存在，同时设置对照，对照以 pH 值为 7.6 的 0.2mol/L 的 Tris－HCl 缓冲液代替 TTC，在 37℃下置暗处培养 24h。培养结束后，加 2 滴浓硫酸中止反应，然后加入 5mL 甲苯，摇床上津提 30min，完全提取三苯基甲簪（TPF），稳定数分钟，将培养液移入离心管，于 4000r/min 下离心 5min。取上层有机溶液，用 10mm 玻璃比色皿于分光光度计 485nm 波长处比色，根据标准曲线计算 TTC 浓度。根据浓度换算成每克泥样中 TF 的含量，即表示基质的脱氢酶活性。

脱氢酶活性标准曲线绘制方法如下：称取 50mg 烘干的 TTC 于 50mL 容量瓶中，稀释至刻度，制得标准溶液，浓度为 1mgTTC/mL；量取 38.5mL 浓度为 0.2mol/L 的 HCl 溶液与 50mL 0.2mol/L 的 Tris 溶液混合，并移入 1000mL 容量瓶中，稀释至刻度，可制得 pH 值为 7.6 的 0.2mol/L Tris－HCl 缓冲液。分别吸取 TTC 标准溶液 0.0mL、1mL、2mL、5mL、7mL、10mL 于 50mL 容量瓶中，用纯水稀释至刻度，制取一系列工作液。然后分别往 9 支干净的 50mL 具塞比色管中，依次加入 0.2mol/L 的 Tris－HCl 缓冲液 2mL、不同浓度的工作液 1mL、10%的 Na_2S 溶液 1mL，混匀，放置 20min，再向各管分别加入 5mL 甲苯，置于摇床上浸提 30min，完全提取三苯基甲簪（TPF），稳定数分钟，取上层有机溶液用 10mm 玻璃比色皿于分光光度计 485nm 波长比色，绘制标准曲线。

3.4.3 基质脲酶活性的测定

测试原理为：以尿素为基质，酶促水解后所生成的氨在强碱性溶液中，与纳氏试剂反应，生成黄色的碘化双汞铵，以检测土壤脲酶活性。

测定步骤为：准确称取 5.0g 新鲜泥样，置于 100mL 三角瓶中，加入 10mL 纯水、10mL 磷酸缓冲液（pH 值为 7.6）及 0.5mL 甲苯，震荡 15min，加入 10%的尿素溶液 10mL（对照以水代替），置于 37℃恒温箱中培养 48h。培养结束后，加入 20mL1mol/L 的 KCl 溶液，充分摇匀 10min，将悬浮液用致密滤纸过滤，然后吸取 5mL 滤液置于 50mL 具塞比色管中，稀释至刻度，加入 25%的酒石酸钾钠溶液 1mL、纳氏试剂 0.8mL，显色 10min 后，以空白为参比，于分光光度计 460nm 波长比色测定，根据标准曲线计算溶液浓度，再换算为每克泥样中的脲酶含量。

标准曲线的绘制：配制 50μg/mL 的标准氨工作液，分别取 0.0mL、0.5mL、1.0mL、1.5mL、2.0mL、2.5mL 于 10mL 具塞比色管中，用水稀释至刻度，摇匀，加入 1mL 酒石酸钾钠、0.8mL 纳氏试剂，10min 后，以空白为参比，于分光光度计 460nm 波长比色测定，绘制标准曲线。

3.4.4 基质微生物活细菌测数

基质测样的制备：准确称取 10g 新鲜泥样，迅速倒入盛有三四十粒玻璃球的 100mL

无菌水的具塞三角瓶中，充分振荡15～30min，制成稀释10倍的样品稀释液，静置30s后，用1mL灭菌吸管吸取1mL10倍稀释液加入9mL无菌水中（勿使吸管碰到无菌水），摇匀，即制成100倍稀释液，按照上述方法可稀释到10^3、10^4、…稀释度分别记为10^{-3}、10^{-4}、…。

基质微生物活细菌数的测定采用涂抹平板培养计数法，将冷却至50℃左右的琼脂培养基注入灭菌的培养皿中，待凝固后，放置于28℃的恒温箱中培养36～48h，选取稀释度为10^{-6}、10^{-7}、10^{-8}的样品稀释液，每培养皿接种1.0mL，用无菌涂棒将稀释液均匀涂抹在平板表面。将接种后的培养皿置于37℃恒温箱中，培养2～4d，计算菌落数，换算为被测样品的活细菌数。

3.4.5　氮转化功能菌群分析方法

3.4.5.1　氨化细菌的测定

测定原理：氨化细菌能分解氨基化合物并生成氨，根据在不含无机氮的蛋白胨培养基上的生长状况来估算氨化细菌的数量。本书采用培养基平板计数法测定氨化细菌的数量。

培养基：蛋白胨5g，K_2HPO_4 0.5g，NaCl 0.25g，$MgSO_4 \cdot 7H_2O$ 0.5g，$FeSO_4$ 0.01g，琼脂20g，蒸馏水1000mL，pH值7.2。121℃（1.05kg/cm^2）灭菌30min。

操作步骤：制备稀释度为10^{-6}、10^{-7}、10^{-8}、10^{-9}的基质稀释液，每个稀释度接种1mL于培养皿中，加入冷却至50～60℃的培养基12mL，混匀并冷却凝固，28℃培养2～4d，计算菌落数，计算每克新鲜泥样中氨化细菌的数量。

3.4.5.2　硝化细菌-反硝化细菌的测定

测定原理：硝化作用是由铵被亚硝化细菌氧化为亚硝酸盐和进一步被硝化细菌氧化为硝酸盐的过程，反硝化细菌能以硝酸根离子为电子受体，使硝态氮还原为气态氮。根据亚硝化细菌、硝化细菌和反硝化细菌形成的产物，用稀释培养计数法（MPN）估算泥样中相应类群的微生物数量。

仪器：高压灭菌锅、三角瓶、移液管、白瓷比色板、1.8cm×18cm试管、无菌吸管。

试剂：格里斯（Griess）试剂（A液：将0.5g对氨基苯磺酸加到150mL 20%的稀乙酸溶液中；B液：1gα-萘胺加到20mL蒸馏水和150mL20%的稀乙酸中，A、B液均保存在棕色瓶内）、锌碘淀粉试剂（20g $ZnCl_2$ 溶于100mL蒸馏水，煮沸，另取4g可溶性淀粉，加少许水、调成浆状，徐徐加入煮沸的氯化锌溶液中，边加边搅拌。将混合液煮沸，直至淀粉完全溶解为止，然后加入干燥的碘化锌2g，并加蒸馏水至1000mL，保存于棕色瓶内）、2.5%二苯胺、胺磺酸、乙酸、浓硫酸、纳氏试剂等。

1. 亚硝化细菌

铵盐培养基：$(NH_4)_2SO_4$ 2.0g、KH_2PO_4 0.75g、NaH_2PO_4 0.25g、$MgSO_4 \cdot 4H_2O$ 0.01g、$MnSO_4 \cdot 7H_2O$ 0.03g、$CaCO_3$ 5.0g、蒸馏水1000mL。将培养基分装于1.8cm×18cm试管中，每管5mL。121℃（1.05kg/cm^2）灭菌30min。操作步骤如下：

（1）制备稀释度为10^{-2}、10^{-3}、…、10^{-7}、10^{-8}的基质稀释液，每管培养基中接种稀释液1mL，每一稀释度重复3管，另接1管无菌水作为对照。于28～30℃培养10～14d。

（2）取培养好的培养液2滴，滴在白瓷比色板上，加Griess试剂A液1滴，再加

Griess 试剂 B 液 1 滴，若呈现绛红色，说明产生 HNO_2。由此确定数量指标，查 MPN 表并求出亚硝化细菌近似数，换算为每克泥样中亚硝化细菌的数量。

2. 硝化细菌

亚硝酸盐培养基：$NaNO_2$ 2.0g、K_2HPO_4 0.5g、$MgSO_4 \cdot 7H_2O$ 0.5g、Na_2CO_3 1.0g、$FeSO_4$ 0.4g、NaCl 5.0g，蒸馏水 1000mL。将培养基分装于 1.8cm×18cm 试管中，每管 5mL。121℃（1.05kg/cm^2）灭菌 30min。操作步骤如下：

（1）制备稀释度为 10^{-2}、10^{-3}、…、10^{-7}、10^{-8}的稀基质释液，每管培养基中接种稀释液 1mL，每一稀释度重复 3 管，另接 1 管无菌水作为对照，于 28～30℃培养 10～14d。

（2）培养结束后，检查有无 NO_2^- 的存在，若有，应去除其干扰，方法为，向试管中加 5～10 滴乙酸，再放入数粒胺磺酸，等氮气释放完毕，再加入 1 粒胺磺酸。

（3）去除干扰后，取出培养液 2 滴于白瓷比色板上，用 Griess 试剂检查有无 NO_2^-，如完全没有，则取 2 滴培养液于白瓷比色板上，加浓硫酸、二苯胺各 2 滴，若呈现蓝色，说明有硝化作用产生 NO_3^-。由此确定数量指标，查 MPN 表并求出硝化细菌近似数，换算成每克泥样中硝化细菌的数量。

3. 反硝化细菌的测定

培养基：KNO_3 2.0g、K_2HPO_4 0.5g、$MgSO_4 \cdot 7H_2O$ 0.2g、酒石酸钾钠 20g，蒸馏水 1000mL，pH 值 7.2。将培养基分装于 1.8cm×18cm 试管中，每管 10mL，并加 1 杜氏小管。121℃（1.05kg/cm^2）灭菌 30min。操作步骤如下：

（1）制备稀释度为 10^{-3}、…、10^{-7}、10^{-8}的基质稀释液，每管培养基中接种稀释液 1mL，每一稀释度重复 3 管，另有 1 管接种 1mL 无菌水作为对照，于 28～30℃培养 14d。

（2）观测培养基是否变浑，然后检查 N_2、NH_3、NO_2^- 是否产生。检查方法为：①氮气，若有氮气产生，则培养液表面或杜氏小管内聚有气泡；②亚硝酸，取培养液 2 滴于白瓷比色板上，加 Griess 试剂，如有红色，说明反硝化作用产生了亚硝酸；③氨，取 2 滴培养液于白瓷比色板上，加纳氏试剂，若变黄棕色，说明还原产生了氨；④硝酸盐，同硝化细菌的检测步骤。

（3）由上述确定数量指标，查 MPN 表求出反硝化细菌的数量。

3.4.5.3 硝化潜力测定

将 250g 新鲜泥样分别放置于玻璃容器底部，加入由去离子水和 NH_4Cl 配置浓度约为 6mg/L 的反应液，使玻璃容器中底泥与液面的距离分别与实验河道内各自采样位置的水深一致。实验开始时在保证底泥不被搅动的情况下，采用微小曝气头进行充氧，控制 DO 浓度为 8～10mg/L，与河道水中 DO 浓度一致，实验在 20℃的温室中进行，定时取水样测定 NH_3 - N、NO_2^- - N、NO_3^- - N 浓度。在试验期间，通过测定使 pH 值维持在 7.5～8.5。

3.4.5.4 基质氮释放速率测定

将 250g 新鲜泥样分别放置于玻璃容器底部，分别加入各自同一深度处采集的并经 0.2μm 滤膜过滤后的水样，使玻璃容器中底泥与液面的距离分别与实验河道内各自位置的水深一致。实验开始时在保证底泥不被搅动的情况下，采用微小曝气头进行充氧，控制

DO 浓度为 8～10mg/L，与河道水中 DO 浓度一致，实验在 20℃的温室中进行，定时取水样测定 NH_3 - N、NO_2^- - N、NO_3^- - N 浓度。

3.4.5.5　反硝化强度的测定

(1) 配制培养基及 10^{-1}底泥悬液。培养基：KNO_3 0.25g、K_2HPO_4 0.5g、$MgSO_4 \cdot 7H_2O$ 0.2g、酒石酸钾钠 20g，蒸馏水 1000mL，pH 值 7.2。在 150mL 三角瓶中装 30mL 培养基，每组 2 只，121℃ (1.05kg/cm^2) 灭菌 30min，冷却至室温，备用；稀释度 10^{-1}底泥悬液的配制方法见 3.3.4。

(2) 接种培养、测定。用无菌吸管吸取 10^{-1}底泥悬液 1mL 接种到灭菌后的培养基中，每组接 2 只三角瓶，其中 1 只三角瓶过滤立即测定原始培养液中 NO_3^- - N 浓度，另一只三角瓶置于 28℃培养箱中培养 15d 后，取出三角瓶，培养液过滤，测定 NO_3^- - N 浓度。

(3) 计算培养前后 NO_3^- - N 浓度差，换算为单位泥样对 NO_3^- - N 减少的贡献量，单位为 mg/(g·h)。

3.5　实验模型微型生物群落分析

3.5.1　微型生物群落分析方法

运用微型生物群落的结构和功能参数，可用于评价河道多孔混凝土护砌和“三面光”护砌的生态效应。微型生物群落监测采用 PFU 法 (GB/T 12990—1991)，将 32 号聚氨酯泡沫塑料切割成 50mm×65mm×75mm 大小的块，使用前用自来水冲洗，再用蒸馏水浸泡 24h，用细线固定于 1 号河、4 号河和黄浦江临江泵站 3 处采样点，当 PFU 暴露的 1d、3d、5d、7d、11d、15d 时采样，每次随机取出 2 块，作生物平行观察。所测定的微生物群落结构参数有微生物种类数和 Maglaef 多样性参数，功能参数有 S_{eq} (达到平衡时的种类数)、G (群集速率常数) 和 $T_{90\%}$ (达到 90%S_{eq}所需的时间)。

采用活体镜检方法对水样中的微型生物进行观察和鉴定分类，鉴定到种。镜检时用吸管从含 PFU 挤出液的烧杯底部吸取 3 滴水样于载玻片上，盖上 22mm×22mm 盖玻片。观察时，可加入 5% 的甲基纤维素溶液以限制虫体的运动；用 0.1% 的甲基绿溶液 (Methyl Green) 或 0.1%的次甲基蓝溶液 (Methylene Blue)，5%的冰乙酸、碘液染色以观察细胞核、纤毛和鞭毛；虫体大小用显微测微尺测量，单位为 μm。计数：用 100μL 微量取样器吸取水样置于 0.1mL 计数框内，在 400～600 倍显微镜下观察计数。每个样品取 2～3 片，全片计数，取其有效值，换算出每毫升样品中虫体的密度。微生物种类的鉴定主要依据为《微型生物监测新技术》《中国环境保护标准汇编》和《淡水微型生物图谱》。

多样性指数：把含 PFU 挤出液的烧杯中的水样摇匀，用吸管吸取 0.1mL 水样于 0.1mL 计数框内，盖上盖玻片，全片进行活体计数。由于是活体，原生动物进出视野的机会是均等的，以进入视野内的个数为准。应用 Maglaef 多样性指数公式进行计算

$$D=(S-1)\ln N \tag{3.1}$$

式中 S——原生动物种数；

N——原生动物丰度，个/mL。

3.5.2 浮游生物监测方法

3.5.2.1 细菌学监测

细菌总数主要用来反映水体被有机物污染的程度。水体中细菌学监测采用细菌平板计数法，吸取适当稀释度的1mL水样在营养琼脂培养基上，于37℃培养箱经2d培养后计算所生长的细菌菌落总数。

3.5.2.2 浮游植物分析

浮游植物定性样品用25号浮游生物采集网采集，取水样在光学显微镜下鉴定，定性到属或种。定量样品用5L采水器在水面以下30cm取水，放入事先加入15mL鲁哥试剂的1000mL取样瓶中，静置48h后吸取上清液，定容至30mL。显微镜镜检计数时，充分摇匀，吸取100μL滴入0.1mL计数框内，定量计数在10×40倍视野下进行，每个样品重复计数两次，每次计数个体为300～500个。浮游植物的鉴定参照《中国淡水藻类——系统、分类及生态》。

3.5.2.3 浮游动物分析

原生动物、轮虫的鉴定和定量样品用处理过的浮游植物样品。原生动物的鉴定参照沈韫芬等编著的《微型生物监测新技术》，定量计数和生物量计算同浮游植物。轮虫的种类鉴定参见王家辑编著的《中国淡水轮虫志》，轮虫的计数方法从摇匀的测样中吸取1mL注入1mL计数框中，在16×10倍视野下计数，一般计数两片，取平均值，生物量按照《湖泊生态调查观测与分析》中相关计算公式估算。

浮游甲壳动物的取样采用5L有机玻璃采水器取水20L，用25号浮游生物网过滤并放入50mL塑料瓶中，按Haney和Hall描述的方法保存，浮游甲壳动物中枝角类的鉴定参见《淡水枝角类》，桡足类的鉴定参见《淡水桡足类》。采集的样品全部计数，生物量按照《湖泊生态调查观测与分析》中相关计算公式估算。

3.5.2.4 底栖动物监测方法

底栖动物是指生活在水体底部淤泥内或石块、砾石的表面和间隙中，以及附着在水生植物之间的肉眼可见的水生无脊椎动物。底栖动物的取样采取人工基质篮式采样器。采样篮为圆柱形，直径为18cm，高20cm，14号铁丝编织，孔径4～6mm。使用时，篮底铺一层40目尼龙筛绢，盛满5～8cm卵石，重约6kg。试验于2006年6月进行，在1号河和4号河底均放置2个人工基质采样篮，其中，经过15d后两条河的采样器同时取出，将卵石倒入盛有少量水的桶内，用猪毛刷将每个卵石和筛绢上附着的底栖动物洗下，再经40目分样筛洗净，将生物在白瓷板上用肉眼捡出鉴定。基质（卵石）为多孔混凝土制备时的砾石骨料，类似于实验河道的底质，15d后采集底栖生物，基本能反映底栖动物的群落结构。

同时，砾石表面也形成了微生物膜，为研究河床基质对微生物富集效果，放置15d后，采用脂磷法测定1号河、4号河中投放砾石表面生物膜的生物量大小。

3.6　本章小结

岸线多孔混凝土生境修复的实验模型应能够充分模拟天然河流的形态特征，同时保证河流生态系统行为的可控制性和可定量化。在上海市黄浦江原水厂临江泵站开挖 4 条尺寸相同的实验河道，分别采用多孔混凝土预制单球组合、多孔混凝土预制凹凸连锁具孔矩形砌块、多孔混凝土预制四球连体砌块以及传统的“三面光”护砌，并于河道中安装水流推进器，以模拟河水流动。实验河道的生态坡面分别栽植草本植物、挺水植物以及沉水植物，构建模拟天然水体岸线的陆生生态向水生生态延续的生态系统。实验模型可通过水力控制设施，系统性研究实验河道在多种水力运动条件下的水质改善效果、坡面微生物富集特性、坡面生化性质变化规律以及实验河道微型生物群落的演变规律，使河流的生态系统行为在时间和空间的基础上可定量化，从而科学评价河湖岸线多孔混凝土生境修复的生态效应和水质改善效果。

第4章　多孔混凝土岸线修复实验模型的水质改善效应

水体岸线的多孔混凝土联合绿色植物的生态护坡有助于水体水生生态系统的完善，用多孔混凝土护砌面富集的微生物和生长的绿色植物同时强化水质的净化作用，同时水流运动也对污染物有一定的离散作用。水体与生态坡面的交互过程中，水中污染物被微生物降解和绿色植物吸收；颗粒性污染物被比表面积较大的多孔混凝土吸附，并部分沉降，水体透明度得到较大改善；水中的营养性污染物被微生物和绿色植物合成生命体，生物多样性增加，河流生态系统得以恢复和完善。为考察不同构型多孔混凝土岸线生境修复的水质改善效果，采用多单球状砌块、凹凸连锁具孔矩形砌块和四球连体砌块三种多孔混凝土预制砌块构建多孔混凝土岸线生境实验模型，并以“三面光”河道为实验对照，通过长时期系统性的水质监测，研究河道多孔混凝土生境修复的水质改善效果，并筛选出水质改善效果最好的多孔混凝土岸线生态建设模式。

4.1　实验期间原水水质

水体岸线多孔混凝土生态修复实验模型中的4条河道分别采用多孔混凝土预制单球组合模式（1号河）、多孔混凝土预制具孔矩形凹凸连锁具孔砌块模式（2号河）、多孔混凝土预制四球连体砌块模式（3号河）和标号C15的传统混凝土（4号河）进行河道的“三面光”硬化模式。1号、2号、3号河均为模拟多孔混凝土岸线生态建设的实验组水体，4号河为水土界面模拟传统“三面光”硬质护砌，作为实验对照水体。

黄浦江原水经水泵抽取后均匀配置到4条河道中，实验河道水位都达到工作水位0.8m时，同时启动水流推进器，水在河道中循环流动，因河道岸坡护砌面的粗糙度和植被覆盖率不同，“三面光”河道（4号河）断面平均流速较大，为0.406m/s，生态修复组实验水体中（1号河、2号河、3号河）断面平均流速较小，分别为0.106m/s、0.187m/s、0.142m/s。水质净化实验自10月开始，至第二年的8月结束，持续约10个月，期间水温变化范围为1.5～33℃，共进行14个周期的水质净化实验，每个周期的实验持续时间为2d，两个实验周期的间隔为2～3周，同时考虑多孔混凝土生态岸线植物群落的发育及气温条件对水质净化效应的影响。为消除降水对实验结果的影响，实验过程中尽量避免雨天，即每个实验周期都是在连续多日的无雨天气下完成的。

实验期间黄浦江临江泵站原水水质见表4.1，其中TN、NH_3-N、$NO_3^- -N$浓度受季节影响波动范围较大，COD_{Mn}、TP、UV_{254}的变化幅度较小。

表4.1　实验期间黄浦江水质

项目	COD_{Mn} /(mg/L)	TN /(mg/L)	TP /(mg/L)	NH_3-N /(mg/L)	NO_2^--N /(mg/L)	NO_3^--N /(mg/L)	DO /(mg/L)	UV_{254} /cm^{-1}
范围	5.86～7.08	3.73～6.72	0.13～0.20	0.24～2.22	0.045～0.223	0.98～3.47	2.8～7.2	0.143～0.193
平均值	6.53	5.12	0.169	1.12	0.122	2.405	4.52	0.159
标准差	0.153	0.641	0.0014	0.434	0.0027	0.443	—	0.0002

注　—表示未列入。

4.2　岸线生境模式对水质改善效果的影响与对比

4.2.1　氨氮的去除效果对比分析

在实验过程中，黄浦江原水的NH_3-N浓度随时间波动幅度较大，其中冬季时NH_3-N浓度较高，超过1.5mg/L；其余时间段浓度较低，介于0.5～1.0mg/L之间，表明黄浦江的NH_3-N浓度随季节呈现一定的变化规律。实验中4条河道的NH_3-N浓度随时间变化及相应的去除率如图4.1所示。在4条不同护砌方式的河道中NH_3-N均有不同程度的去除，NH_3-N去除率与温度、初始浓度有关。冬春季节，气温较低，NH_3-N初始浓度较高，去除率低；夏秋季节，NH_3-N的初始浓度降低，去除率高。

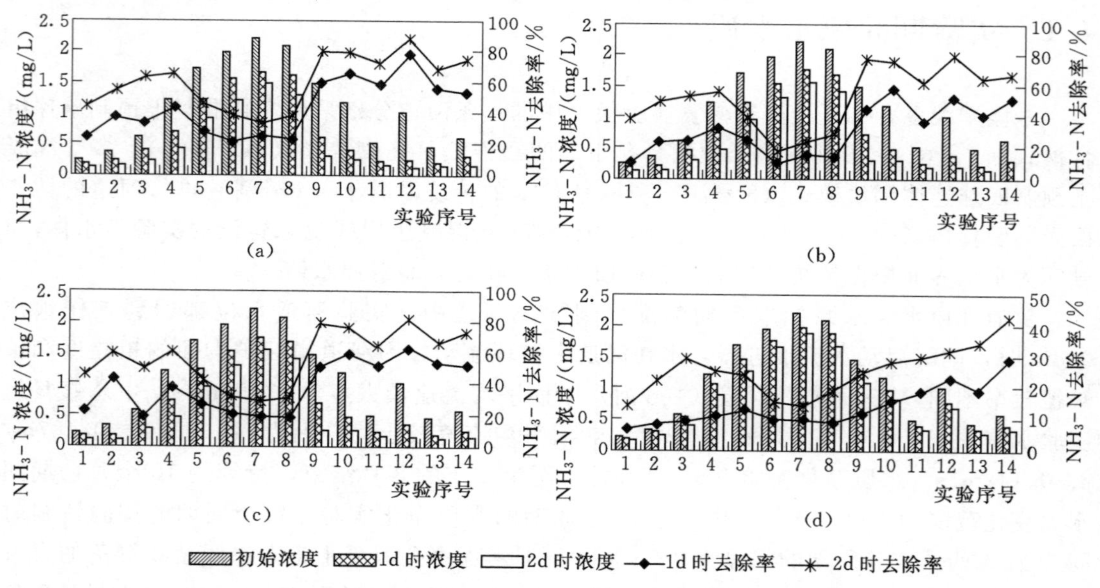

图4.1　实验模型水中NH_3-N的去除效果

(a) 1号河；(b) 2号河；(c) 3号河；(d) 4号河

多孔混凝土预制单球组合模式的1号河，生态铺装面空隙率约为47%，且不包括多孔混凝土本身的孔隙率；而预制凹凸连锁具孔矩形砌块模式（2号河）和预制4球连体砌块模式（3号河）的生境护砌面空隙率分别为22%和31%。1号河的多孔混凝土岸线护砌面植被生长旺盛，NH_3-N 的去除效果较好，根据 NH_3-N 去除率的变化过程，可将实验时间划分为三个时间段。第一阶段为实验初期（10—11 月，第 1～3 次试验），NH_3-N 初始浓度低，$HRT=1d$ 时 NH_3-N 的去除率约 35%，$HRT=2d$ 时去除率接近 50%。第二阶段（12 月至次年 3 月，第 4～9 次实验）为冬季运行阶段，气温降低，植被逐渐枯萎并收割，而且 NH_3-N 的初始浓度较高，NH_3-N 的初始浓度最高达 2.2mg/L，在第二阶段 NH_3-N 去除率普遍较低，$HRT=1d$ 时去除率为 10%左右，$HRT=2d$ 时去除率为 15%左右，远低于第一阶段时 NH_3-N 的去除率。主要是因为水温较低，由于美人蕉、菖蒲等挺水植物以及草本植被狗牙根等枯萎，越冬植物黑麦草生长缓慢，植被覆盖率几乎为零，因而 NH_3-N 的去除率降低。第三阶段（4—7 月，第 10～14 次实验），实验期间气温回升，美人蕉、菖蒲以及狗牙根恢复生长，并逐渐旺盛，实验时 NH_3-N 的初始浓度低于第二阶段，与第一阶段 NH_3-N 的初始浓度相当，NH_3-N 的去除率大幅度地升高，$HRT=1d$ 时 NH_3-N 去除率达到 60%左右，$HRT=2d$ 时达到 75%左右，明显高于前两个实验阶段。

从图 4.1 也可以看出，多孔混凝土预制单球组合模式的 1 号河在第三阶段时，岸坡微型生态系统已基本建立。第三阶段内，实验河渠中 NH_3-N 去除率与初始浓度有关，NH_3-N 初始浓度低时，相应的去除率也较低。第 11 个实验周期黄浦江 NH_3-N 初始浓度为 0.516mg/L，$HRT=2d$ 时 NH_3-N 去除率为 58.3%，第 13 个实验周期时 NH_3-N 初始浓度为 0.461mg/L，$HRT=2d$ 时 NH_3-N 去除率 55.7%。NH_3-N 初始浓度高时，相应的去除率也增加，如第 10 个实验周期时 NH_3-N 初始浓度为 1.196mg/L，$HRT=2d$ 时 NH_3-N 去除率为 87%，第 12 个实验周期时 NH_3-N 初始浓度为 1.03mg/L，$HRT=2d$ 时 NH_3-N 去除率为 88.7%。由此说明，河流生态系统发育完善时，生态护砌面生长的绿色植物和富集的微生物量较大，从而提高了 NH_3-N 的去除效果。

2 号河（预制凹凸连锁具孔矩形砌块模式）、3 号河（预制四球连体砌块模式）同为多孔混凝土岸线生态生境建设，但岸线护砌面的空隙率低于预制单球组合模式的 1 号河岸线，因而坡面植被生长不及 1 号河旺盛，NH_3-N 的去除率也低于 1 号河。实验期间 2 号河、3 号河中 NH_3-N 浓度变化趋势以及去除率的变化过程与 1 号河类似，在时间段上同样也可划分三个阶段，而且 NH_3-N 去除率受初始水质影响。其中第三阶段 NH_3-N 去除率较高，第二阶段正值冬季，河道护砌面生物量小，NH_3-N 的去除效果较差。

4 号河模拟了传统河渠的"三面光"硬化模式，水体与陆地间被完全隔离，NH_3-N 去除率与前 3 条生态护砌河道有较大差异。实验期间，"三面光"河道对 NH_3-N 也有一定的去除效果，在第一阶段和第二阶段中 $HRT=1d$ 时 NH_3-N 去除率为 10%左右，到第三阶段 $HRT=1d$ 时 NH_3-N 去除率上升至 30%左右，去除率仅为生态护砌河道同期去除率的 1/3～1/2。在第三阶段"三面光"硬化模式的 4 号河中 NH_3-N 去除率升高，由于 4 号河经历了较长时间的通水过程，河内滋生了大量的藻类浮游生物，水体呈现黄绿色，藻类密度较大，一定程度上促进了 NH_3-N 的去除。由此说明"三面光"护砌河道易于滋生藻类，河水感观性较差，而生态护砌河道中藻类等浮游生物数量较少，水体透明度高。

图 4.2 所示为实验期间 4 条河道 NH_3-N 的平均去除率。从图 4.2 可以看出，在 14

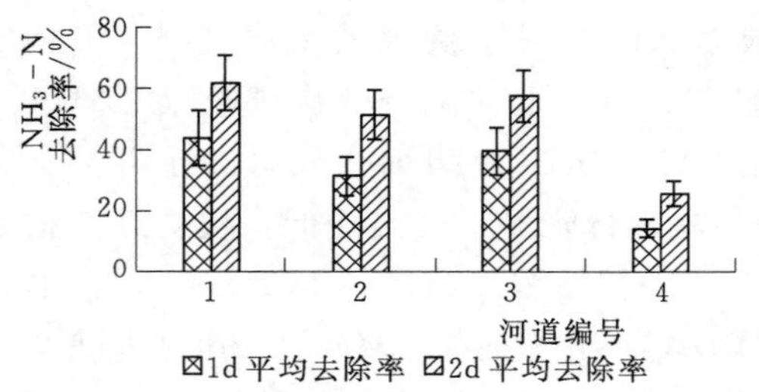

图 4.2　实验期间 NH_3-N 的平均去除率

个实验周期中，1 号河（多孔混凝土预制单球组合模式）NH_3-N 的平均去除率最高，$HRT=1d$、2d 时 NH_3-N 平均去除率分别为 43.9%、63.4%；4 号河（"三面光"护砌模式）NH_3-N 的平均去除率最低，$HRT=1d$、2d 时去除率分别为 14.4%、25.7%；2 号河（多孔混凝土预制凹凸连锁具孔矩形砌块模式）、3 号河（多孔混凝土预制四球连体砌块模式）居中，其中 3 号河略优于 2 号河。

4.2.2　高锰酸盐指数的去除效果对比分析

有机物是黄浦江的主要污染物之一，也是衡量黄浦江水源地水质安全的重要指标。黄浦江水中有机物的种类十分复杂，很难逐一进行定性或定量分析，实验采用高锰酸盐指数（COD_{Mn}）作为表征水中受有机污染物污染程度的综合性水质指标，黄浦江以中小分子量的有机物占多数，分子量小于 3kDa 的有机物占有机物总量的 50%以上。实验期间，黄浦江原水 COD_{Mn}浓度在 5.86～7.08mg/L，平均值为 6.53mg/L，标准差为 0.153，COD_{Mn}浓度波动范围不大。实验期间 4 条河道的 COD_{Mn}浓度以及 $HRT=1d$、2d 时的 COD_{Mn}浓度以及去除率变化如图 4.3 所示。

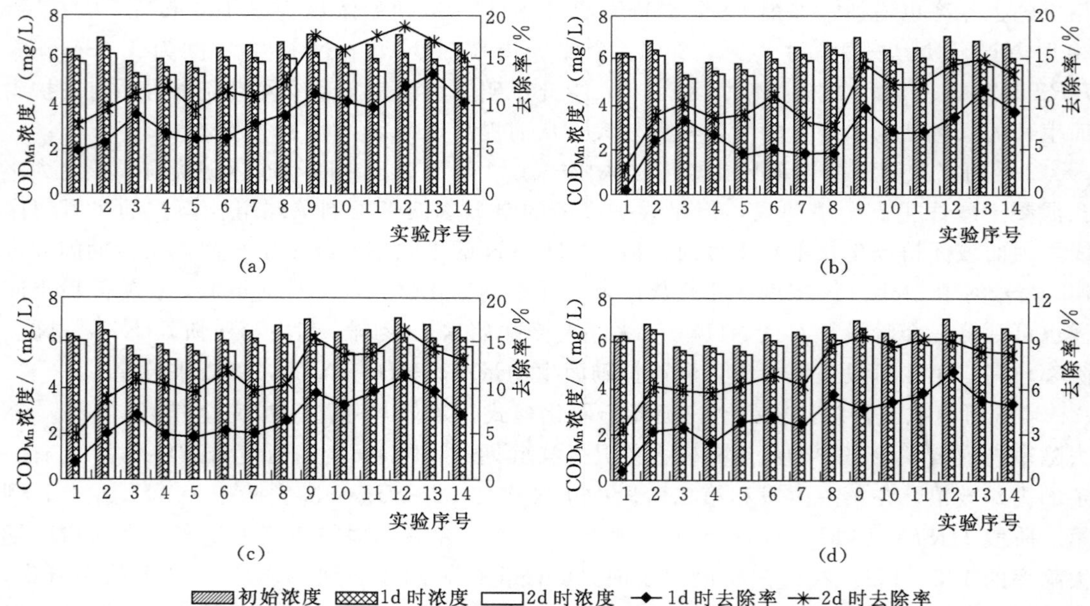

图 4.3　实验模型水中 COD_{Mn}的去除效果

（a）1 号河；（b）2 号河；（c）3 号河；（d）4 号河

由图 4.3 可以看出，多孔混凝土岸线的实验组河渠（1 号河、2 号河、3 号河）对 COD_{Mn}有明显的去除效果，实验后期 COD_{Mn}去除率高于实验初期的去除率，其中 1 号河

（多孔混凝土预制单球组合模式）COD_{Mn}的去除率最高，2号河（多孔混凝土预制凹凸连锁具孔矩形砌块模式）与3号河（多孔混凝土4球连体砌块模式）的COD_{Mn}的去除率相当，但都低于1号河。以1号河为例，在最初的2个实验周期，由于河道生态护砌面的植被覆盖率低，生态护砌面表层覆土易被水流冲刷，河流微生态系统尚处于建设和完善过程中，HRT=1d时COD_{Mn}的平均去除率为5.2%，HRT=2d时的平均去除率为8.65%，此后实验进入冬季，植物枯萎收割，COD_{Mn}的去除率无明显提高，HRT=1d时COD_{Mn}的去除率为7.0%左右，HRT=2d时的去除率为10%左右。3月以后，生态护砌面植被恢复生长，并基本覆盖生态坡面，覆土颗粒已固着在多孔混凝土护砌面，COD_{Mn}的去除率显著提高，3月以后的第9～14个实验周期内，HRT=1d时的平均去除率为11.1%，HRT=2d时的平均去除率为16.9%。对微污染水源水质来说，COD_{Mn}的去除效果已经接近于饮用水预处理工艺去除COD_{Mn}的水平，如轻质滤料为填料的生物滤池和生物陶粒滤池预处理某水库原水时COD_{Mn}去除率在5%～20%；四段式生物接触氧化池预处理珠江微污染原水，COD_{Mn}平均去除率为23.8%。由此可见，河道的生态护砌能有效降低水体受有机物污染的程度。多孔混凝土护砌应用于水源地的生态防护，基本可以取代饮用水的预处理工艺，而且多孔混凝土护坡是微污染水体的原位性生态修复，不会对水体水质产生任何安全风险，在改善水质的同时，也修复了水体的生态系统，改善水体环境质量。

微污染水体中的有机污染物一部分以颗粒态有机碳（POC）和胶体态有机碳（COC）的形态存在，其余则以溶解态（DOC）存在。因此，岸线的多孔混凝土生境修复除了提高了河流的自净能力以外，COD_{Mn}的去除也有两种途径：一种途径是植物对有机物的吸收和吸附作用；另一种途径是微生物的降解作用。河道多孔混凝土护砌面生长着绿色植物，植物庞大的根系分布完成了对水中营养物质的吸收，而根系表面以及暴露在水中的茎叶也易于附着微生物形成生物膜，大量的微生物可有效去除溶解态的有机物。

尽管“三面光”硬化模式的4号河中COD_{Mn}也有一定的去除效果，但去除率远低于多孔混凝土生态岸线河道（1～3号河），实验期间，4号河HRT=1d时COD_{Mn}平均去除率为4.3%，HRT=2d时COD_{Mn}平均去除率为7.7%。第9个实验周期以后，由于实验河道长时间通水，4号河中滋生了大量的刚毛藻等浮游植物，COD_{Mn}的去除率小幅上升，第12个实验周期，HRT=2d时COD_{Mn}的去除率达到9.3%。同时，COD_{Mn}的去除率与实验周期的初始浓度有关，COD_{Mn}初始浓度较高时，其去除率也较高；初始浓度低时，去除率也较低。水体的“三面光”护砌缺少了绿色植物的生长基质和微生物富集的载体，对COD_{Mn}的去除效果不明显。

图4.4所示为实验期间4条河道COD_{Mn}的平均去除率。1号河（多孔混凝土预制单球组合模式）在HRT=1d和2d时COD_{Mn}平均去除率分别为8.6%、13.3%，其中HRT=2d的最高去除率达到18.6%。4号河（“三面光”硬化模式）COD_{Mn}去除率最低，HRT=1d和2d时的平均去除率分别为4.3%、7.4%，由于4号河缺少绿色植物和微生物的

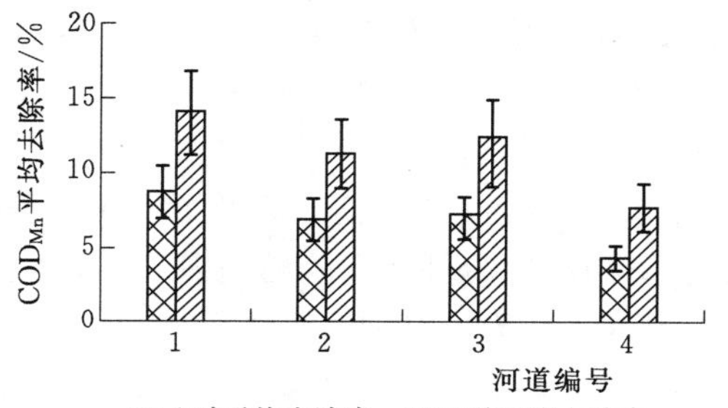

图4.4 实验期间COD_{Mn}的平均去除率

作用，在整个实验期间（共 14 个实验周期）COD_{Mn}的去除率变化不大。

4.2.3 总氮的去除效果对比分析

实验模型中 TN 的初始浓度以及 *HRT*＝1d 和 2d 时的浓度及去除率变化如图 4.5 所示。实验期间，黄浦江原水的 TN 浓度在 3.73～6.72mg/L 之间变化，平均浓度为 5.12mg/L，标准差为 0.641，波动范围不大，从季节分布来看，冬季时，TN 浓度高；其余季节，TN 浓度略低。4 条实验河道 *HRT* 分别为 1d、2d 时的 TN 去除率随黄浦江原水的 TN 浓度变化而波动，这表明生态护砌河道中 TN 的去除效果一定程度上受进水浓度影响。

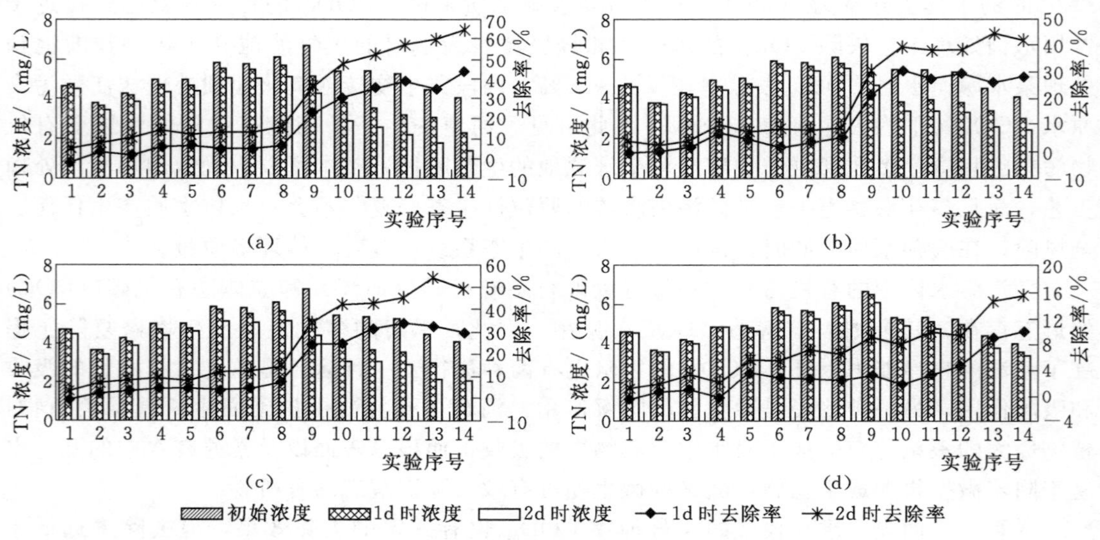

图 4.5 多孔混凝土预制球护砌河道 TN 的去除效果

(a) 1 号河；(b) 2 号河；(c) 3 号河；(d) 4 号河

由图 4.5 可以看出，多孔混凝土护砌河道（1 号河、2 号河、3 号河）在最初的 2 个实验周期中，*HRT*＝1d 时 TN 的去除率出现了负值，即 TN 浓度升高，主要因为，实验初期多孔混凝土护砌面植被覆盖率低，覆土颗粒未能固结在生态护砌面上，在水流的冲刷作用下进入水体，河水浊度升高，覆土颗粒携带含氮污染物，使得水中 TN 浓度升高，当 *HRT*＝2d 时 TN 浓度略有下降。此后的实验周期由于进入冬季，植被枯萎，生物量下降，TN 去除率并未显著升高，1 号河（多孔混凝土预制单球组合模式）*HRT*＝2d 时 TN 去除率为 9.4%～14.0%，2 号河（多孔混凝土预制凹凸连锁具孔矩形砌块模式）为 4.2%～10.7%，3 号河（多孔混凝土预制四球连体砌块模式）为 7.4%～12.5%。第 9 个实验周期以后的每个实验周期内，TN 的去除率一直呈现上升趋势，至第 14 个实验周期，1 号河中 *HRT*＝2d 时 TN 去除率由 36.6%上升至 64.6%，2 号河中 *HRT*＝2d 时 TN 去除率由 30.5%上升至 41.5%，3 号河中 *HRT*＝2d 时 TN 去除率由 34.6%上升至 53.4%。1 号河中 TN 去除率增加幅度最大，3 号河次之，2 号河较低，由此说明实验河道的 TN 去除效果与岸线预制构型模式及其护砌坡面上的植被覆盖率有关，多孔混凝土岸线微型生

态系统发育越完善，水质改善效果越好。

在 3 条多孔混凝土生境修复的实验河道（1 号河、2 号河、3 号河）中，TN 的去除规律基本一致，即第 9 个实验周期（第 2 年春季）后的每个实验周期内 TN 的去除率高于此前的去除率，主要原因有以下三点：

(1) 第 9 个实验周期（3 月）后，气温逐渐升高，美人蕉、香蒲、狗牙根迅速恢复生长，植物和微生物的共同作用促进了 TN 的去除。

(2) 包括第 8～9 个实验周期在内的 25d 时间，实验河道的水位长时间保持在工作水位 0.8m，为多孔混凝土护砌面微生物的富集提供了适宜的条件，同时也促进了实验河道岸线微型生态系统的发育和完善。

(3) 由于多孔混凝土生境修复的实验护砌河道有机物、氮等被大量去除，水体透明度增加，河道内生长了一些丝状藻类（苔藓），丝状藻同时也是微生物富集的载体，促进了 TN 等污染物的快速去除。

作为实验对照的 4 号河（“三面光”河道）中 TN 去除率在整个实验期间内并无显著增加（图 4.5），在 3 月之前，HRT=2d 时 TN 去除率为 1.0%～7.6%，3 月之后（第 7 次实验），由于河道内藻类等浮游生物滋生，TN 的去除率有小幅上升，至 5 月时（第 9 次实验后），HRT=2d 时 TN 去除率增加至 10%左右，进入 7 月（第 13 次实验），由于水温升高，藻类生物量增加，HRT=2d 时 TN 去除率增加至 15.6%，实验结果说明，“三面光”硬化模式的 4 号河内容易滋生藻类，藻类生长后，水体浊度升高，且 TN 去除率远远低于生态护砌河道。

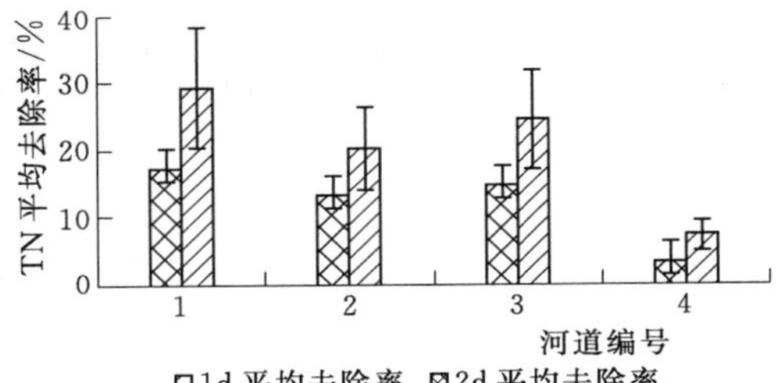

图 4.6 实验期间 TN 的平均去除率

图 4.6 所示为实验期间 4 条河道 TN 的平均去除率。1 号河（多孔混凝土预制单球组合模式）在 HRT=1d、2d 时 TN 平均去除率分别为 17.6%、29.4%，其中 HRT=2d 的最高去除率达到 64.6%。2 号河（多孔混凝土预制凹凸连锁具孔矩形模式）、3 号河（多孔混凝土预制四球连体砌块模式）的 TN 去除率低于 1 号河。4 号河（“三面光”河道）TN 去除率最低，HRT=1d、2d 时的平均去除率分别 3.3%、7.2%，由于在 TN 去除过程中，生物作用去除贡献较小，实验期间 TN 去除率不受季节影响。

4.2.4 其他污染物的去除效果对比分析

4.2.4.1 UV_{254} 的去除效果

UV_{254} 是水样经 0.45μm 微孔滤膜过滤后在波长 254nm 下的紫外吸光度，可表征水中具有苯环和共轭双键结构有机物的相对多寡，如腐殖质等天然有机物在 254nm 波长下具有紫外吸收峰值，可作为饮用水消毒副产物前驱物的代用参数。UV_{254} 通常被用来近似地反映水用溶解性有机碳（DOC）的相对浓度，还与水中的 COD_{Mn}、总有机碳（TOC）、BOD 具有显著关系，因而通过 UV_{254} 的测定可以间接表征有机物浓度。

图 4.7 所示为 4 条实验河道在 HRT=1d、2d 时 UV_{254} 数值变化情况。由图 4.7 可以看

出，黄浦江原水 UV_{254} 在 0.141～0.193cm^{-1} 之间变化，平均值为 0.159cm^{-1}；1号河（多孔混凝土预制单球组合模式）HRT=1d 时 UV_{254} 介于 0.139～0.183cm^{-1} 之间，平均值为 0.152cm^{-1}，UV_{254} 降幅为 1.4%～9.4%，平均降幅为 4.3%，HRT=2d 时河水 UV_{254} 介于 0.130～0.171cm^{-1} 之间，平均值为 0.147cm^{-1}，UV_{254} 降幅为 3.4%～11.4%，平均降幅 7.2%。4号河（"三面光"硬化模式）HRT=1d 时 UV_{254} 介于 0.138～0.186cm^{-1} 之间，平均值为 0.155cm^{-1}，UV_{254} 降幅为 1.2%～4.4%，平均降幅为 2.2%，HRT=2d 时河水 UV_{254} 介于 0.138～0.178cm^{-1} 之间，平均值为 0.153cm^{-1}，UV_{254} 降幅为 1.3%～7.8%，平均降幅 3.6%。2号河（多孔混凝土预制凹凸连锁具孔矩形砌块模式）、3号河（多孔混凝土预制四球连体砌块模式）对 UV_{254} 的去除效果介于1号河与4号河之间，实验期间，2号河 UV_{254} 的平均降幅为 6.6%，3号河 UV_{254} 的平均降幅为 6.9%，4号河（"三面光"硬化模式）对 UV_{254} 的去除率远低于多孔混凝土生态岸线的实验组河道。

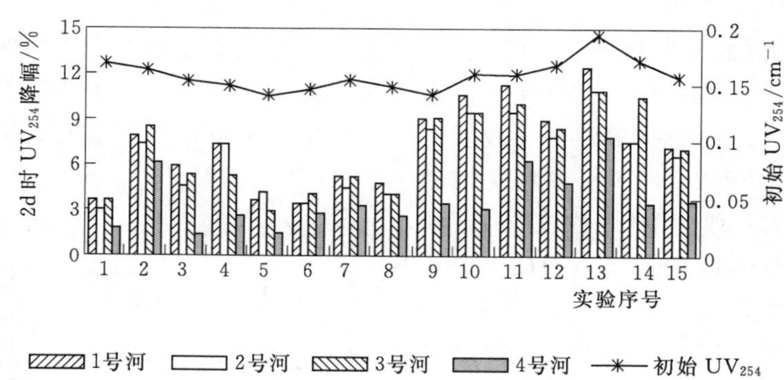

图 4.7　HRT=2d 时 UV_{254} 的去除效果

多孔混凝土生态岸线模式对 UV_{254} 的改善效果与其他饮用水预处理工艺的 UV_{254} 改善效果基本相当，纪荣平等采用组合介质预处理太湖梅梁湾原水时，UV_{254} 的去除率为 6.17%～7.65%；李树苑等采用网状填料预处理受污染物的水库水，生物接触氧化对 UV_{254} 的平均去除率为 12.7%；詹旭等采用 PM 和 ACP 材料进行生物强化技术降解水源地水体有机物的研究，当 HRT=7d 时 UV_{254} 的去除率为 14.5%。由于 UV_{254} 所代表的有机物大多为难生物去除的芳香族类有机物，因此 UV_{254} 所表征的有机物去除率略低于 COD_{Mn} 所表征的有机物的去除率。

4.2.4.2　亚硝酸盐的去除效果

亚硝酸盐是水体中氮循环的中间产物，化学状态不稳定，铵盐在有氧条件下经亚硝化细菌作用后被转化为亚硝酸盐，并在有氧的条件下经硝化细菌作用继续转化为硝酸盐。饮用水中的亚硝酸盐对人体产生较大危害，可使人体正常的血红蛋白（低铁血红蛋白）氧化成为高铁血红蛋白，失去血红蛋白在人体内输送氧的能力，出现组织缺氧的症状，亚硝酸盐还可与仲胺类化合物反应生成具有致癌性的亚硝胺类物质。亚硝酸盐（NO_2^--N）的存在通常与水体中的有机物污染表现出一定的相关性，而且在水处理工艺中影响有机物的去除效果，同时 NO_2^--N 也是黄浦江饮用水源地的主要监控水质指标之一。

图 4.8 所示为 NO_2^- -N 初始浓度及 *HRT*=1d、2d 时的去除率变化过程。实验期间，黄浦江原水 NO_2^- -N 浓度在 0.045～0.223mg/L，平均浓度为 0.122mg/L，其中 2007 年的 NO_2^- -N 浓度高于 2006 年。1 号河（多孔混凝土预制单球组合模式）*HRT*=1d 时 NO_2^- -N 浓度为 0.028～0.140mg/L，平均浓度为 0.06mg/L，平均去除率为 46.9%；*HRT*=2d 时 NO_2^- -N 平均浓度为 0.028mg/L，平均去除率升高至 73.3%，3 月以后的每个实验周期（第 9 个实验周期以后）中 NO_2^- -N 的去除率均高于冬春季的实验周期，由此说明生态护砌河道的 NO_2^- -N 去除效果与河道岸坡的植被覆盖率、微生物量、气温等因素有关。另外，2 号河（多孔混凝土预制凹凸连锁具孔矩形砌块模式）、3 号河（多孔混凝土预制四球连体砌块模式）对 NO_2^- -N 均有较好的去除效果，*HRT*=2d 时平均去除率分别为 65.6%、68.3%。以上表明 NO_2^- -N 在多孔混凝土构建的生态岸线河道中能有效、快速地被去除。

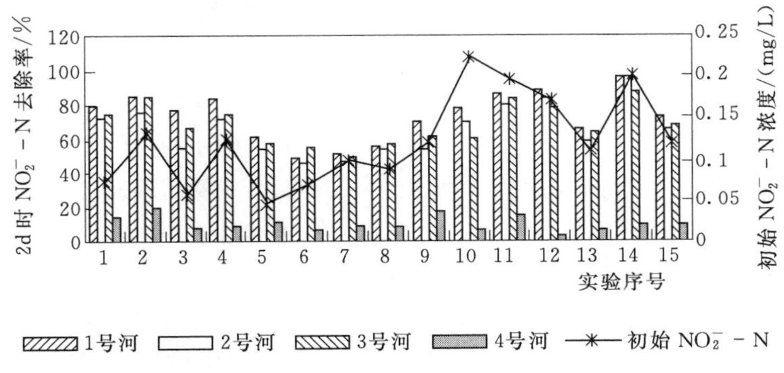

图 4.8　*HRT*=2d 时 NO_2^- -N 的去除效果

在每个试验周期中，4 号河（“三面光”硬化模式）的 NO_2^- -N 浓度随水力停留时间的延长没有明显降低，*HRT*=2d 时 NO_2^- -N 的去除率平均仅为 3.6%。

4.2.4.3　总磷的去除效果

实验模型中的 4 个水体中 TP 浓度及 *HRT*=2d 时的去除率如图 4.9 所示。实验期间黄浦江水 TP 浓度介于 0.13～0.20mg/L 之间，平均浓度为 0.169mg/L。试验结果表明：不同类型的多孔混凝土岸线生境构建模式的实验模型均能有效去除 TP。*HRT*=1d 时，1 号河（多孔混凝土预制单球组合模式）、2 号河（多孔混凝土预制凹凸连锁具孔矩形砌块模式）、3 号河（多孔混凝土预制四球连体砌块模式）中 TP 的平均去除率分别为 37.9%、35.2%和 37.0%，*HRT*=2d 时 TP 去除率分别达到 54.0%、49.7%、52.7%，1 号河稍好，主要因为具有多孔混凝土生态岸线的实验水体中，由于多孔混凝土的释碱性，实验期间水体的 pH 值为 8.0 左右，因而通过化学作用使得部分磷被去除，另外通过吸收及吸附作用也可去除部分磷。造成 3 条实验河渠中 TP 去除率略微差别的主要原因是河道多孔混凝土护砌面植被覆盖率的差别。4 号河（“三面光”的硬化模式）也对 TP 具有一定的去除作用，*HRT*=1d 时 TP 平均去除率为 18.5%、*HRT*=2d 时为 27.8%，因为 4 号河由传统混凝土进行护砌，混凝土的较强释碱性使得水体 pH 值达到 8.5 以上，磷在碱性条件下通过化学作用被去除，由于缺少绿色植物的作用，TP 去除率低于生态护砌河道。4 号河在3月（第9个实验周期）以后TP的去除水平有所上升，去除率也达到40%左右，主要是因为4号河道滋生了大量的刚毛藻等浮游植物，加强了对TP的去除作用。

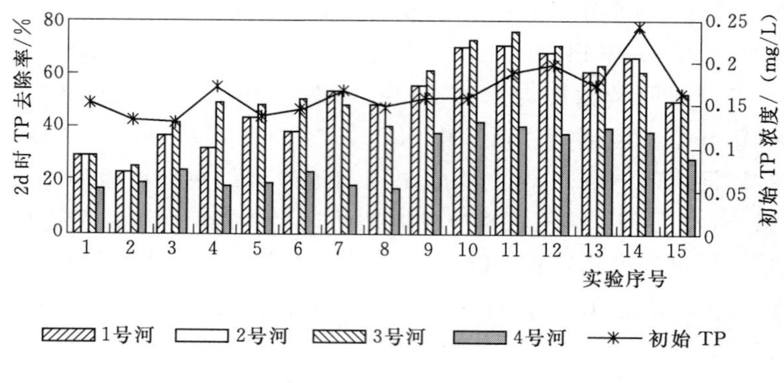

图4.9　HRT=2d时TP的去除效果

4.3　本章小结

（1）在多孔混凝土生境修复的实验模型中，1号河（多孔混凝土预制单球组合模式）因岸线生境修复坡面的空隙率最高，约为47%，植被植生并养护2个月后，坡面植被覆盖率达到90%以上，且植物生长最为旺盛。2号河（多孔混凝土预制凹凸连锁具孔矩形砌块模式）、3号河（多孔混凝土预制四球连体砌块模式）因生态护砌面空隙率较低，植被生长状况略差，可见修复岸线的植物生物量与多孔混凝土生境修复模式及其护砌面的空隙率有关。

（2）实验模型的水质改善效果对比分析结果为：1号河（多孔混凝土预制单球组合模式）的生态坡面植被覆盖率高，水质改善效果显著，当HRT=2d时，NH_3-N、COD_{Mn}、TP等水质由Ⅳ～Ⅴ类改善为Ⅱ～Ⅲ类，UV_{254}、NO_3^--N去除效果较好；2号河（多孔混凝土预制凹凸连锁具孔矩形砌块模式）和3号河（多孔混凝土预制四球连体砌块模式）护砌面空隙率低，水质改善效果略差于1号河，但都明显优于对照4号河（“三面光”的硬化模式）。

（3）岸线多孔混凝土生境构建模式的水质改善效果与护砌面的植被覆盖率有关，植被覆盖率越高，水质改善效果越明显，1号河（多孔混凝土预制单球组合模式）岸坡植被覆盖最好、植物生长最旺盛，因而水质改善效果最好，3号河（多孔混凝土预制四球连体砌块模式）次之，2号河（多孔混凝土预制凹凸连锁具孔矩形砌块模式）稍差。

（4）对照河道4号河（“三面光”的硬化模式）：在水质净化过程中，由于缺乏绿色植物和微生物的参与，水质改善效果较差，在实验后期滋生了大量的刚毛藻等浮游植物，导致河水浊度较大，水质感观性较差。

（5）通过对多孔混凝土岸线生境修复的实验模型的系统性测试与分析，以黄浦江水源地原水为研究对象，河湖岸线的多孔混凝土修复对水源地水质的改善效果基本接近或超过某些饮用水预处理工艺的污染物去除水平，多孔混凝土岸线的生态护坡应用于饮用水源地生态防护，在改善水源地水质的同时，修复和完善水体的生态系统。

第 5 章　岸线多孔混凝土特定生境实验模型中污染物去除过程

通过四种不同岸线构建模式的实验河渠（多孔混凝土预制单球组合模式、多孔混凝土预制具孔矩形砌块模式、多孔混凝土预制四球连体砌块模式和“三面光”硬质模式）的水质改善对比分析，多孔混凝土预制球（ϕ250mm）构建的 1 号河中水质改善效果最为明显，当 HRT=2d 时，COD_{Mn} 等水质指标由原来的Ⅳ～Ⅴ类改善为Ⅱ～Ⅲ类水质，NH_3-N、TP 等水质指标甚至达到Ⅰ类水质标准［《地表水环境质量标准》(GB 3838—2002)］。因此，本章选择水质改善效果最好的实验河道（1 号河，岸线为多孔混凝土预制单球组合生态建设模式）为研究对象，以 4 号河（“三面光”硬化模式）为对照河道，通过调控实验模型，模拟并研究不同水位动态下水中典型污染物和微量有机物的去除过程及变化规律。

5.1　不同水动力条件下的水质净化效应

5.1.1　常水位模拟时污染物去除效应对比

不同类型岸线生境的实验模型中，实验河道设计为环形结构，当达到工作水位时，在水流推进器的推动下，水体在河道中循环流动，相当于水流在一条线形河道中连续运动。为研究污染物在实验河道中的去除特性，需定时进行水质监测，每一次取样就代表了在河流的某个断面取样。在实验过程中，连续地对环形河道定时取样进行水质监测，即相当于在一条线形河流中的多个断面进行水质监测。

为连续考察在不同岸线生境构建模式的河道中污染物的去除过程，选择水质改善效果最好的 1 号河（多孔混凝土预制单球组合模式）进行连续水质监测，以 4 号河（“三面光”硬化模式）为实验对照，每个试验周期持续 7d。根据第 4 章的水质实验数据，$HRT \geqslant 2$d 时，污染物浓度已经很低，即污染物主要在 $HRT \leqslant 2$d 时即被去除，因此，水质取样采取时间阶梯法，即第 1 天，每 3h 取样一次；第 2 天，每 6h 取样一次；随着时间的延长，污染物浓度降低，此后每天取样 2 次，水质监测连续 7d，以重点考察污染物在较高浓度时的去除过程。试验期间，水流推进器持续运行，实验模型中保持工作水位为 0.8m。另外，为消除雨水对实验的影响，7d 的实验周期尽量避免在雨天开展。

根据生态护砌河道的微型生态系统发育水平和天气状况，分别于秋冬季（植被枯萎期，气温 4.5～12℃）、春夏季（植被生长旺盛期，气温 13～25℃）进行两个周期的水质实验。这两个实验周期分别代表了多孔混凝土岸线特定生态系统发育的不同阶段，依此考察其对污染物去除过程的影响，更能体现河流多孔混凝土岸线生境对水质的改善效果及其生态效应。

5.1.1.1　COD_{Mn}的去除过程

图 5.1 所示为多孔混凝土生态构建的 1 号河与“三面光”硬化模式的 4 号河在前后两个实验周期内 COD_{Mn}浓度及其去除率变化过程。前后两个实验周期的 COD_{Mn}初始浓度分别为 5.92mg/L 和 6.54mg/L，由图可以看出，多孔混凝土生态构建的 1 号河对 COD_{Mn}有显著的去除效果，随着水力停留时间的延长，去除率明显增加。当 $HRT \leqslant 3d$ 时，COD_{Mn}去除速率较快，前后两个周期 $HRT=3d$ 时 COD_{Mn}去除率分别为 15.6%、16.9%，COD_{Mn}的浓度削减量分别 1.0mg/L 和 1.02mg/L。$HRT \geqslant 3d$ 时，第 1 个实验周期的 COD_{Mn}浓度变化趋于平缓，而在第 2 个实验周期 COD_{Mn}浓度仍持续降低，去除率增加，当 $HRT=7d$ 时，前后两个实验周期的 COD_{Mn}去除率分别为 17.0%和 20.8%，COD_{Mn}的削减量分别为 1.01mg/L、1.36mg/L，后者比前者高出约 36%。主要因为，第 1 个实验周期逐渐进入冬季，气温降低，植物开始枯萎；第 2 个实验周期在多孔混凝土的生态岸坡中绿色植物已旺盛生长，通过绿色植物和微生物等对有机物的吸收和吸附作用，使得水中 COD_{Mn}浓度持续降低。“三面光”硬化模式的 4 号河在前后两个试验周期的 COD_{Mn}去除规律基本一致，$HRT \leqslant 4d$ 时，去除率随 HRT 延长小幅增加，$HRT=4d$ 时，去除率分别为 4.5%和 6.1%，远低于 1 号河。$HRT>4d$ 时，4 号河中 COD_{Mn}浓度维持相对较低水平，去除率无明显升高。

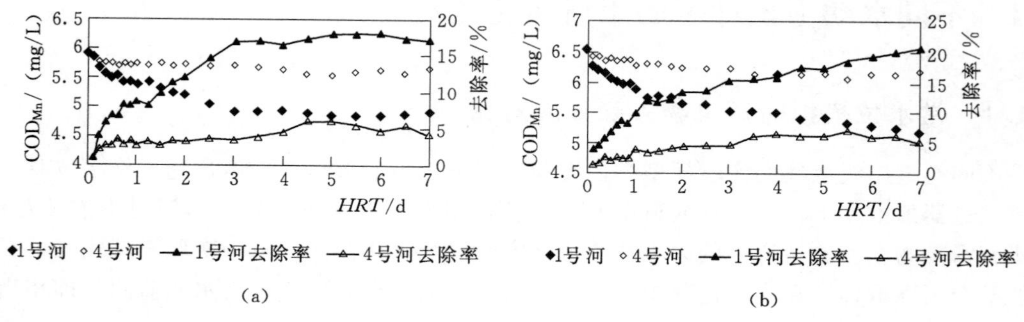

图 5.1　常水位模拟时实验河道中 COD_{Mn}的浓度和去除率变化过程

(a) 第 1 个实验周期，秋冬季；(b) 第 2 个实验周期，春夏季

5.1.1.2　NH_3-N 的去除过程

图 5.2 所示为多孔混凝土生态构建的 1 号河与“三面光”硬化模式的 4 号河在前后两个实验周期内 NH_3-N 浓度及其去除率变化过程。前后两个实验周期 NH_3-N 的初始浓度分别为 1.223mg/L 和 1.196mg/L，NH_3-N 为Ⅳ类（GB 3838—2002）。实验过程中，多孔混凝土生态构建的 1 号河中 NH_3-N 的去除速率较快，其中，第 2 个实验周期的 NH_3-N 去除速率则更快，第 2 个实验周期 $HRT=2d$ 时，NH_3-N 浓度为 0.155mg/L，去除率达到 87.1%，此时 NH_3-N 浓度接近于地表Ⅰ类水质标准，此后 NH_3-N 浓度一直处于较低水平，浓度小于 0.15mg/L，当 $HRT=5d$ 时 NH_3-N 浓度进一步降低，为 0.08mg/L 左右，去除率达到 92%以上；在第 1 个实验周期，$HRT \leqslant 4d$ 时，多孔混凝土生态构建的 1 号河中 NH_3-N 浓度一直呈现下降趋势，但去除速率小于第 2 个实验周期，当 $HRT=4d$，NH_3-N 浓度为 0.212mg/L，去除率也达到了 87%，此后 NH_3-N 浓度

趋于稳定。由于第 2 个实验周期实验河道岸线生境中植被生长旺盛，岸线微型生态系统基本建立，基于以上分析，生态护砌面植被生长越旺盛，河流生态系统发育越完善，对 NH_3-N 的去除效果越好。

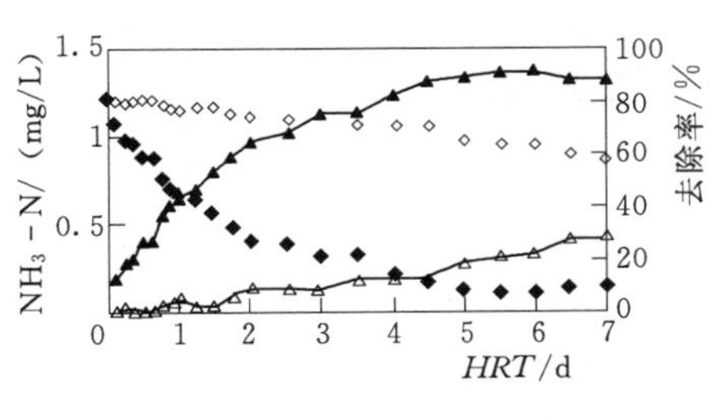

(a)

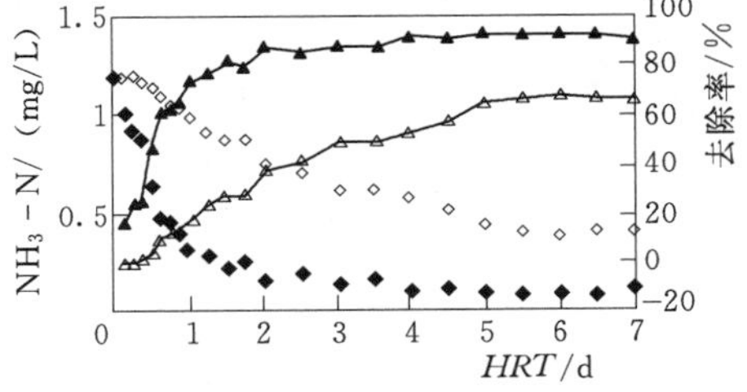

(b)

图 5.2 常水位模拟时实验河道中 NH_3-N 的浓度和去除率变化过程

(a) 第 1 个实验周期，秋冬季；(b) 第 2 个实验周期，春夏季

"三面光"硬化模式的 4 号河中 NH_3-N 的去除效果较差，在两个实验周期中浓度变化过程也不尽相同。第 1 个实验周期，NH_3-N 去除率一直较低，当 $HRT=5d$ 时，NH_3-N 浓度为 1.0mg/L，去除率仅为 12%；而在第 2 个实验周期，当 $HRT\leqslant 3d$ 时，NH_3-N 浓度下降趋势明显，当 $HRT=5d$ 时，NH_3-N 去除率也达到 60%，$HRT=7d$ 时，去除率为 66.2%。第 2 个实验周期中，4 号河中 NH_3-N 被有效去除的主要原因是：实验河道已经过较长时间的运行，水中滋生了大量的刚毛藻、丝状藻等浮游植物，强化了 NH_3-N 的去除作用，而第 1 个实验周期，实验河道水体被频繁更换，浮游生物密度较小，微生物量低，NH_3-N 去除率不高。可见藻类植物易于在"三面光"河道中滋生，并增强 NH_3-N 等污染物的去除作用，但水体的感观性较差，浊度较高。

5.1.1.3 TN 的去除过程

如图 5.3 所示，多孔混凝土生态构建的 1 号河与"三面光"硬化模式的 4 号河在前后两个实验周期对 TN 均有较好的去除效果。由图可以看出，第 2 个实验周期，TN 去除效果更为明显，在连续 7d 的实验过程中，1 号河 TN 的去除率均呈上升趋势，当 $HRT=3d$ 时，TN 去除率为 54.1%，$HRT=7d$ 时，TN 浓度降低至 0.581mg/L，去除率达到 89.3%。而在第 1 个实验周期，尽管 TN 的去除率也呈现上升趋势，当 $HRT=6d$ 时，TN 去除率仅为 23.9%，远远低于第 2 个实验周期 TN 的去除率，主要是因为在第 1 个周期时，河流生态系统发育不完善，且气温逐渐降低，多孔混凝土护砌面生长的美人蕉、狗牙根等植物逐渐枯萎，对氮等污染物的去除能力下降；而在第 2 个周期，绿色植物正处于茁壮生长期，强化了对氮等污染物的去除能力。可见，绿色植物在生态护砌河道中的水质净化、环境改善方面的作用尤为突出。

"三面光"硬化模式的 4 号河在第 1 个实验周期对 TN 基本没有去除效果，随着实验时间的延长，河道中 TN 浓度处于波动状态，$HRT=7d$ 时，TN 的去除率仅为 2.7%。在第 2 个实验周期，当 $HRT\leqslant 3d$，TN 的去除效果不明显，造成该现象的主要原因是河道刚刚换水，残留在 4 号河道的刚毛藻等藻类植物因河道更换水体，藻类等浮游生物密度

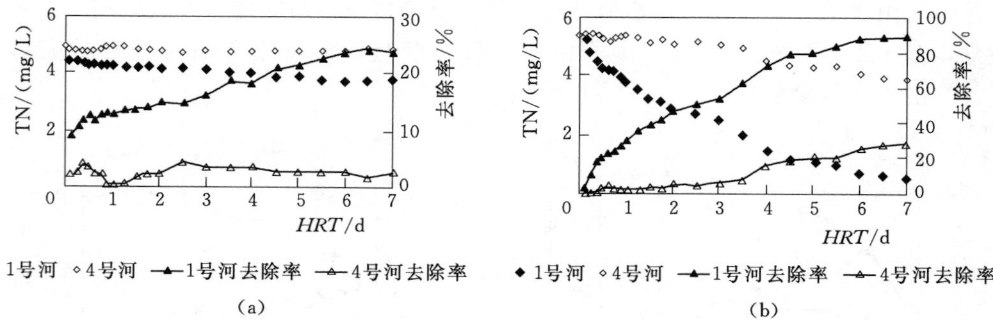

图5.3 常水位模拟时实验河道中TN的去除率变化过程
(a)第1个实验周期，秋冬季；(b)第2个实验周期，春夏季

小；当 $HRT \geqslant 3d$ 时，4号河水逐渐变为土黄色，水体浊度较高，达到50NTU以上，说明藻类已经在河道内大量繁殖生长，此时，4号河的TN去除率呈现上升趋势，$HRT=7d$ 时，TN去除率达到28.8%。而第1个实验周期之前，由于实验需要，河道频繁更换水体，没有给藻类造成适宜的生存环境，随着实验模型中水力停留时间的增加，实验河道均不间断地保持工作水位，因此给藻类的滋生提供了适宜的环境条件，并附着在河道护砌面，由于藻类等浮游微型生物的作用，4号河对TN的去除效果也明显增加。

5.1.1.4 TP的去除过程

图5.4所示为多孔混凝土生态构建的1号河与"三面光"硬化模式的4号河两个实验周期TP的浓度及其去除率变化过程。在前后两个实验周期中，TP的初始浓度分别0.171mg/L、0.157mg/L，多孔混凝土生态构建的1号河中TP的去除效果显著，其中，第2个实验周期TP的去除效果明显优于第1个实验周期。"三面光"硬化模式的4号河中TP的去除效果也较好，一方面与初始浓度较低有关，另一方面与河道护砌面混凝土的释碱性有关。河道岸线的多孔混凝土护砌和传统"三面光"护砌，护砌面与水体的交互过程中，都有不同程度地向水中释放碱性，其中传统混凝土的释碱性较强，当 $HRT \geqslant 4d$ 时，河水的pH值均升高，1号河中水的pH值为8.0～8.5，4号河中水的pH值为8.5～9.5。在碱性条件下，磷首先通过化学作用转化为非溶解性磷，磷的去除率显著升高，随

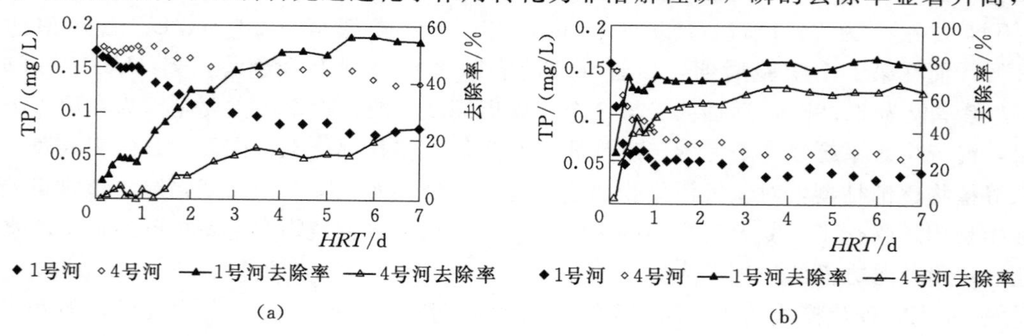

图5.4 常水位模拟时实验河道中TP的浓度和去除率变化过程
(a)第1个实验周期，秋冬季；(b)第2个实验周期，春夏季

着实验时间的延长，非溶解性磷再次释放至水中，水中磷的浓度小幅增加，此后主要通过生物化学作用除磷，因此，多孔混凝土生态构建的1号河中磷的去除效果明显好于“三面光”硬化模式的4号河。1号河在第2个实验周期，$HRT \geqslant 0.5d$，TP的去除率好于第1个实验周期，主要是因为多孔混凝土岸线特定微型生态系统已经发育完善，植被生长旺盛，同时，4号河中也滋生了刚毛藻等浮游生物。

5.1.2 动态水位模拟时污染物去除过程

实验模型模拟水位动态时的水动力特征为：河口段的水体在落潮时涌入大海，涨潮时海水回溯至河道，河口段因受海水影响一般不能作为饮用水源。因此，实验河道模型水位变动模拟实验的河段为河口往上游追溯到一定距离即取水口位置的河段，河水水位涨落时，淡水水体始终在河道中往复运动。为模拟河道水位周期性变化的运动状态，使水位周期性动态变化，用两条结构相似或相同的河道通过水泵或管道等水力联系，使得河水水位升高或降低。但限于多孔混凝土生态岸线实验模型的建设规模和场地条件，任何一种护砌形式的实验河道都不可能建设完全相同的两条河流用于水位动态变化模拟。多孔混凝土预制单球组合模式的1号河与多孔混凝土预制四球连体砌块模式的3号河水质改善效果较好，且岸坡护砌面均为球形结构，因此通过水泵、管道等水力设施将1号河、3号河进行水力联系，模拟并研究水位周期性变动下实验模型的水质改善效果。

实验时，将多孔混凝土预制单球组合模式的1号河进水至工作水位0.8m，多孔混凝土预制四球连体砌块模式的3号河进水至0.3m作为起点，即1号处于水位高增长状态，持续2～2.5h后（即1号河保持高平潮），打开水泵和阀门将水从1号河抽送至3号河，1号河水位即从0.8m下降至0.3m，水位降低约需3.5～4h，此后1号河进入低水位期，并保持2～2.5h后，再通过水泵将河水从3号河抽回至1号河，水位升高时间也为3.5～4h，然后进入高水位保持阶段，持续2～2.5h后进入下一周期，如此往复。水位变化模拟黄浦江的潮汐水位动态变化，水位涨落时间周期为12h，即半日型的潮汐运动，而且保证河水始终在生态护砌的河道流动。

水位周期性变化的实验模拟紧接着在常水位运行模拟实验之后进行，以便于比较分析动态变化河道与常水位运行河道生态护砌时的水质改善效果。分别于秋冬季（植物枯萎，气温6～15℃）和春夏季（植物旺盛生长，气温12～25℃）进行两个周期的实验，这两个时间段也分别代表河流生态系统的发育阶段和完善阶段。

5.1.2.1 COD_{Mn}的去除过程

图5.5所示为水位动态变化模拟时COD_{Mn}的去除过程。前后两个周期的COD_{Mn}初始浓度分别为5.91mg/L、6.84mg/L，第2个实验周期COD_{Mn}的去除率高于第1个实验周期，主要因为第2个周期正值绿色植物的生长旺盛期，多孔混凝土岸线特定微型生态系统已经基本发育完善。另外，将实验河道水位动态变化的水质改善效果同邻近时间段的1号河（多孔混凝土预制球护砌河道）模拟河道常水位运行的水质改善效果（图5.1）相比，可得到以下结论：河道水位动态变化模拟时COD_{Mn}的去除率大于邻近时间段1号河常水位运行模拟时的去除率，在第2个实验周期内，当$HRT=2d$时，水位动态模拟时COD_{Mn}的去除率为14.0%，而河道常水位运行模拟实验中1号河$HRT=2d$时的COD_{Mn}的去除

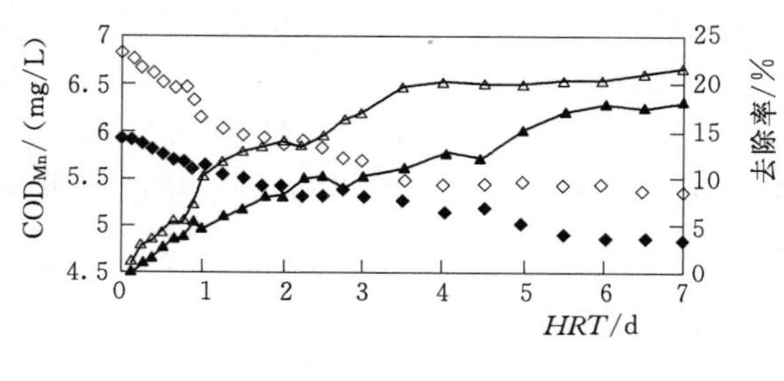

（图中“S1”代表秋冬季的实验周期；“S2”代表春夏季的实验周期）

图 5.5　实验河道水位动态变化模拟时 COD_{Mn} 的去除过程

率为 13.8%，当 HRT=7d 时，河道水位动态变化模拟时 COD_{Mn} 的去除率为 21.6%，而 1 号河常水位模拟时去除率为 20.8%，主要因为岸线特定生境的实验河道周期性动态变化时，河流岸坡有一个水位变动的周期，当水位降低时，岸线生境铺装面暴露在空气中，岸坡表面及植物根系富集的微生物直接接触空气，同时坡面保持有一定的空隙水，充氧效果较好，保证了微生物旺盛的新陈代谢，基质酶活性高。另外，植物的根系间歇性地暴露于空气中，有利于形成根系表面的好氧环境，提高河水中污染物的去除率。

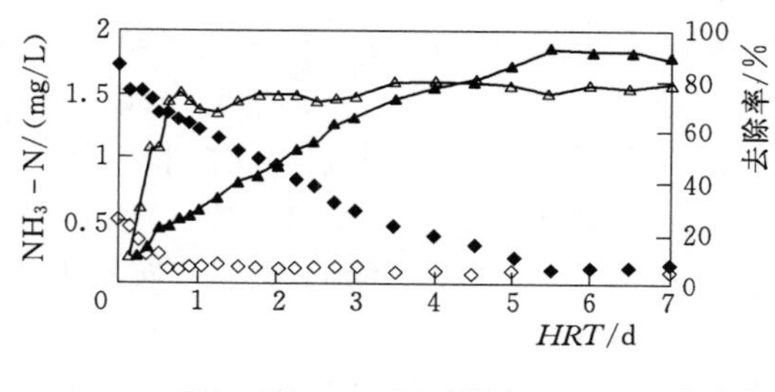

（图中“S1”代表秋冬季的实验周期；“S2”代表春夏季的实验周期）

图 5.6　实验河道水位动态变化模拟时 NH_3-N 的去除过程

5.1.2.2　NH_3-N 的去除过程

图 5.6 所示为河道水位动态变化模拟时 NH_3-N 的去除过程。在前后两个实验周期，NH_3-N 的初始浓度分别为 1.736mg/L 和 0.516mg/L，由于第 2 个实验周期 NH_3-N 的初始浓度较低，接近于地表水Ⅱ类水质，因此在两个实验周期内，NH_3-N 的去除特征表现出明显差别：

（1）第 1 个实验周期内，NH_3-N 去除规律基本与 1 号河常水位运行模拟时相类似（图 5.2），在实验过程中，NH_3-N 浓度持续下降，至 HRT=5.5d 时，浓度降低至 0.13mg/L，去除率达到 92.5%，此后，NH_3-N 浓度维持在较低的水平。

（2）第 2 个实验周期，NH_3-N 初始浓度较低，仅为第 1 个实验周期初始浓度的 1/3，NH_3-N 在 HRT<1d 时被迅速去除，当 HRT=0.75d（18h）时，NH_3-N 浓度为 0.12mg/L，去除率达到 72.2%，此后，NH_3-N 浓度为 0.10mg/L 左右。

5.1.2.3 TN 的去除过程

图 5.7 所示为河道水位动态变化模拟时 TN 的去除过程。在前后两个实验周期，TN 的初始浓度分别为 4.97mg/L 和 4.47mg/L。在第 1 个实验周期，TN 的去除率较低，去除规律与邻近时间段的 1 号河径流型河道模拟时基本相同，*HRT*≤1d 时，TN 浓度呈现波动状态，此后 TN 去除率缓慢上升，至 *HRT*=7d 时，TN 去除率为 26.2%，略高于邻近该时间段的 1 号河径常水位模拟时 TN 在 *HRT*=7d 的去除率 23.7%。在第 2 个实验周期中，TN 浓度持续下降，去除率也明显高于第 1 个实验周期，水位动态变化模拟时 TN 的去除率高于同条件的 1 号河常水位模拟时的去除率，如 *HRT*=4d 时，河道水位动态变化模拟时 TN 去除率达到 87%，而 1 号河常水位时的 TN 去除率为 72.9%。

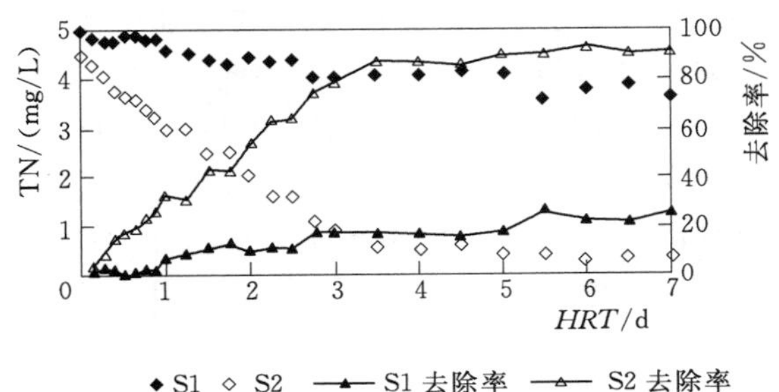

(图中“S1”代表秋冬季的实验周期；“S2”代表春夏季的实验周期)

图 5.7 实验河道水位动态变化模拟时 TN 的去除过程

综上所述，在实验河道微型生态系统发育的不同阶段，河道水位动态变化模拟时 TN 去除效果都明显好于河道常水位模拟时的去除效果。

5.1.2.4 TP 的去除过程

图 5.8 所示为河道水位动态变化模拟时 TP 的去除过程。TP 的去除规律与 1 号河河道常水位模拟时的去除规律基本类似，TP 在较短的时间内（*HRT*<3d）即被去除，*HRT*>3d 时 TP 的去除速率有所减慢。TP 在实验河道中去除过程与磷的化学性质有关，因为多孔混凝土生态构建的 1 号河中 pH 值为 8.0 左右，均呈现弱碱性，磷首先通过化学

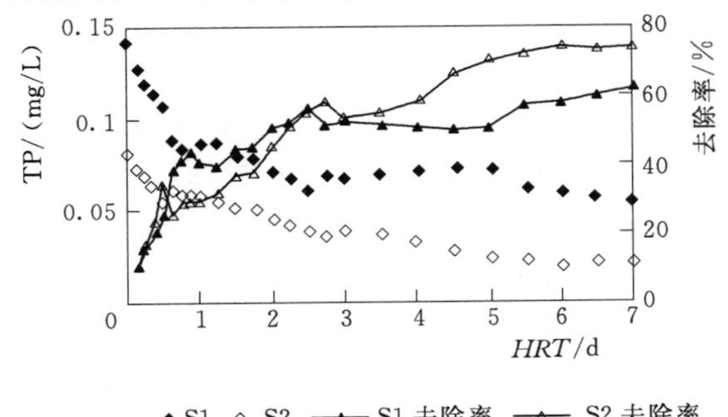

(图中“S1”代表秋冬季的实验周期；“S2”代表春夏季的实验周期)

图 5.8 实验河道水位动态变化模拟时 TP 的去除过程

作用被去除，然后随着时间的延长，会再次释放至水体中，因此，在磷的去除过程中，去除率呈现先升后降的趋势。河道水位动态变化模拟时 TP 的去除效果比河道常水位模拟时的去除效果稍好一些，当 $HRT=7$d 时，前后两个周期河水 TP 的去除率分别为 61.9%、73.9%，而 1 号河常水位模拟时在相似时间段 $HRT=7$d 时的去除率分别为 54.5%、78.3%，由此可见，河水的动态变化更有助于提高磷的去除率。

5.1.3　实验河道的抗污染冲击效应

水体的“三面光”硬化模式切断了水域与陆域之间的物质、能量和信息交流，水生生态系统遭到严重破坏，水体自净能力下降，失去了抗污染冲击负荷的能力。岸线的多孔混凝土生态建设突破了传统硬质护砌的局限，提供了水域与陆域生态系统间物质、能量交互作用的平台，提高了水体的自净能力，污染物在河流中被有效去除。然而在现实中，经常发生一些环境突发事件，短时间内向河湖等水体排放大量的污染物，形成了严重的污染物冲击负荷，水体抗污染冲击负荷的能力也是河流生态系统完善与否的重要特征。污染冲击负荷模拟通过同时向多孔混凝土生态构建的 1 号河与“三面光”硬化岸线模式的 4 号河瞬时投加污染物，使水体中的污染物浓度迅速增加，研究实验河道抗污染冲击负荷的能力。

实验河道中氮系污染物污染团冲击模拟实验时，多孔混凝土生态建设的 1 号河的岸线特定微型生态系统基本发育完善，水体自净能力较强，“三面光”硬化岸线模式的 4 号河由于长期通水河内滋生了一些藻类并附着在护砌面上，两条河对污染物均有不同程度的去除能力。实验时，首先向 1 号河和 4 号河同时进水，当两河流水位都达到工作水位 0.8m 时，停止进水。启动水流推进器，使水在河中循环流动。当 $HRT=2$d 时，河水 TN 的浓度有所降低，再向 1 号河和 4 号河投加尿素、氯化铵（质量比 10∶1）的混合物 5.5kg。由于实验河道中安装了水流推进器，使投加的氮污染物迅速与水体充分混合，河水中 TN、NH_3-N 浓度迅速增加，便产生了对实验河道的污染冲击负荷。污染冲击模拟时，1 号河、4 号河 TN 浓度陡然增加至 13mg/L，与本底浓度相比，TN 浓度分别瞬时扩大了 13.1 倍和 5.9 倍，定时取水样检测水中 TN、NH_3-N、NO_2^--N、NO_3^--N 浓度。

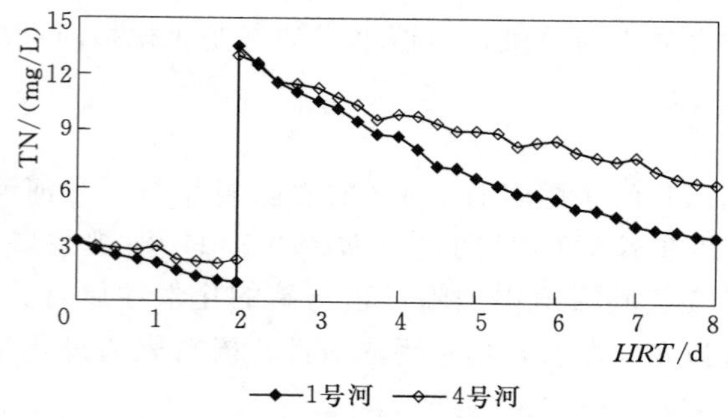

图 5.9　模拟污染冲击负荷下 TN 浓度的变化

5.1.3.1　模拟污染冲击负荷时 TN 的去除特性

图 5.9 所示为模拟污染冲击负荷条件下 TN 的去除过程。TN 的初始浓度为 3.142mg/L，当水力停留时间 $HRT=2$d 时，多孔混凝土生态构建的 1 号河、“三面光”硬化模式的 4 号河中 TN 浓度分别降低至 1.030mg/L、2.190mg/L，与初始浓度相比，TN 的去除率分别为 67.2%、30.3%，多孔混凝土生态构建的 1 号河中 TN 的去除率为“三面光”硬化模式的 4 号河的两倍以上。此时，向 2 条实验河道中同时投加含氮物质，1

号河、4 号河中 TN 的浓度瞬时增加至 13.484mg/L、12.966mg/L，TN 的浓度约为投加前浓度的 13.1 倍和 5.9 倍，即产生氮系污染物的污染冲击负荷，对比分析多孔混凝土生态构建的 1 号河与“三面光”硬化模式的 4 号河抗污染冲击负荷的能力。

投加尿素以后，河水中 TN 瞬时升高，此后 TN 在两条实验河道中被逐渐去除，形成污染冲击负荷后的第 2d 时，1 号河、4 号河中 TN 浓度分别降低至 8.756mg/L、9.966mg/L，相应的去除率分别为 35.1%、23.1%。此时去除率小于初始浓度为 3.142mg/L 时 $HRT=2$d 的去除率，由此表明，河水中 TN 的去除率与进水时浓度有关，进水浓度越低，TN 的去除率越高。投加尿素后的第 4d，1 号河、4 号河 TN 浓度分别降低至 5.484mg/L、8.521mg/L，相应的去除率分别为 59.3%、34.3%。投加尿素后的第 6d，1 号河 TN 浓度降低至 3.148mg/L，去除率 76.7%，即经过 6d 后，基本恢复到黄浦江水中的 TN 水平。而 4 号河中 TN 去除速率明显低于 1 号河，投加尿素至第 6d，TN 浓度为 6.283mg/L，去除率为 51.5%，浓度为黄浦江原水中 TN 浓度的 2 倍左右。以上分析表明多孔混凝土生态构建的 1 号河具有较强的抗污染冲击负荷能力。

5.1.3.2 污染冲击条件下生态护砌河道氮系污染物的转化

在尿素投加之前，试验河道经过 2d 的运行，NH_3-N、NO_2^--N、NO_3^--N、TN 浓度已降低至较低水平，浓度分别为 0.0098mg/L、0.0034mg/L、0.3302mg/L、1.03mg/L，相对于黄浦江原水来说，水质已有较大幅度的改善，投加氮系污染物之后，由图 5.10 可以看出，TN 浓度瞬时增加，由 1.03mg/L 增加至 13.484mg/L，NH_3-N、NO_2^--N、NO_3^--N 浓度分别由 0.0098mg/L、0.0034mg/L、0.3302mg/L 增加至 1.83mg/L、0.087mg/L、0.687mg/L。随着水力停留时间的延长，TN 浓度呈下降趋势，而 NH_3-N、NO_2^--N、NO_3^--N 浓度先升高再下降，主要是因为投加的尿素与水反应生成 NH_3，继而转化为亚硝酸盐和硝酸盐。因此，NH_3-N 浓度在投加尿素后第 2d 时达到最高，为 3.60mg/L，此后开始快速降低。NO_3^--N 和 NO_2^--N 浓度变化趋势基本相同，在投加尿素后的第 4d 内，呈现升高趋势，当 $HRT=4$d，浓度分别升高为 3.56mg/L、0.583mg/L。$HRT\geqslant4$d 时，各种形态的氮系污染物浓度均呈现下降趋势。当 $HRT=6$d 时，河道内 NH_3-N 浓度保持在 0.05mg/L 左右，NO_3^--N 浓度为 2.0mg/L，NO_2^--N 浓度较低，为 0.03mg/L 左右，各种形态氮的浓度基本恢复至黄浦江原水的水平。

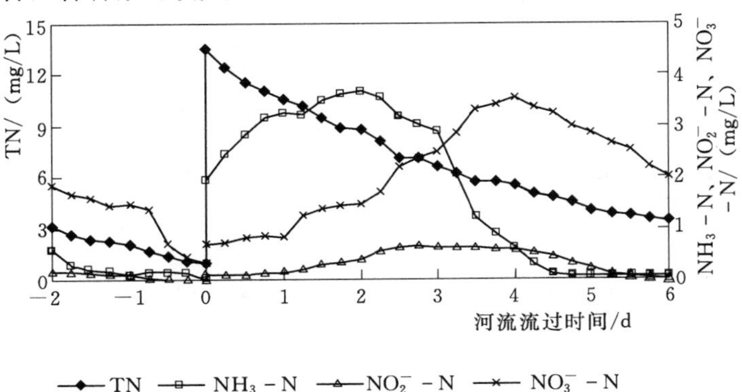

图 5.10 生态护砌河道中氮系污染物的浓度变化

5.2 岸坡特定生境下的脱氮机理分析

岸坡特定生态系统经过 2 年多的运行后，河渠岸坡植物旺盛，多孔混凝土预制球的间隙中出现了河蟹、蟾蜍等动物，岸坡特定生态系统已趋于完善。实验原水取自黄浦江，当渠中水深达到 0.8m 时，关闭进出水阀，同时启动水流推进器，水在渠中循环流动，实验周期为 7d。黄浦江原水水质见表 4.1，硝态氮平均占氮类污染物的 47%。分别于春季、夏季及冬季选择 3 个典型时间段的实验研究，以考察不同季节、不同生物量时河渠特定岸坡生态系统对水中氮类污染物的去除效果及其影响因素。

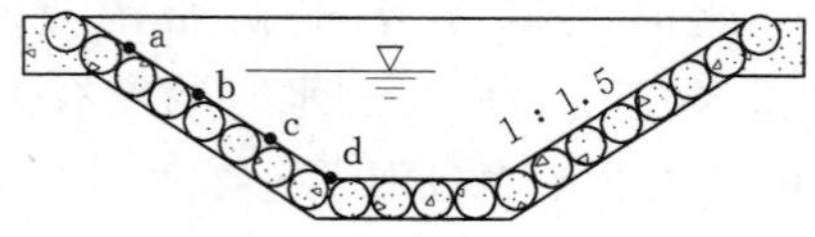

图 5.11 多孔混凝土岸线坡面基质采集位置

基质反硝化潜力和反硝化细菌群集数量的监测断面设置于环形河道长直线段的中部，由上而下设 4 个取样点，分别标记为 a、b、c、d，如图 5.11 所示。a 点长期位于水面以上，b 点位于坡面中上部的水位变动区，c 点位于坡面中下部，d 点位于岸坡与河床交界处。a 点至坡顶为草本植物带，a～c 为挺水植物带，b 点位于挺水植物带的中部，c～d 为沉水植物带。

5.2.1 NH_3 - N 和 TN 的去除效果

实验河渠中氮类污染物的浓度变化与停留时间（Retention Time，RT）的关系如图 5.12 和图 5.13 所示。多孔混凝土岸线生境的 1 号河具有完善的岸坡特定生态系统，水中氮类污染物去除效果显著，植物生长旺盛季节（4 月、8 月）的 2 个周期内，RT=3d 时 NH_3 - N、TN 的去除率超过 65%，RT=7d 时去除率均增加至 90%以上，此时水中 NH_3 - N 浓度低于 0.1mg/L，TN 浓度低于 0.6mg/L；冬季时（12 月），河渠岸坡护砌面上的挺水植物菖蒲、美人蕉枯萎收割，仅生长着越冬植物黑麦草，植物量减少，TN 的去除率大幅度降低，RT=3d 时去除率仅为 22.8%，RT=7d 时的去除率仅增加至 36.4%，可见岸坡特定生态系统中植物因素一定程度上决定着河渠的脱氮效果。另外，实验渠中 DO 浓度为

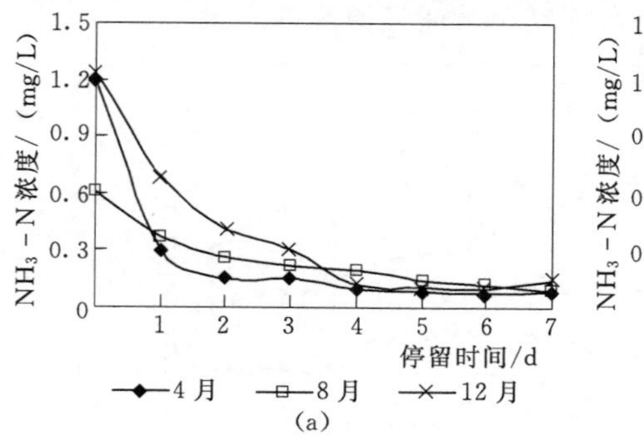

(a)

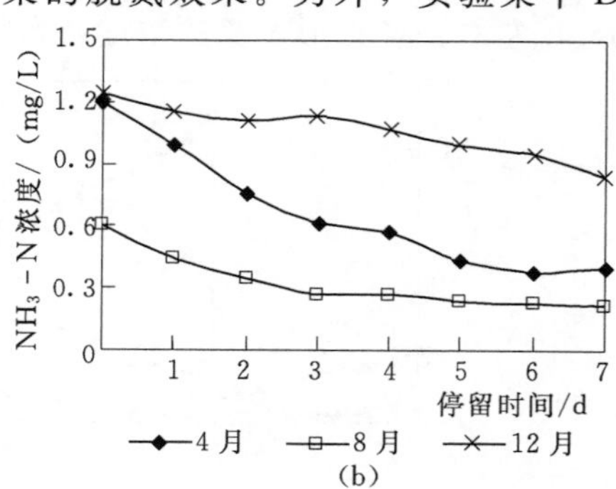

(b)

图 5.12 NH_3 - N 浓度与停留时间的关系

(a) 实验渠；(b) 空白渠

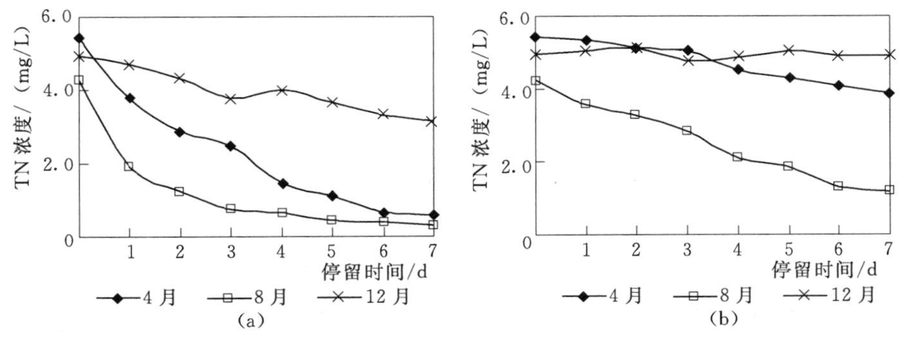

图 5.13 TN 浓度与停留时间的关系
(a) 实验渠;(b) 空白渠

8.0mg/L 左右,NH_3-N 在好氧条件下被氨化细菌转化为硝态氮,因此 NH_3-N 的去除率高且不受季节影响,而 TN 去除率受季节交替的影响显著。"三面光"硬化模式的对比河渠中氮类污染物的去除过程与实验渠差别较大,4 月和 8 月的两个实验周期内,$RT=3$d 时 NH_3-N、TN 去除率均为 30%左右,随着 RT 延长,渠中滋生了刚毛藻等浮游藻类促进了氮类污染物的去除效果,TN 去除率达到 60%左右,然而冬季时(12 月),气温低而水中藻类生物量少,$RT=7$d 时 NH_3-N 去除率仅为 31.7%,TN 几乎无去除效果。上述表明岸坡特定生态系统能够强化河渠中氮类污染物的去除能力。

岸坡特定生态系统是由多孔混凝土为生态护岸载体,联合坡面基质富集的微生物及绿色植物协同作用,氮类污染物去除机理是多样的,包括氨挥发、硝化-反硝化、植物摄取以及基质吸附等,其中主要途径是微生物的硝化-反硝化以及植物摄取,因此,RT 越长,脱氮效果越明显。实验渠脱氮效果明显优于空白渠的原因可归纳为:①多孔混凝土本身具备连续贯通的孔隙为绿色植物提供了类似土壤的生长载体,孔隙的覆土基质富集了各类群微生物;②坡面植被以须根系植物为主,根系巨大的比表面积具有明显的根际效应,附着大量的微生物,同时植物对各种形态氮尤其是氨态氮具有较强的吸收能力;③岸坡特定生态系统中不同坡位的功能优势互补,植物根系附近形成有利于硝化作用的好氧区,而坡面下部远离植物根系的厌氧区的基质内含有大量的碳源,提供了反硝化条件。

5.2.2 实验模型脱氮动力学模拟

根据实验河渠的水力学特征以及 BOD、TN 的去除服从一级反应动力学原理,即 TN 去除动力学符合以下动力学模型

$$C=C_0\exp(-Kt) \tag{5.1}$$

式中 C——浓度,mg/L;

C_0——初始浓度,mg/L;

K——反应动力学常数,d^{-1};

t——停留时间,d。

忽略水量损失，TN去除率可表示为

$$\eta=\frac{C_0-C}{C_0}=1-\exp(-Kt) \tag{5.2}$$

式中　η——去除率。

将式（5.2）两边取对数为

$$-\ln(1-\eta)=Kt \tag{5.3}$$

式（5.3）为一条过原点的直线，以$-\ln(1-\eta)$为纵坐标，停留时间t为横坐标，斜率即为动力学常数K，率定结果见表5.1。多孔混凝土岸线生境的1号河（实验渠）的脱氮反应动力学常数K值大小与岸坡特定生态系统所处的季节因素有关，植物生长季节（4—8月），多孔混凝土岸线护砌面植物量大，实验渠脱氮反应动力学常数为0.331～0.353d^{-1}；而冬季时（12月）水生植物枯萎收割，反应动力学常数仅为0.064d^{-1}。"三面光"硬化模式的4号河（空白渠）的脱氮反应动力学常数K值远小于实验渠，并受季节影响，8月时随RT的延长，渠内滋生了大量的浮游生物，提高了氮类污染物的去除效果，反应动力学常数为0.191d^{-1}，4月和12月时空白渠脱氮效果较差，反应动力学常数仅分别为0.052d^{-1}和0.002d^{-1}。

表5.1　　脱氮反应动力学常数模拟结果

河渠类型	4月		8月		12月	
	反应动力学常数 K/d^{-1}	相关系数 R^2	反应动力学常数 K/d^{-1}	相关系数 R^2	反应动力学常数 K/d^{-1}	相关系数 R^2
实验渠	0.331	0.986	0.353	0.941	0.064	0.952
空白渠	0.052	0.962	0.191	0.979	0.002	0.045

5.2.3　脱氮的影响因素与机理讨论

由于实验模型为封闭的模拟河渠，氮类污染物去除的途径主要包括微生物反硝化、植物吸收、多孔混凝土及填充基质吸附和NH_3-N挥发。NH_3-N挥发通常在兼性条件下进行，pH值小于8.0时，氨挥发潜力较小，pH值大于9.3以及氨和铵离子的比例为1∶1时，NH_3-N挥发才变得显著。多孔混凝土在生产过程中通常掺加一定的碱性缓释剂，即使在封闭的实验模型中，RT=7d时水体pH值也不超过8.5，通过氨挥发途径的脱氮量较小。介质吸附主要对还原态NH_3-N而言，且吸附过程是快速和可逆的，但以基质阳离子发生铵离子交换一般不认为是NH_3-N长期去除的原因。另外，用于构造岸坡特定生态系统的载体为多孔混凝土，其构造材料如砾石、水泥等通常是惰性的，并不能提供吸附过程所需要的大量活性点位，通过介质吸附来完成脱氮也可忽略不计。综上所述，岸坡特定生态系统的脱氮过程主要通过微生物反硝化和植物吸收来完成。

5.2.3.1　生态岸线坡面反硝化细菌富集特征和反硝化潜力

反硝化细菌属于异养型微生物，利用亚硝酸盐、NH_3-N作氮源，有机质作碳源，使硝酸盐逐步转化为NO、N_2O和N_2，从而完成脱氮。岸坡特定生态系统不同坡位的基质由于底物浓度、含氧量、pH 值、ORP 等存在差异，生态护砌面的反硝化细菌群集数量也相应存在空间差别，结果见表 5.2。水植物带的 b 点和 c 点反硝化细菌群集数量明显高于 a 点、d 点，但数值差别不大，属同一数量级，反硝化细菌并没有因为 d 点因水深增加或 DO 偏低而显著变化，表明特定生态岸坡上反硝化作用的空间差别较小，这主要因为基质采集区深度 3～5cm，为植物根际区，氧的含量并不是影响坡面基质富集的首要因素。另外 a 点暴露于空气中，是草本植被生长区域，植物根系区存在还原性的微环境，富集了一定数量的反硝化细菌，可见，岸坡特定生态系统的坡面基质存在全方位的反硝化潜力。

表 5.2　　实验渠岸坡特定生态系统的脱氮因素

时空分布	4月				8月				12月			
	a	b	c	d	a	b	c	d	a	b	c	d
反硝化细菌/(10^3MPN/g)	1.05	4.5	1.8	1.1	3.0	9.5	6.5	1.2	1.1	3.0	0.25	0.65
反硝化潜力/[mg/(kg·h)]	0.16	2.12	1.73	0.72	0.27	2.63	1.76	0.31	0.42	0.85	0.16	0.37

岸坡特定生态系统基质的反硝化潜力时空分布见表 5.2。不同点位的反硝化潜力在不同季节具有一定的共性，挺水植物生长带的 b 点和 c 点基质的反硝化潜力较大，坡面上部 a 点、坡底 d 点则较小。生态坡面的反硝化潜力的分布与反硝化细菌的分布特征基本一致，说明生态坡面上的反硝化细菌群集特性以及基质的反硝化潜力都具有明显的根际效益。在好氧和厌氧同样起作用以及碳源不受限制的情况下，岸坡特定生态系统的生态坡面具有较强的反硝化潜力，有利于微生物反硝化脱氮过程，同时也证明了岸坡特定生态系统对微污染水体进行水质净化和生态修复时，反硝化作用并非是系统脱氮的限制步骤。

5.2.3.2　植物吸收的脱氮作用

植物在氮类污染物的迁移和转化过程中发挥着重要功能，可以直接吸收水体中的 NH_3-N、NO_3^--N 合成自身物质。植物在生长过程根系分泌有机物，可为微生物除磷脱氮作用的发生补充碳源，而根系泌氧作用又可以在根系形成好氧或兼氧的微环境，有利于脱氮过程的完成。水生植物是岸坡特定生态系统的重要组成部分，采用多孔混凝土进行生态护坡后，水生植物在特定生态系统的载体中生长良好，提高了系统内绿色植物的生物量，从而强化了系统中氮类污染物的去除。在实验渠的岸坡特定生态系统中，草本植被的种植面积为 63.2m^2，夏秋季主要种植狗牙根，冬春季为黑麦草，挺水植物 1 年后的成活率达到 90%以上，美人蕉、菖蒲呈簇生长，每簇 1～5 株，其中美人蕉 600 余簇，菖蒲 200 余簇，苦草等沉水植物受黄浦江浊度高的影响而生长不明显，岸坡特定生态系统中立体性的植物结构有利于水中污染物的去除。

5.2.4　实验渠中氮类污染物去除机制

实验模型中每条实验渠容纳水量为 74.10m^3，忽略实验周期内的水量损失，由初始 TN 浓度和实验周期末的 TN 浓度，可计算实验渠中氮的总削减量。微生物反硝化作用的氮削减量，由岸坡特定生态系统基质的反硝化潜力与生态护岸面积计算；植物吸收的氮削减量估算，通过在试验周期内采集典型植物，由植株体内氮素含量与植物净生长量计算；削减总量扣除岸坡特定生态系统中的反硝化脱氮量和植物吸收的脱氮量，即为其他途径（如底泥拦截、沉积等）去除的量。计算结果见表 5.3。结果显示在植物生长季节，实验渠脱氮过程主要由反硝化脱氮和植物吸收完成，而在冬季时，护砌面植物量较小，实验渠主要通过反硝化脱氮，其脱氮贡献率达到 80.9%，而植物吸收的贡献率仅为 4.3%。由于实验过程受多种因素影响，植物吸收的氮类来自水、空气、基质等，植物脱氮的贡献率估算值有所偏大。因此，多孔混凝土作为河渠的生态护岸载体，其内部连续贯通的孔隙和巨大的比表面积为微生物的富集提供了载体，同时也可作为绿色植物生长的基质，构建的岸坡特定生态系统提高了河流自净能力，其生态环境得到修复。

表 5.3　　实验渠中氮类污染物削减量估算

实验时间	削减总量/g	反硝化作用削减		植物吸收削减		其他途径削减	
		削减量/g	贡献率/%	削减量/g	贡献率/%	削减量/g	贡献率/%
4 月	358.56	141.04	39.3	169.55	47.3	47.97	13.4
8 月	292.75	148.22	50.6	133.28	45.5	11.25	3.8
12 月	132.98	107.57	80.9	5.72	4.3	19.69	14.8

5.3　生态修复条件下水体中微量有机物的去除效应

微量有机物通常是难以生物降解且毒性较大的污染物，在水中含量甚微，但具有生物积累性、长期危害性，给暴露人群带来较大的健康风险。黄浦江作为上海市最重要的饮用水源地，据相关文献报道，已检出 70 余种微量有机物，其中酞酸酯类、烷基酚类以及阿特拉津、西玛津、扑草净等农药类内分泌干扰物检出频率和浓度均较高，而且自来水常规处理工艺难以将其去除，出厂水中含有的目标检测物的浓度也较高。多孔混凝土岸线生态化实验模型是以黄浦江原水为研究对象，因此，探讨典型微量有机物在生态护砌河道和"三面光"河道中去除效果，可为水源地的生态防护提供技术支持。

根据黄浦江原水微量有机物的污染特征，选择阿特拉津、酞酸酯类、氯代苯类等典型微量有机物，采用固相萃取-气相色谱进行检测，并对不同水力停留时间的水样进行微量有机物图谱总分析，对比研究多孔混凝土生态构建的 1 号河和"三面光"硬化模式的 4 号河水样中微量有机物的去除效果及有机物色谱图的特征参数变化。

微量有机物检测在一个完整的实验周期内进行，向多孔混凝土生态构建的 1 号河和"三面光"硬化模式的 4 号河中同时进水，试验周期为 7d，分别在 HRT 为 0、2d、4d、6d 对两条实验河道同时取样，其中 $HRT=0$ 时的水样为 1 号河、4 号河实验启动时的黄浦江原水水样，依此作为实验河道的初始水质参照。水样采集后，立即带回实验室进行预处理，每次取 5L 水样备用。

所有水样经 0.45μm 的 CF/C 滤膜过滤、萃取、浓缩后，进行阿特拉津、酞酸酯类、氯代苯类以及有机物出峰谱图的测定与分析。

5.3.1 阿特拉津的去除效果

阿特拉津又称莠去津，是一种均三嗪类除草剂，具有较大的极性，在环境中较为稳定，曾大量使用阿特拉津的国家已在地表水和地下水中发现阿特拉津的残留，美国、日本、欧洲各国均把阿特拉津列入内分泌干扰物名单。黄浦江是上海市最重要的饮用水源地，马晓雁等曾对黄浦江中微量有机物进行调研，发现黄浦江原水中阿特拉津的浓度时有超过 0.5μg/L，饮用水的常规处理工艺如曝气、加氯、混凝、砂滤等均无法降低阿特拉津的质量浓度，臭氧氧化、活性炭吸附对阿特拉津的去除能力也有限。

图 5.14 所示为多孔混凝土生态构建的 1 号河和“三面光”硬化模式的 4 号河中阿特拉津浓度的变化情况。多孔混凝土生态构建的 1 号河中阿特拉津的浓度随水力停留时间增加被有效去除，而“三面光”河道中阿特拉津的质量浓度无明显降低。实验初始时刻（即黄浦江原水）阿特拉津的质量浓度为 0.373μg/L，1 号河在 $HRT=2$d 时阿特拉津的浓度为 0.257μg/L，相应的去除率为 31.1%，当 $HRT=6$d 时，阿特拉津质量浓度降低至 0.110μg/L，去除率增加至 70.5%。“三面光”硬化模式的 4 号河在试验期间内，阿特拉津的去除效果不稳定，$HRT=2$d 时，阿特拉津浓度反而小幅上升，当 $HRT=4$d 时，4 号河中阿特拉津质量浓度有所降低，为 0.217μg/L，去除率为 41.8%，至第 6d 时，阿特拉津浓度再无明显变化。以上数据表明，河道的多孔混凝土护砌能有效去除水中的阿特拉津，对于饮用水源来说，实施生态护坡或其他生态修复工程措施，可有效改善水源水质，弥补饮用水常规处理工艺无法有效去除阿特拉津等内分泌干扰物的局限，从而提高饮用水水质安全。而“三面光”护砌河道对阿特拉津的去除效果不稳定。

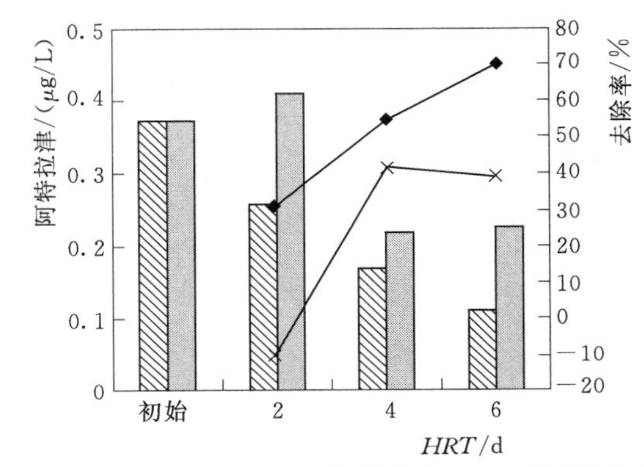

图 5.14 实验河道中阿特拉津的去除效果

5.3.2 酞酸酯类化合物的去除效果

酞酸酯类化合物是广泛使用的人工合成的难降解有机化合物，广泛应用于塑料增塑剂，是环境中常见的内分泌干扰物之一，在土壤、水体、大气等环境中都已发现酞酸酯类有机化合物的存在。酞酸酯类物质在生物体内具有富集和放大作用，已被公认为是全球性的有机污染物，特别是对水环境的污染，已引起世界各国重视，吸附、生物降解等方法难以将其有效去除，近年来，高级氧化等技术逐渐被应用于去除水中酞酸酯类物质。黄浦江作为上海市最重要的饮用水源，受上游工业废水污染和农田面源污染的共同影响，酞酸酯类化合物检出率和浓度均较高。本次实验中，黄浦江原水中邻苯二甲酸二甲酯（DMP）、邻苯二甲酸二（2-乙基己基）酯（DEHP）、邻苯二甲酸二乙酯（DEP）、邻苯二甲酸二丁酯（DBP）四类酞酸酯类化合物均有检出，DMP 浓度为 2.27μg/L，DEHP 浓度为

2.44μg/L，DEP浓度为1.92μg/L，DBP浓度为5.30μg/L，其中DBP超过了《地表水环境质量标准》规定的集中式生活饮用水地表水源地特定项目3.0μg/L的标准限值，为标限值的1.77倍，其他邻苯二甲酸酯类化合物的含量均符合《地表水环境质量标准》规定的饮用水源水质标准，以此表明黄浦江水源地已明显受到酞酸酯类的污染。

5.3.2.1　邻苯二甲酸二甲酯（DMP）的去除效果

图5.15所示为多孔混凝土生态构建的1号河和“三面光”硬化模式的4号河中DMP的浓度变化情况。DMP初始浓度为2.27μg/L，1号河在HRT=2d时去除率达到49.6%，至HRT=6d时，去除率增加到57.7%，DMP浓度降低至0.96μg/L，可见DMP在生态护砌河道中可在较短的时间内被去除，水质改善效果明显，但DMP去除率随水力停留时间的延长而增加不明显，HRT从2d延长至6d时，去除率仅增加8.1%。“三面光”硬化模式的4号河中DMP也有明显的去除效果，但去除规律与1号河有明显差异，4号河水中DMP的去除率随水力停留时间的延长而缓慢增加，HRT=2d时，DMP浓度为1.95μg/L，去除率仅为14.1%；当HRT=4d和6d时，DMP浓度分别降低至1.55μg/L、1.03μg/L，去除率分别为32.0%和54.6%。

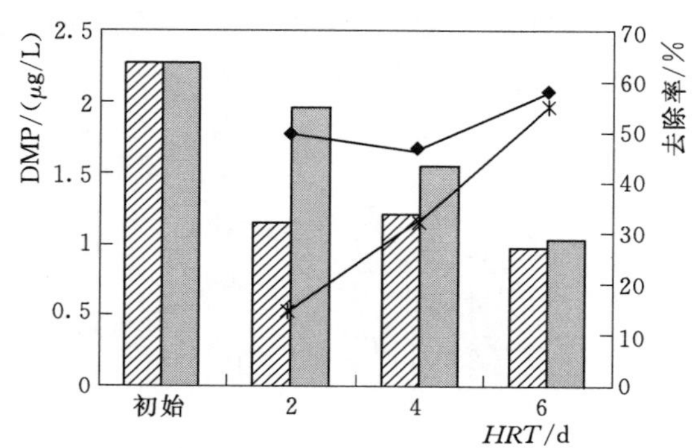

图5.15　实验河道中DMP的去除效果

DMP在实验河道中的去除效果与其结构和生物降解特性有关，根据夏凤毅等提出的邻苯二甲酸酯类生物降解性与化学结构相关性的原理，邻苯二甲酸酯类化合物的好氧生物降解是由微生物胞外酶水解引起的，其降解难易程度取决于化合物分子的大小和取代基的空间结构参数。DMP的支链小，空间位阻小，在酞酸酯类化合物中好氧生物降解速率最大，生态护砌河道中护砌面及水体中微生物含量高，DMP被快速有效地去除，随着底物浓度的降低，去除速率下降，4号河由于是硬质护砌，缺乏微生物富集载体，$HRT<2$d时，水体中微生物数量小，去除率低，随着HRT的增加，河道逐渐滋生了藻类等浮游生物体，促进了DMP的去除。

5.3.2.2　邻苯二甲酸二（2-乙基己基）酯（DEHP）的去除效果

图5.16所示为多孔混凝土生态构建的1号河和“三面光”硬化模式的4号河中DEHP的浓度变化及去除效果。实验河道DEHP的初始浓度为2.44μg/L，DEHP在实验河道中均能

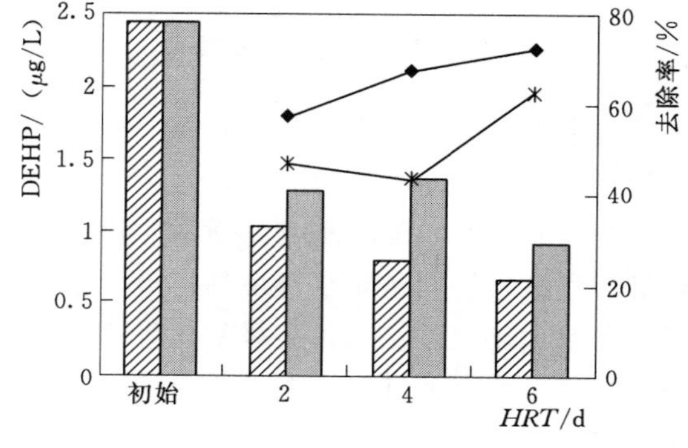

图5.16　实验河道中DEHP的去除效果

有效被去除，*HRT*=2d 时，1 号河和 4 号河中 DEHP 浓度迅速降低，分别为 1.03μg/L、1.28μg/L，去除率分别为 57.8%、47.5%。此后，1 号河 DEHP 浓度继续降低，至 *HRT*=6d 时，浓度降低至 0.67μg/L，去除率达到 72.5%。4 号河中，*HRT*=4d 时，DEHP 浓度略有升高，去除率为 44.0%；至 *HRT*=6d 时，去除率进一步升高，达到 63.1%，此时 DEHP 浓度为 0.90μg/L。基于上述分析，岸线的多孔混凝土特定生境对 DEHP 的去除能力优于"三面光"河道。

DEHP 在实验河道内的去除效果与其自身的化学性质有关：DEHP 具有水溶性低、挥发性及脂溶性低等特性，对固体颗粒、生物体表现出很强的吸附性和亲和性，在需氧条件下，DEHP 首先由微生物酯酶作用水解形成邻苯二甲酸单（2-乙基）酯（MEP），然后生成邻苯二甲酸和苯甲酸，苯甲酸在加氧酶作用下生成 3,4-二羟基苯甲酸和苯酚。曾锋等研究表明，DEHP 降解成苯酚后，在还原条件下，形成环己醇，进而转化成丙酮酸等进入三羧酸循环，最终转化为 CO_2 和 H_2O。1 号河（生态护砌河道）微型生态系统基本完善，生态护砌面富集了丰富的微生物相，水中悬浮颗粒迅速沉降和吸附，提高了 DEHP 的去除效果。另外，"三面光"硬化模式的 4 号河中随着 *HRT* 的增加，水中浮游生物密度升高，因此 *HRT*>4d 时，DEHP 的去除速率也较快。

5.3.2.3 邻苯二甲酸二乙酯（DEP）的去除效果

图 5.17 所示为多孔混凝土生态构建的 1 号河和"三面光"硬化模式的 4 号河中 DEP 的浓度变化及去除效果。实验初始时刻（*HRT*=0d）即黄浦江原水中 DEP 的浓度为 1.92μg/L，由图可以看出，1 号河中 DEP 去除效果较为明显，*HRT*=2d 时，DEP 浓度为 0.99μg/L，相应的去除率为 48.4%；*HRT*=4d 时，DEP 去除率增加至 52.0%；至 *HRT*=6d 时，DEP 去除率达到 62.5%，浓度降低至 0.72μg/L。4 号河中 DEP 去除效果明显低于 1 号河，*HRT*=4d 时，去除率为 34.1%；当 *HRT*=6d 时，4 号河 DEP 的去除速率呈现上升趋势，去除率也升高至 52.0%。综上所述，多孔混凝土岸线特定生境去除 DEP 的能力远远优于"三面光"硬化模式的 4 号河。

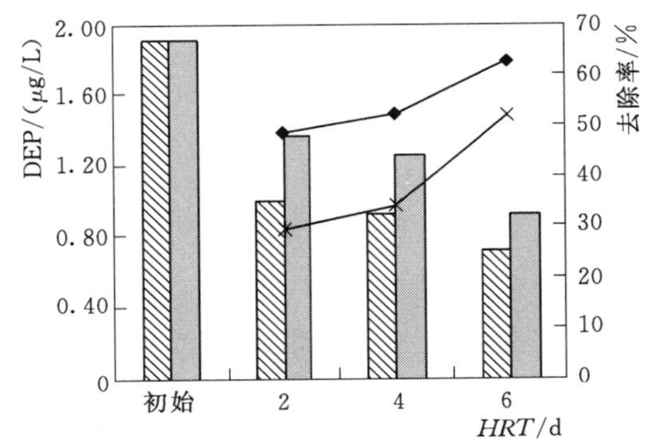

图 5.17 实验河道中 DEP 的去除效果

DEP 在酞酸酯类化合物中分子量仅比 DMP 大，并且其支链小，空间位阻小，其生物降解速率仅次于 DMP，在实验过程中，其去除过程基本与 DMP 类似。因此，在生态护砌河道中，由于生态护砌面富集了大量微生物，并在绿色植物的参与下，DEP 被迅速有效去除，水质明显改善，而 4 号河当 *HRT*>4d 时，DEP 的去除率也较高。

5.3.2.4 邻苯二甲酸二丁酯（DBP）的去除效果

图 5.18 所示为多孔混凝土生态构建的 1 号河和"三面光"硬化模式的 4 号河中 DBP 的去除效果。实验河道的 DBP 初始浓度为 5.30μg/L，超过了水源地水质规定的 DBP 浓

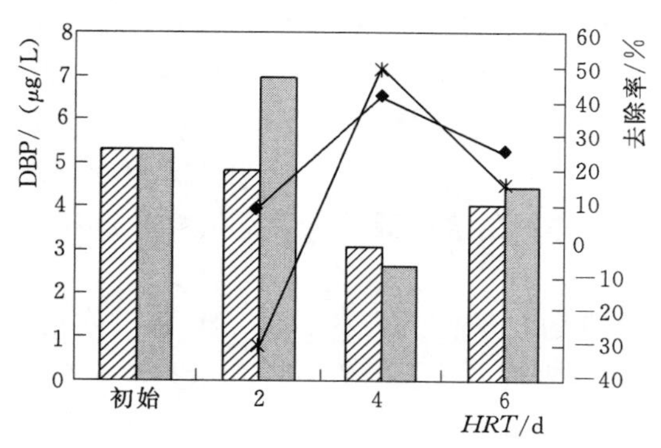

图 5.18　实验河道中 DBP 的去除效果

度最高限值 3.0μg/L，表明黄浦江水源地已遭受 DBP 的严重污染。在实验过程中，1 号河和 4 号河中 DBP 的去除过程与其他酞酸酯类化合物不尽一致，去除率呈现先升高再降低的变化趋势，在 *HRT*=4d，两条实验河道中 DBP 去除率达到峰值。在 1 号河中，*HRT* 分别为 2d、4d、6d 时，相对于初始浓度，去除率分别为 9.4%、41.3% 和 24.9%，此时 DBP 的质量浓度分别为 4.80μg/L、3.11μg/L 和 3.98μg/L。4 号河中 DBP 的去除率变化幅度更大，*HRT*=2d 时，DBP 浓度反而升高至 6.99μg/L，去除率为负值，当 *HRT*=4d 时，DBP 浓度迅速下降至 2.66μg/L，去除率达到 49.8%，然而 *HRT*=6d 时，去除率仅为 16.2%。总的来说，实验河道中，DBP 的质量浓度呈现降低趋势，其中，多孔混凝土生态构建的 1 号河中 DBP 的去除更为明显，去除效果比较稳定，而“三面光”硬化模式的 4 号河中 DBP 浓度变化较大，去除效果不稳定。

DBP 为短链酞酸酯，在适合的环境中较易于被微生物包括某些细菌和真菌降解，同时由于其水溶性低而脂溶性高而易于吸附在有机颗粒物的表面，DBP 在生态护砌河道中的迁移转化过程包括基质的吸附、过滤，微生物的分解、利用、异化及植物的吸收、转化等过程。4 号河中护砌面富集微生物量少，并缺乏绿色植物的参与，仅依靠水体流动自身作用及滋生的浮游生物体的作用，因此 DBP 的去除效果较差，而且去除效果不稳定。

5.3.3　氯苯类化合物的去除效果

氯苯类化合物广泛存在于染料、制药、农药、油漆等工业废水中，化学性质稳定，具有生物放大作用和长期危害性，是我国环境监测优先控制污染物。根据文献报道，黄浦江中下游水体中 1,2,4 -三氯苯、对（间）-二氯苯等氯代苯的检出率较高。

表 5.4 为 1,2,4 -三氯苯在实验河道中的去除效果。1,2,4 -三氯苯的初始浓度为 0.0298μg/L，由表可以看出，多孔混凝土生态构建的 1 号河中随水力停留时间的增加，1,2,4 -三氯苯浓度持续降低，当 *HRT*=6d 时，去除率达到 41.3%。“三面光”硬化模式的 4 号河本身尚具有水体自净能力，1,2,4 -三氯苯浓度逐渐降低，其中 *HRT*>4d 时，由于河道中藻类等浮游植物的密度增加，去除速率较快。因此可表明，水中氯代苯类有机污染物可通过生物降解予以除去，其生物降解机制可分为三类：氧化脱氯、还原脱氯和共代谢，其中共代谢作用降低了氯苯类化合物的生物毒性，使其更易为别的微生物同化。河道的多孔混凝土护砌促进和完善河流微型生态系统的建立，生态系统中的微生物群落存在复杂的相互关系，两种或两种以上的微生物可对底物协调利用、共代谢作用等促进有机污染物的转化和降解。

表 5.4　　实验河道 1,2,4 -三氯苯的去除效果

取水样点	水力停留时间 /d	1,2,4 -三氯苯浓度/(μg/L)	去除率 /%
黄浦江（原水）	—	0.0298	—
生态护砌河道（1 号河）	2	0.0228	23.4
	4	0.0212	28.9
	6	0.0175	41.3
“三面光”河道（4 号河）	2	0.0267	10.4
	4	0.0265	11.1
	6	0.0228	23.5

5.3.4 气相色谱有机物出峰图谱分析

为了更全面地分析多孔混凝土生态构建的 1 号河与和“三面光”硬化模式的 4 号河中微量有机物的去除效果，对实验河道在 $HRT=0$（黄浦江原水）、2d、4d、6d 的水样经固相萃取后应用气相色谱议进行有机物出峰色谱图扫描，定性分析微量有机物数量及相对含量在实验河道中的变化趋势。表 5.5 以及图 5.19～图 5.25 都描述了各水样微量有机物色谱图特征参数和水样有机物出峰色谱图。在色谱图中，每个谱峰都对应着相应的微量有机物，并且按照有机化合物沸点由低到高的顺序排列在色谱图上，气相色谱分析时色谱柱温度通常在 45～300℃，对于分子量在 500Da 以上的有机物，由于它的沸点较高而难以在色谱柱中得到有效的分离，而一些挥发性的有机物在水样预处理过程中较易挥发，所以本实验中气相色谱的色谱图分析所检测出的有机物出峰一般代表水中的半挥发性微量有机物。

表 5.5　　各水样中微量机物色谱图特征参数

水样		出峰总面积	有机物出峰个数	峰面积减少率/%
黄浦江原水		1057939	51	—
1 号河	$HRT=2$d	789194	32	25.4
	$HRT=4$d	765939	37	27.6
	$HRT=6$d	668687	28	36.8
4 号河	$HRT=2$d	949030	40	10.3
	$HRT=4$d	859328	49	18.8
	$HRT=6$d	828490	39	21.7

黄浦江原水水样微量有机物色谱图即实验河道的初始图谱（$HRT=0$d），共有 51 个出峰，出峰总面积为 1057939，即代表该水样中约含有 51 种微量有机物。据相关文献报道，近年来，黄浦江原水中的半挥发性微量有机物一般有 50～60 种，主要为胺类、肽酯类、醇类、酮类和硝基苯物质，其中大部分是分子量在 100～300Da 的带苯环的芳香族化合物。

图 5.20～图 5.22 所示为多孔混凝土生态构建的 1 号河中 HRT 分别为 2d、4d、6d 时的水样色谱图。色谱图参数和出峰个数随水力停留时间的增加呈现一定幅度的变化。当

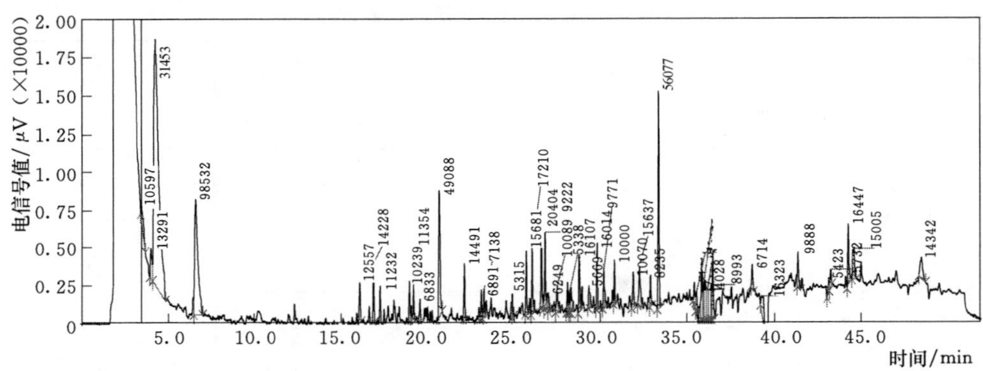

图 5.19　黄浦江原水微量有机物色谱图

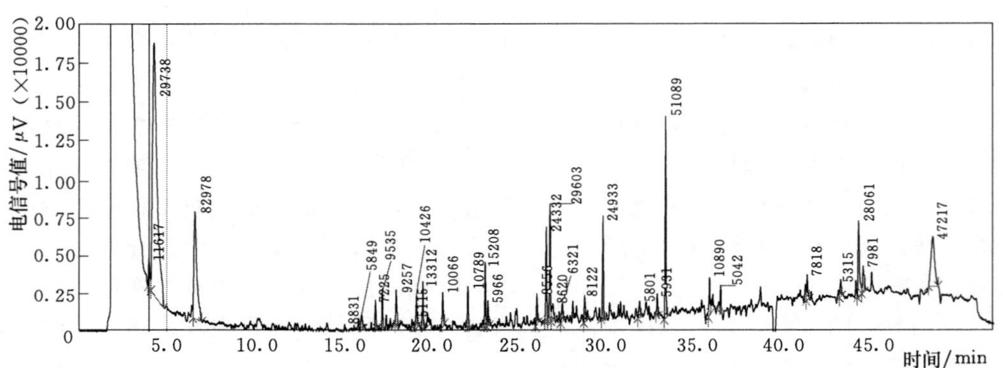

图 5.20　多孔混凝土生态构建的 1 号河 *HRT*＝2d 时色谱图

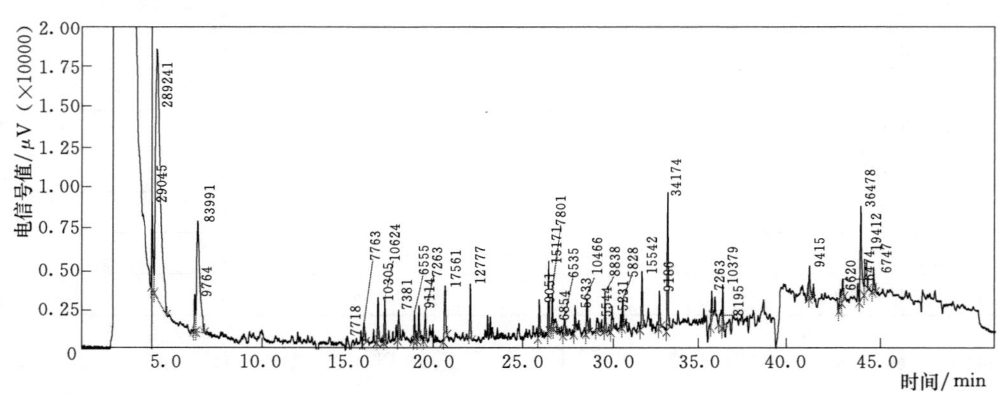

图 5.21　多孔混凝土生态构建的 1 号河 *HRT*＝4d 时色谱图

HRT＝2d、4d、6d 时，色谱图出峰个数分别为 32 个、37 个和 28 个，与初始时刻水样（黄浦江原水）相比，出峰个数分别减少 19 个、14 个和 23 个；相应地，出峰总面积随着水力停留时间的增加也呈现下降趋势，色谱图出峰总面积分别为 789194、765939、668687，比黄浦江原水水样的出峰总面积降低 25.4%、27.6%和 36.8%。基于上述数据，

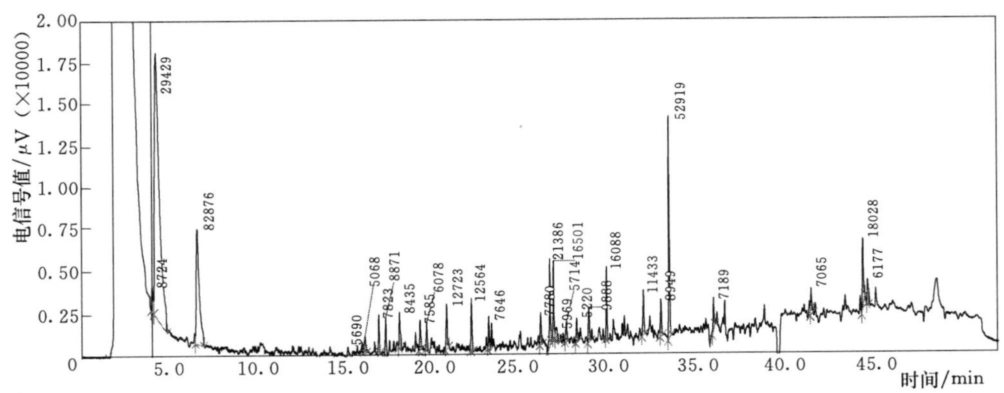

图 5.22 多孔混凝土生态构建的 1 号河 HRT=6d 时色谱图

可见生态护砌河道能削减水中微量有机物的种类数量，其相对含量也有效降低，即提高了水体水质的安全性能。

图 5.23～图 5.25 所示为“三面光”硬化模式的 4 号河中 HRT 分别为 2d、4d、6d 时的水样色谱图。随着 HRT 的增加，4 号河水样的色谱图出峰个数和出峰总面积也呈现降低趋势，HRT=2d、4d、6d 时，色谱图出峰个数分别为 40 个、49 个和 39 个，比原水分别减少 11 个、2 个和 12 个；相应地，出峰总面积分别为 949030、859328 和 828490，与黄浦江原水相比，分别减少 10.3%、18.8%和 21.7%，可见，“三面光”河道依靠其河流运动、浮游生物降解等作用，也能去除水中的部分有机物。

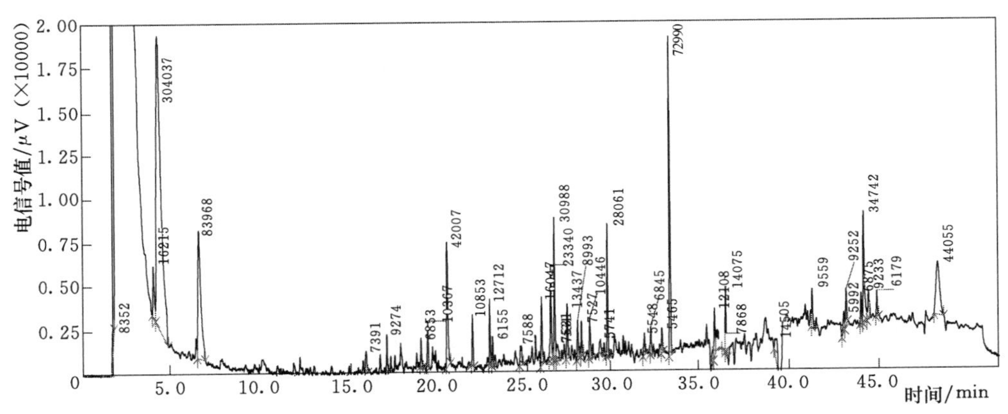

图 5.23 “三面光”硬化模式的 4 号河 HRT=2d 时色谱图

多孔混凝土生态构建的 1 号河和“三面光”硬化模式的 4 号河的水样中微量有机物的色谱图特征参数横向对比：由表 5.5 可看出，在相同的水力停留时间，1 号河水样色谱图有机物出峰个数和出峰总面积均小于 4 号河。HRT=2d 时，1 号河有机物出峰个数为 32 个，与黄浦江原水相比出峰总面积降低 25.4%，而此时 4 号河水样有机物出峰个数为 40 个，仅比原水减少 11 个，出峰总面积降低 10.3%，不及 1 号河的一半；当 HRT 增加至 6d，1 号河水样色谱图出峰个数为 28 个，出峰总面积降低 36.8%，同时 4 号河水样色谱

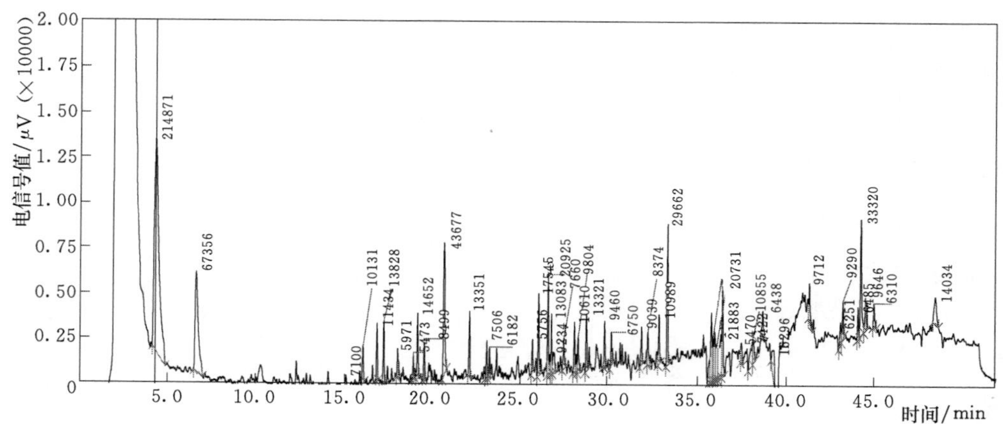

图 5.24　“三面光”硬化模式的 4 号河 HRT=4d 时色谱图

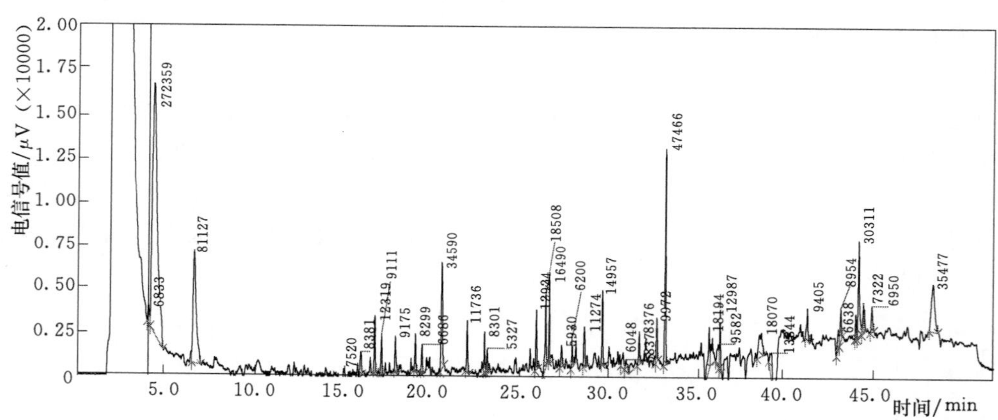

图 5.25　“三面光”硬化模式的 4 号河 HRT=6d 时色谱图

图出峰个数为 39 个，出峰总面积降低 21.7%。以上数据表明生态护砌河道（1 号河）中微量有机物的去除效果全面优于“三面光”河道，黄浦江原水经生态护砌河道净化后，无论是有机物色谱峰总面积还是有机物种类都大为减少，水质有了明显改善。

多孔混凝土生态构建的 1 号河和“三面光”硬化模式的 4 号河水样中微量有机物的色谱图特征参数纵向对比：在实验过程中，黄浦江原水、1 号河和 4 号河的水样色谱图出峰个数不尽相同，随着实验河道 HRT 的增加，有些有机物被有效去除，同时，也检出了新的有机物峰，主要因为实验河道中生物体的新陈代谢过程和水中有机物自身的生化反应都会产生新的物质。在被检测水样中，相同时间的出峰数为 15 个，即有 15 种有机物在每个水样中均被检出，15 种有机物峰的图谱特征参数见表 5.6。从表 5.6 可以看出，15 种有机物的出峰面积及其随水力停留时间的变化规律如下：

（1）黄浦江原水水样各有机物出峰面积和总面积最大。

（2）多孔混凝土生态构建的 1 号河的各水样中大部分有机物的出峰面积随停留时间的增加而减小，即部分微量有机物得到去除，当 HRT 为 2d、4d、6d 时，15 种有机物的出峰总面积分别降低 23.3%、28.3%和 25.8%。

表 5.6　　各水样相同时间的色谱图出峰参数

出峰序号	保留时间/min	黄浦江原水（初始）	1 号 河			4 号 河		
			HRT=2d	*HRT*=4d	*HRT*=6d	*HRT*=2d	*HRT*=4d	*HRT*=6d
1	6.590	98532	82978	83391	82876	83968	67356	81127
2	16.072	12557	5849	7763	5068	7391	10131	8381
3	17.248	11232	9535	10624	8871	9274	13828	9111
4	19.188	11354	10426	9114	7585	6853	14652	8910
5	22.122	14491	10789	12771	12564	10853	13351	11736
6	26.034	17210	8556	9051	7780	16047	17545	12924
7	27.484	10089	6321	6535	5714	13437	7660	5930
8	28.758	16107	8122	10467	9888	10446	13321	11274
9	28.084	7636	5405	5633	5220	8993	10610	6200
10	29.789	16014	24933	8838	16088	28061	9460	14957
11	32.237	17878	3733	11782	6340	6886	8578	7514
12	32.867	8235	5931	9186	8949	5465	10990	9972
13	33.334	56077	51089	34174	52919	72990	29662	47466
14	35.851	21654	10890	7263	7189	12108	19303	18194
15	41.390	9888	7818	9415	7065	9559	9712	9405
峰面积合计		328954	252375	236007	244116	302331	256159	263101
去除率/%		—	23.3	28.3	25.8	8.1	22.1	20.0

（3）“三面光”硬化模式的 4 号河的各水样的有机物出峰面积随停留时间的增加也呈现降低趋势，当 *HRT* 为 2d、4d、6d 时，15 种有机物的出峰总面积分别降低 8.1%、22.1%和 20.0%，但去除率低于多孔混凝土生态构建的 1 号河。

5.4 本章小结

（1）将实验河道保持 0.8m 的工作水位，探讨多孔混凝土生态构建的 1 号河和“三面光”硬化模式的 4 号河在常水位模拟时的污染物去除过程，对两条实验河道进行连续 7d 的水质监测，实验结果表明，多孔混凝土生态构建的 1 号河中 COD_{Mn}、NH_3-N、TN、TP、UV_{254}、$NO_2^- - N$、$NO_3^- - N$ 七项常规水质指标在 *HRT*=3d 时基本达到地表Ⅱ类水质标准，污染物去除速率较快，水体透明度高，而“三面光”硬化模式的 4 号河中水质没有明显改善，水中易滋生藻类，浊度较大，感观性较差。

（2）多孔混凝土生态构建的 1 号河在其岸线特定微生态系统发育完善时期水质净化效果明显优于岸线特定微生态系统培育时期，生态护砌坡面植被密度对水质净化效果的影响较大。“三面光”硬化模式的 4 号河随着通水时间的延长。水中滋生了藻类等浮游植物，

因而 COD_{Mn}、NH_3-N 等污染物的去除率也有一定程度的升高，但污染物去除效果远远小于多孔混凝土生态构建的河道。

（3）将相似多孔混凝土岸线生境模式的 1 号河与 3 号河联动，模拟并研究河道水位动态变化模拟的污染物去除过程，通过在前后两个实验周期的水质实验，其水质改善效果较为显著，COD_{Mn}、NH_3-N 等去除率全面优于相同时段 1 号河常水位模拟时的污染物去除效果，可见河水水位的动态变化时，多孔混凝土岸线生境护砌面周期性的暴露于空气中，这一过程更有利于污染物的去除。

（4）为模拟不同类型岸线模式的河道受污染团的冲击性能，向多孔混凝土岸线生境模式的 1 号河和"三面光"硬化模式的 4 号河同时投加尿素、氯化铵的混合物，研究实验河道抗污染冲击负荷的性能，1 号河、4 号河中 TN 浓度瞬时分别扩大 13.1 倍和 5.9 倍以上，实验结果显示：投加污染物后的第 6d，1 号河中 TN 浓度降低至 3.148mg/L，去除率为 76.7%，即经过 6d 后，基本恢复到黄浦江原水中 TN 浓度水平。而 4 号河中 TN 去除速率明显低于 1 号河，投加污染物至第 6d，TN 浓度为 6.283mg/L，去除率为 51.5%，此时浓度仍为黄浦江原水中 TN 浓度的 2 倍左右，恢复到污染前状态需要长达 10d 的时间。

（5）以多孔混凝土为生态护岸载体构建的岸坡特定生态系统对河渠中氮类污染物去除率与停留时间呈正相关，脱氮过程符合一级反应动力学关系，反应动力学常数 K 值受季节影响，植物生长季节时反应动力学常数为 $0.331\sim0.353d^{-1}$，冬季时仅为 $0.064d^{-1}$。硬质化空白渠的最大脱氮反应动力学常数仅为 $0.191d^{-1}$。

（6）岸坡特定生态系统中反硝化细菌群集特征与基质反硝化潜力的分布特性基本一致，具有明显的根际效应，表明岸坡特定生态系统中挺水植物生长区反硝化细菌菌群数量较大，反硝化潜力高，是河渠脱氮的主要功能区。植物生长季节时微生物反硝化和绿色植物吸收是河渠岸坡特定生态系统脱氮的主要途径，冬季时，反硝化脱氮则是最重要的脱氮途径。河渠进行生态修复时，应优先修复与水体进行直接交互作用的水生植物生长区，在保障岸坡安全与稳定以及不影响其水利功能的前提下，以实现污染物的最大削减。

（7）通过气相色谱对多孔混凝土生态构建的 1 号河和"三面光"硬化模式的 4 号河的水样进行微量有机物的检测分析，实验结果表明：1 号河能有效降低微量有机物的浓度，当 $HRT=6d$ 时，阿特拉津、酞酸酯类化合物等内分泌干扰物的去除率为 60%左右、氯代苯类等微量有机物的去除率超过 40%，微量有机物色谱图出峰数与黄浦江原水相比减少 23 个，出峰总面积降低 36.8%；4 号河 HRT 为 6d 时，阿特拉津、酞酸酯类等内分泌干扰物的去除效果不稳定，氯代苯类有机物的去除率为 20%左右，微量有机物色谱图有机物出峰数与黄浦江原水相比减少 12 个，出峰总面积降低 21.7%，水质改善效果不明显。因此，河湖岸线的多孔混凝土生态建设能有效改善水源水质，提高饮用水的安全性。

第6章 多孔混凝土岸线特定生境水土界面微生物富集特性

岸坡是水体与陆域交互作用的平台，水生生态系统的重要组成部分，水域与陆域间物质、能量、信息交换的重要媒介。岸坡具有明显的边缘效应和微生物富集载体等特征，具有独特的植被、土壤、水文和物理化学特性。水体“三面光”的硬质化护砌，迫使水体与陆地相互隔离，水生生态系统不再完整，水体自净能力下降。河流、湖泊等水体的多孔混凝土护砌是类似土壤生物工程的河流生态修复措施，利用强大生命力的植物根系、茎（叶）或者整体作为结构的主体元素构筑坡岸，在生物群落生长或建群的过程中实现加固或稳定岸坡，控制水土流失，改善栖息地生境和实现水生生态系统修复。多孔混凝土生态构建的1号河水质改善效果显著，坡面植物生长旺盛，生态效应良好，而“三面光”护砌的4号河水质改善效果较差，河水浊度较高，浮游藻密度大。基于前述章节的研究内容，可知河流岸坡的护砌形式对水质变化具有显著影响，因此，研究生态坡面的微生物富集特性及其生化性质对于优化岸坡生态工程结构具有重要意义。

选择水质改善效果最好的生态护砌河道（1号河），研究多孔混凝土护坡微生物富集特性和基质生化性质分析，实验检测指标包括基质的生物化学性指标和微生物类群指标。生物化学性指标包括生态坡面基质的pH值、硝化潜力和反硝化潜力；微生物指标包括微生物量、微生物脱氢酶活性、脲酶活性；微生物类群指标包括细菌总数、氨化细菌、亚硝化细菌和反硝化细菌的护砌坡面分布特征。

6.1 特定生境微生物采集

实验河渠的坡面绿化完成后，岸坡特定生态系统经过两年多的培养后，坡面基质酶活性与细菌种群实验观测分别于3月、6月、9月和12月进行（分别代表不同的气象因素），此时岸坡特定生态系统已趋于完善，挺水植物、草本植被的覆盖率接近100%，间隙中发现了河蟹、蟾蜍等动物，而下部的沉水植物（如枯草等），则受黄浦江原水浊度较高的影响而生长缓慢。

如图5.11所示，在环形河道长直段的中部设基质采集断面，由上而下设4个采集点，分别标记为a、b、c、d。a点位于水面以上，b点位于坡面上水位变动区中部，c点位于坡面中下部，d点位于岸坡与河床交界处。a点至坡顶为草本植物带，a～c为挺水植物带，b点位于挺水植物带中部，c～d为沉水植物带。采用*DN*50的PVC管一端切割成45°斜面的基质采集器插入多孔混凝土预制球的间隙，取深度为3～5cm的基质带至实验室分析。实验在一个自然周期内进行，分别于3月、6月、9月和12月测定基质微生物量、酶活性及各种群细菌数量。

6.2　岸线特定生境微生物特定的时空规律

实验河渠多孔混凝土岸线生境基质中的微生物量以及脱氢酶、脲酶、纤维素酶活性的动态特征如图 6.1～图 6.4 所示，通过微生物活性的动态变化分析，旨在探索河渠特定岸坡生态系统中生态要素与微生物学指标间的内在联系。

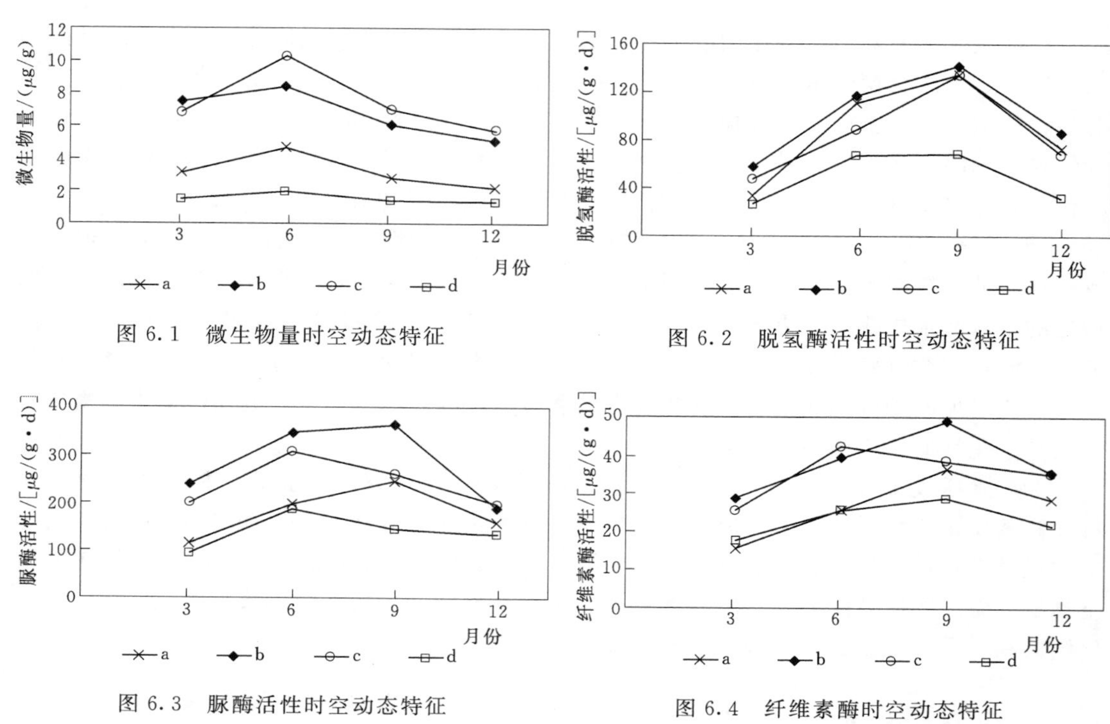

图 6.1　微生物量时空动态特征

图 6.2　脱氢酶活性时空动态特征

图 6.3　脲酶活性时空动态特征

图 6.4　纤维素酶时空动态特征

6.2.1　基质微生物量的动态特征

土壤或水处理中微生物的生物膜脂类大多以磷脂（phospholipids）的形式存在，细胞死亡后磷脂迅速分解，脂磷法测定的微生物量通常表征基质中活性的微生物量。特定生态岸坡上各测点基质微生物量如图 6.1 所示。多孔混凝土特定生境坡面基质的微生物量高达 10.29μg/g，达到了水处理中某些填料上生物膜中的微生物量水平，如人工介质处理太湖富营养化原水时组合填料上的微生物量为 8.78μg/g，表明多孔混凝土为护岸载体而构建的岸坡特定生态系统能有效富集原生微生物，从而修复和强化生态系统中的生物链。微生物量在特定生态岸坡的动态特征与季节、水位等因素相关，挺水植物生长的水位变动区中部 b 点和下部 c 点的微生物量较高，且 6 月和 9 月时的微生物量显著高于 3 月和 12 月；草本植物带的 a 点微生物量略低于 b 点和 c 点，时间分布特征与 b 点、c 点基本一致；河床处的 d 点微生物量较低，随时间变化不明显，主要因为 d 点位于淹没区，环境特性受外界影响较小，微生物以还原性菌群为主，季节交替对其影响不明显。坡面中上部的水位变动区为微生物高度富集区，同时也是挺水植物的生长区，微生物量的空间分布特征标识了实施河渠岸坡生态治理及修复的重点区域。

6.2.2 脱氢酶活性的动态特征

脱氢酶能酶促脱氢反应，参与碳氢化合物、有机酸的合成与分解以及光合作用、氧化磷酸化、脂肪的氧化与合成等生化反应，为生命体提供必不可少的能量和还原当量。脱氢酶活性在很大程度上反映了生物体的活性状态，直接表示生物细胞对其基质降解能力。多孔混凝土特定生境坡面基质的脱氢酶活性随时间、空间呈现一定的变化规律。3 月、6 月和 9 月脱氢酶活性的差异显著（$p<0.05$），9 月坡面上部 a、b、c 三点的脱氢酶活性达到最高值，12 月最低，Rogers 等也同样发现人工湿地基质的脱氢酶活性季节差异性显著。坡面底部的 d 点脱氢酶活性最低。在特定生态岸坡生命活动旺盛的区域和时间内，需要脱氢酶不断地转化有机质为生态系统中生命体代谢活动提供物质和能量，在生命活动较弱的冬季和生物量较少的坡面底部，生命活动受到环境因素制约，脱氢酶活性较低。正是基于脱氢酶活性的空间动态特征，可通过调控和改善河渠岸坡上生命要素的时空分布，从而达到生态修复的最佳效果。

6.2.3 脲酶活性的动态特征

脲酶是一种酰胺酶，以尿素为底物酶促水解有机物分子中的肽键，使之转化为 NH_3、CO_2 和 H_2O，其活性与基质中的微生物量、有机质含量、氮含量呈正相关。在多孔混凝土岸线特定生境中，尿素是以植物残体的形式进入基质，由于季节更替和生命规律循环，6 月和 9 月时生态坡面基质脲酶活性显著高于 3 月和 12 月，因为 6—12 月为植物主要生长期，在上海当地的气候条件下，美人蕉等水生植物在 12 月仍能持续生长，但生长潜力逐渐变弱，进入冬季后，植物的辅根系等残体逐渐被基质中的微生物分解和转化。气温升高时，植物的生命代谢过程旺盛，脲酶活性呈增长趋势。另外，冬季时（12 月至次年 3 月）坡面上植物量较少，微生物量降低，因而脲酶活性也较低。从脲酶活性的演化趋势分析，脲酶活性是特定岸坡生态系统中生命要素自组织、自循环能力的体现，表明河渠岸坡特定生态系统具有较强的自我组织、优化、调节、再生、繁殖等自生潜力。

6.2.4 纤维素酶的动态特征

纤维素酶主要参与土壤基质中含碳物质的转化与降解，能水解纤维素为更小分子量或植物能够直接吸收的有机物。由图 6.4 可看出，b、c 两点的基质纤维素酶显著高于坡底的 d 点，随季节更替差异性显著，在 3 月、6 月和 9 月，多孔混凝土岸线特定生境中生命体新陈代谢活动增强，尤其是美人蕉和菖蒲等水生植物在 6—9 月生命活动较为旺盛，基质中微生物酶活性显著增加以加速系统中含碳物质的转化，9 月时纤维素酶活性达到 $40\mu g/(g \cdot d)$ 以上，从而保证营养物的供应。而在冬季时（12 月至次年 3 月），植物生命活动基本停止，酶活性较低，其中 b、c 纤维素酶活性约为 $28\mu g/(g \cdot d)$，a、d 两点更低，仅为 $15.6\mu g/(g \cdot d)$。从空间分布特性来看，酶活性具有明显的根际效应，在根系发达的挺水植物生长区，酶活性普遍较高，a 点位于水面上部，主要为草本植被生长区，酶活性略低于b、c两点，而d点植物生物量较少，酶活性最低。

6.2.5 微生物量及细菌种群的时空规律

以多孔混凝土为生态岸线载体而构建的特定生态岸坡受外界环境特征及河渠水文要素的共同影响，不同位置处的坡面基质中细菌类群时空分布也存在显著差异，结果见表6.1。

表6.1 多孔混凝土岸线生境坡面的各种群细菌数量

时空特征		菌落总数 /(×10⁹ cfu/g)	纤维素菌 /(×10³ PN/g)	氨化细菌 /(×10⁷ cfu/g)	亚硝化细菌 /(×10³ MPN/g)	硝化细菌 /(×10⁶ MPN/g)	反硝化细菌 /(×10³ MPN/g)
3月	a	1.56	1.15	2.25	1.10	2.80	0.20
	b	1.73	1.40	4.51	3.50	3.50	4.50
	c	1.63	0.85	5.17	6.00	3.00	1.10
	d	0.77	0.35	0.25	0.65	0.25	1.10
6月	a	2.42	4.50	7.55	2.50	7.00	2.50
	b	2.20	6.70	20.0	4.50	11.0	6.50
	c	2.95	7.00	2.20	6.00	6.50	4.50
	d	1.42	1.10	0.65	2.50	0.35	4.50
9月	a	2.56	11.0	10.2	3.50	6.50	3.00
	b	5.57	16.0	18.5	6.70	25.0	7.00
	c	3.02	15.0	6.50	15.0	7.0	6.50
	d	1.45	1.25	0.35	0.70	0.45	1.10
12月	a	1.42	1.25	2.83	1.10	2.80	1.10
	b	2.26	3.00	5.90	3.00	7.00	3.00
	c	2.16	5.25	6.70	2.00	2.00	0.25
	d	0.67	0.65	0.36	0.65	0.12	0.65

从脂磷法测定的微生物量、基质酶活性以及细菌（活细菌总数、纤维素分解菌、氨化细菌、亚硝化细菌、硝化细菌和反硝化细菌）的分布特性来看，有着以下共同特征：

（1）坡面上部a点、中上部b点的微生物富集效果好于坡面中下部c点、坡底d点。因为坡面上部水浅，固相（坡面基质）、液相（水）与气相（空气）交互作用强烈，处于水位变动区的坡面中上部b点，微生物量高、酶活性强，微生物多样性指数大，而且是挺水植物的生长区，从而有利于水质改善。尤其在河水潮汐运动时，水位变动区间歇性暴露于空气中，更有利于微生物的栖息繁衍，这也说明了河道水位动态变化模拟时水质改善效果优于河道常水位模拟时的水质改善效果。

（2）坡面下部长时间淹没在水面以下，微生物量较少，基质酶活性弱。因此，在进行河流生态修复时，有必要对河流低层清淤、实施低层曝气，提高河流底部的微生物量，增强酶活性，从而提高水体自净能力，改善水质。

（3）a点、b点同位于多孔混凝土生境坡面的上部，a点位于水面以上，b点位于水面

下 0.2m，其微生物量和酶活性差异明显，b 点的各项指标明显优于 a 点，由此说明在浅水区实施生态修复工程，水质改善和生态修复效果更为明显。

另外，从多孔混凝土岸线特定生境坡面的垂向分布来看，位于坡面中部的 b 点、c 点，各种细菌的总数较大，远远高于水面上的 a 点和坡底的 d 点。从多孔混凝土生态坡面植物的分布来看，b 点和 c 点之间为挺水植物美人蕉、香蒲的生长区域，与水体的交互作用强烈。水生高等植物是水体氮循环的重要载体，反硝化、硝化、亚硝化及氨化细菌是水体及湿地环境中常见菌群，其生长和繁殖不仅受底物浓度的影响，而且受环境条件的影响，特别是反硝化与亚硝化、硝化细菌，前者往往是分布在还原环境中，后两者则分布在富氧氧化环境中。在水生植物存在氧化还原微环境，空气中的氧气通过水生植物的叶、茎、根的通气组织，逐级扩散到根表面，环绕根系形成薄的氧化层，在这一层外，由于水生植物的覆盖及其呼吸代谢作用，往往处于缺氧状态。因此，在实验河道坡面中部的挺水植物生长带上，由于水生植物的参与，在其根区存在富氧-缺氧的氧化还原微环境，氨化、亚硝化、硝化及反硝化细菌能够同时出现并发挥重要作用。

河湖岸线的多孔混凝土生态护坡，其强大的比表面积能有效富集原生微生物，同时将水生植物引入水生生态系统，并为氨化、硝化、反硝化等作用过程创造了有利条件，从而促进了水体中氮等污染物的去除和转化过程，增强了水体自净能力。

6.3 多孔混凝土岸坡基质生化特性

6.3.1 硝化潜力

多孔混凝土岸线生境坡面上的位于水面下的 b 点、c 点微生物量高、基质酶活性强，因此在测定基质硝化潜力时，选择了 b 点和 c 点测定基质的硝化潜力。图 6.5 所示为多孔混凝土岸线生境坡面的中上部 b 点和中下部 c 点的基质硝化潜力实验中 NO_x^- -N（NO_2^- -N+NO_3^- -N）浓度随时间的变化。图 6.5 显示，反应容器中加入 NH_3 -N 后经硝化反应 NO_x^- -N 浓度升高并基本呈直线型，可近似为零级动力学反应。

硝化潜力的计算：分别用基质干重去除 NO_x^- -N 的时间变化量可得到基质的硝化潜力。坡面中上部 b 点和中下部 c 点分别为 6.89×10^{-5}mg/(g·h) 和 7.53×10^{-5}mg/(g·h)，c 点处基质的硝化潜力高于 b 点。宋海亮等采用相同的实验方法测定了水质植物滤床底泥的硝化潜力，数值为 2.77×10^{-4}mg/(g·h)，可见生态护砌河道基质的硝化潜力低于水生植物滤床基质的硝化潜力，这是因为水生植物滤床采用水生植物作为水处理的主要组成部分，滤床中的底泥来自水中颗粒物的沉降和植物根系残根腐败，生物量更高，因而硝化潜力数值较大，而河道生态坡面基质是多孔混凝土空隙的覆土，除维护河道岸坡的稳定外，还作为坡面植被生长的基质，基质含水率低（b 点基质含水率 38.5%，c 点为 43.7%），远小于水生植物滤床底泥的含水量，因此，基质硝化潜力稍低一些。

基质的硝化潜力与基质的形成过程、形状、细菌数量和活性有关。根据实验检测，坡面中上部 b 点、中下部 c 点的亚硝化细菌数分别为 4.5×10^3MPN/(g 泥)、6.0×10^3MPN/(g 泥)，硝化细菌分别为 1.1×10^7MPN/(g 泥)、6.5×10^6MPN/(g 泥)，活细

菌总数分别为 2.2×10^9cfu/(g 泥)、2.9×10^9cfu/(g 泥)，即 c 点亚硝化细菌密度、活细菌密度高于 b 点，但硝化细菌密度小于 b 点，可见基质硝化潜力的分布与亚硝化细菌密度、活细菌密度的分布一致，而与硝化细菌密度的分布关系不明显，可见多孔混凝土护砌河道氮系污染物的去除和转化机制符合张甲耀等提出的人工湿地硝化潜力与氮转化细菌的关系。

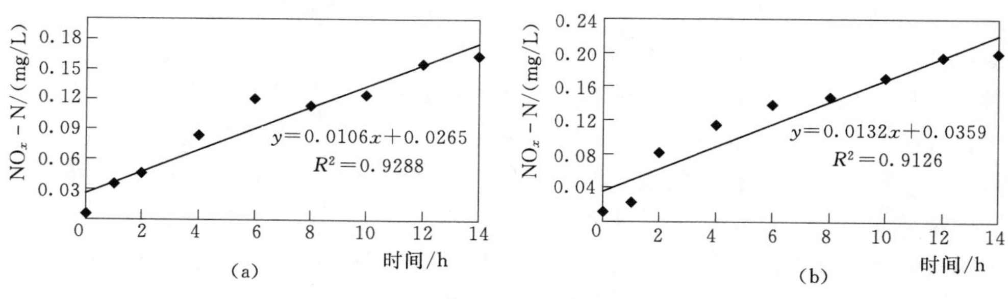

图 6.5　多孔混凝土岸线生境坡面基质的硝化潜力

(a) b 点；(b) c 点

6.3.2　反硝化作用强度

实验测定了生态护砌面 4 个采样点表层基质的微生物反硝化作用强度，反硝化作用强度沿护砌面的垂向分布如图 6.6 所示。中上部 b 点和中下部 c 点基质的反硝化强度最高，分别为 49.1mg/(kg·h) 和 45.6mg/(kg·h)，坡面上部 a 点、坡底 d 点的基质反硝化强度较低，分别为 36.3mg/(kg·h) 和 37.3mg/(kg·h)。已有研究结果显示人工湿地系统几乎所有的微生物在好氧环境改变为缺氧环境后均参与反硝化过程，微生物在呼吸过程中用氧化氮取代氧作为电子受体，其中以氧作电子受体的为好氧呼吸和以硝氮为电子受体的厌氧呼吸中所用的电子传递系统是相同的，在好氧和厌氧同样起作用，在碳源不受限制的情况下，岸线多孔混凝土生境坡面的结构一定程度上类似人工湿地的基质，有利于微生物进行充分的反硝化脱氮。多孔混凝土及其护砌面比表面积大，孔隙率高，为微生物提供了良好的附着表面，中上部 b 点和中下部 c 点微生物数量密度大，微生物量和酶活性高于水面上的 a 点和河床的 d 点，反硝化作用强度也较高，由此可见，坡面的反硝化作用强度的分布与细菌类群的分布特征一致。

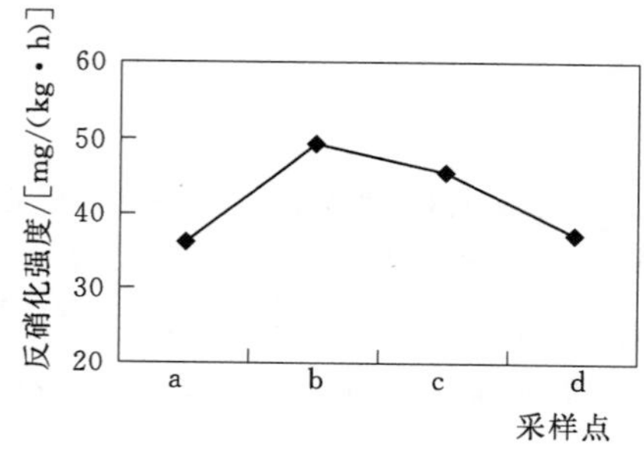

图 6.6　多孔混凝土岸线生境坡面的反硝化作用强度

6.3.3　基质氮释放速率

图 6.7 所示为多孔混凝土岸线生境坡面的上部 b 点、中下部 c 点表层基质的氮释放速率过程，由图可见 b 点、c 点的反应容器内 NH_3-N 浓度随时间呈上升趋势。b 点在 8h

后变化趋势缓慢，c 点在 10h 后浓度逐渐稳定。在 NH_3-N 浓度达到稳定之前，b 点和 c 点的 NH_3-N 释放速率基本呈直线型，可近似为零级反应。用两点的基质干重分别去除 NH_3-N 浓度的时间变化量，可得到氮释放速率。由图 6.7 可计算 b 点、c 点的 NH_3-N 释放速率分别为 4.75×10^{-5}mg/(g 泥 · h) 和 5.19×10^{-5}mg/(g 泥 · h)，c 点稍大于 b 点。基质氮释放速率与基质形态、形成过程和河流水动力特征有关，根据多孔混凝土生态构建的 1 号河的流态特性（见第 8 章），其上层流速大于下层，实验河道长期运行水中的颗粒物沉降在坡面下部和河床处，因此氮释放速率较高。

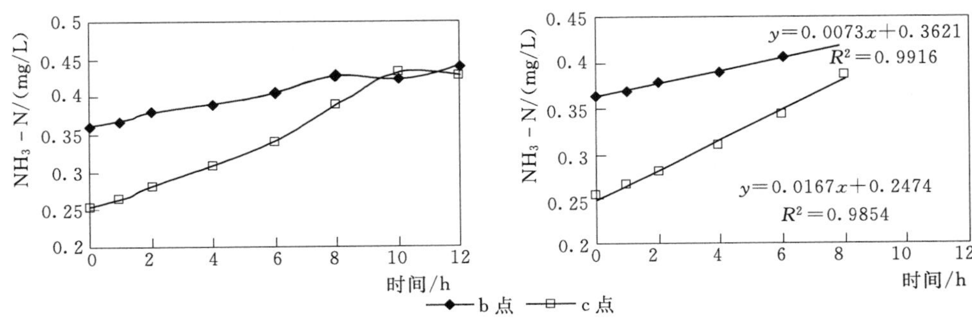

图 6.7 多孔混凝土岸线生境基质的氮释放速率

6.4 本章小结

（1）采用多孔混凝土构建的特定岸坡生态系统，能有效富集各类群微生物，在外界环境特征（气候、基质下垫面等因素）的共同影响下，微生物量、基质酶活性以及各种群细菌表现出共同的时空分布特征，且在生命活动旺盛的季节（6 月、9 月）高于其他时段。

（2）特定生态坡面基质的微生物富集具有显著的根际效应，细菌是坡面微生物的重要来源和主要组成部分，挺水植物带的微生物量、酶活性明显高于其他坡位，可通过调控河渠岸坡特定位置的生命要素，以达到生态修复的最佳效果。

（3）特定生态坡面上厌氧性反硝化细菌数量的时空分布特性与细菌总数、好氧性的氨化细菌、亚硝化-硝化细菌的分布特性基本一致，表明生态岸坡上反硝化作用的空间差别较小，多样化的类群细菌连同多孔混凝土护砌面基质、坡面植物以及水体中的物质和生命要素可建立稳定的水生生态系统。

第7章　岸坡特定生境对水中微型生物群落结构功能的影响

以多孔混凝土为河渠岸线生态建设的载体，联合绿色植物、微生物构建河渠岸坡特定生态系统，该系统通过改变和改良植物生长介质，将生态护岸基质、微生物、绿色植物等生态要素融为一体，用于模拟研究该系统对河渠微型生物群落生态效应，有助于阐明河渠生态岸坡的水质净化及生态修复机制，丰富河渠生态岸坡的工程模式及其功能研究等方面的内容。

7.1　水质化学综合污染指数

7.1.1　污染指数计算方法

水质分析与微型生物群落监测同步进行，水质指标包括浊度、COD_{Mn}、TP、NH_4^+ -N、DO、NO_3^- -N、NO_2^- -N、TN等，采用国家标准方法进行测定。黄浦江作为上海市主要的饮用水源，即以Ⅱ类地表水质标准（GB 3838—2002）为控制标准，计算实验模型中河渠水质化学综合污染指数 P_b，$P_b \leqslant 1$ 表明监测水质符合或基本符合Ⅱ类地表水质标准；$P_b > 1$ 表明水质劣于Ⅱ类地表水质，数值越大，水质污染越严重。计算公式为

$$P_i = \frac{C_d}{C_0} \tag{7.1}$$

$$P_b = \frac{1}{n}\sum_{i=1}^{n} P_i \tag{7.2}$$

式中　P_i——Ⅱ类地表水为标准的单项化学污染指数；

C_d——污染物实测浓度；

C_0——Ⅱ类地表水质标准的化学参数浓度上限；

n——控制项目数。

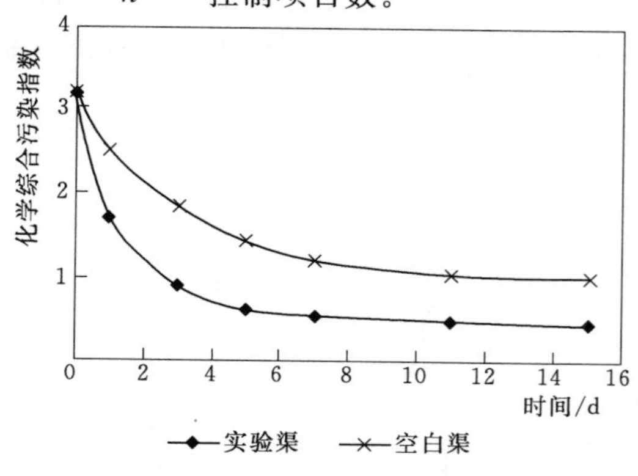

图7.1　实验河渠水质化学综合污染指数变化

7.1.2　水质化学综合污染指数变化

基于实验模型的水质改善效果，研究微型生物群落的结构与功能对水质差异的指示原理。微型生物群落监测期间，实验渠（多孔混凝土生态构建的1号河）和空白渠（“三面光”硬化模式的4号河）水质化学综合污染指数的变化过程如图7.1所示。本实验中，黄浦江原水的化学综合污染指数为3.22，TN、TP浓度分别为5.12mg/L、0.17mg/L，

表现为重度污染和富营养化趋势。具有多孔混凝土生态构建的1号河中水质综合污染指数持续降低，停留时间为3d时污染指数即小于1，水质达到地表Ⅱ类水质（GB 3838—2002）。“三面光”硬化模式的4号河中水质综合污染指数在停留时间为15d时为1.03，仍表现为轻度污染。河渠岸坡特定生态系统依靠绿色植物、微生物以及随之发生的物化作用有效改善了水体水质，而空白渠中缺乏植物生长和微生物富集的载体，仅依靠渠中水体自身的物化反应，水质改善效果较差。

7.2 特定生境对微型生物群落的影响

7.2.1 微型生物群落结构与功能参数计算

岸坡特定生态系统经过近2年的自然培养后，生态坡面上部的挺水植物、草本植被的覆盖率接近100%，预制球间隙中发现了河蟹、蟾蜍等动物，而坡面下部的沉水植物则受黄浦江原水浊度较高的影响而生长缓慢。

多样性指数计算：把烧杯中含有PFU挤出液的水样摇匀，用吸管吸取水样于0.1mL计数框内，全片活体计数，生物多样性指数采用Maglaef公式进行计算，即

$$D=(S-1)\ln N \tag{7.3}$$

式中 S——所属种类数目；

N——观察到的个体总数，mL^{-1}。

微型生物群落功能参数计算：PFU微型生物群集过程符合生态学MacArthur - Wilson岛屿区域地理平衡模型，根据微型生物测定数据来反推群集过程的功能参数（S_{eq}，G，$T_{90\%}$），计算公式为

$$S_t=S_{eq}(1-e^{-Gt}) \tag{7.4}$$

式中 S_t——群集时间t时的微型生物种群数；

t——群集时间，d。

7.2.2 微型生物群落种群结构特征

通过15d的PFU微型生物群落监测，具有岸坡特定生态系统的实验渠、硬质护岸的空白渠中共采集到97种微型生物，其中植物性鞭毛虫40种，占物种总数的41.2%。实验渠采集到60种微型生物，空白渠采集到68种，微型生物种群结构见表7.1。

表7.1 微型生物群落种类数

微型生物种群	实验渠		空白渠	
	物种数	百分比/%	物种数	百分比/%
植物性鞭毛虫	28	46.7	25	36.8
动物性鞭毛虫	6	10.0	5	7.4
肉足虫纲	11	18.3	8	11.8

续表

微型生物种群	实验渠		空白渠	
	物种数	百分比/%	物种数	百分比/%
纤毛虫纲	9	15.0	16	23.5
轮虫	4	6.7	10	14.7
枝角类、桡足类及其他	2	3.3	4	5.9
合计	60	100	68	100

PFU 群集的微型生物种群按营养构成可分为 6 个功能类群，即生产者（光合作用者）、食菌（碎屑）者、食藻者、腐养者、食肉者和无选择的杂食者，它们在水生生态系统中构成稳定的食物链网，在特定的环境中保持相对平衡状态，同时对外界环境胁迫因子能产生快速而有效的生物学响应，即当外部环境发生变化时，水生生物的群落结构和功能参数将会发生显著变化。实验渠中植物性鞭毛虫检出 28 种，占物种总数的 46.7%，纤毛虫纲、轮虫以及枝角、桡足类等微型生物检出共 15 种，占总数的 25%，表明多孔混凝土岸线特定微生态系统（1 号河）在有效改善水质的同时，水中微型生物群落结构趋于稳定，生态系统趋于完善。“三面光”硬化模式的 4 号河中植物性鞭毛虫检出 25 种，占总数的 36.8%，而异养型微型生物检出 38 种，比例高达 55.9%，物种间存在较强的竞争势，由于捕食关系，植物性鞭毛虫的比例较低，微型生物群落结构不稳定，生态系统较为脆弱，水体为异养型，表现为浊度高，水中 COD_{Mn}、TN、NH_4^+-N 等污染物去除效果不明显。PFU 群集的微型生物种群在干净的水体中生产者、食菌者比例高，表明水体中自养型微生物在生物群落中的重要地位。随着水体中有机污染物浓度的提高，群集的微型生物种类减少，异养型的原生动物比例增加。

7.2.3　微型生物群落群集过程分析

根据 PFU 中在停留时间分别为 1d、3d、5d、7d、11d、15d 采集的微型生物种群数的变化过程，得到 PFU 微型生物群落的群集曲线，如图 7.2 所示。从群集曲线的变化特征来看，PFU 群集的微型生物种群数 S_t 随停留时间 t 的增加表现为先升高后下降。具有多孔混凝土岸坡特定生态系统的实验渠（1 号河）在停留时间为 1d 和 3d 时微型生物种群数分别为 17 种和 24 种，生物多样性指数明显高于“三面光”硬化模式的空白渠，表明岸坡特定生态系统能显著提高微型生物的群集速率。当停留时间大于 5d 时，实验渠中检出的微型生物种群数减少，主要因为实验渠中污染物去除速率快，水体透明度高，丝藻属等优势种迅速生长，而且 PFU 相继群集了轮虫及桡足类、枝角类等微型后生动物，因捕食关系致使微型生物种群数减少。“三面光”硬化模式的 4 号河中 PFU 群集的微型生物种群数在停

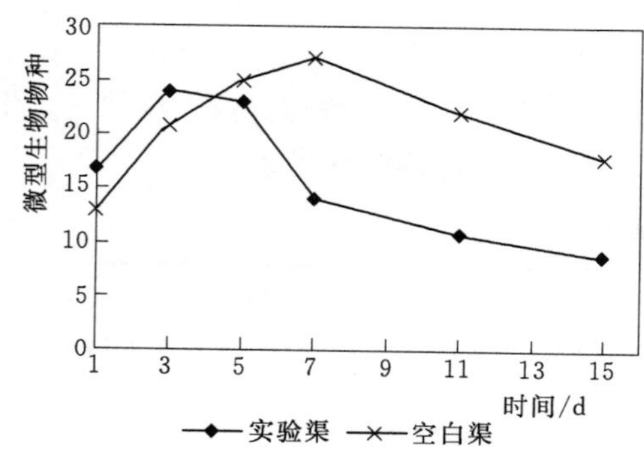

图 7.2　微型生物种数随时间的变化

留时间为 7d 才达到最大值，此后 PFU 陆续群集了轮虫类、枝角类、桡足类等微型后生动物，群集微型生物的种群数也逐步降低。

根据 MacArthur－Wilson 岛屿区域地理平衡模型，采用最小二乘法反演计算 PFU 微型生物群落群集过程的功能参数，见表 7.2。具有岸坡特定生态系统的实验渠（1 号河）中微型生物群落的平衡物种数与“三面光”硬化模式的 4 号河差别较小，分别为 27.56 和 27.22，然而多孔混凝土生态构建的 1 号河中 PFU 的群集速率常数为 0.95，可在较短的时间内实现微型生物群落的物种平衡，达到 90%平衡物种数的时间 $T_{90\%}$ 为 2.42d，且水质改善效果显著，说明多孔混凝土生态构建的 1 号河由于具有稳定岸坡特定生态系统强化了水生生态系统的自我调节能力，能迅速恢复和完善河渠生态系统。“三面光”硬化模式的 4 号河中微型生物群集速率常数仅为 0.54，达到 90%平衡种数的时间为 4.19d，表现为种群结构不稳定，水体表现为异养型。

表 7.2　PFU 微型生物群集参数

监测点	平衡时的种数 S_{eq}	群集速率常数 G	90%平衡物种数的时间 $T_{90\%}$/d
实验渠	27.56	0.95	2.42
对照渠	27.22	0.54	4.19

7.2.4 PFU 微型生物多样性分析

微型生物群落是由多种微型生物种群构成的，不是随机、脆弱的种类组合，而是能随环境条件变化按照自身规律发展的群落组合，正是由于微型生物群落的相对稳定性特征，因而能够用其结构和功能参数来评价河渠的生态系统。微型生物群落的多样性指数综合反映了水质状况，一般来说，在环境胁迫条件下水生生物群落的多样性和种类数均呈减少的趋势。多孔混凝土生态构建的 1 号河、“三面光”硬化模式的 4 号河中微型生物群落的物种多样性指数见表 7.3。多孔混凝土生态构建的 1 号河在停留时间为 1～5d 时生物多样性指数较大，3d 时达到峰值 2.50，此后由于微生物种群数下降，水质透明度升高，生物量降低，多样性指数呈现下降趋势，并最终再次达到新的平衡状态。物种多样性指数反映了河渠岸坡生态特性对微型生物群集过程的影响以及外部环境的胁迫效应，实验渠微型群落物种多样性指数可在较短的时间内达到峰值，岸坡特定生态系统有助于促进水生生态系统的建立和完善。“三面光”硬化模式的 4 号河在停留时间为 1～5d 内微型生物多样性指数均

表 7.3　微生物群落多样性指数

时间/d	实验渠	空白渠
1	1.84	1.29
3	2.50	2.07
5	2.43	2.46
7	1.44	2.69
11	1.13	2.24
15	0.97	1.92

小于实验渠，5d 后 PFU 群集了肉足虫纲、纤毛虫纲、轮虫等异养型微型生物，使得物种多样性指数高于实验渠，对于封闭的水体来说，生物多样性指数并不能单独判定水生生态系统的稳定性，应结合微型生物的种群构成来综合判断生态系统的存在状态。

7.3　特定生境对浮游生物动态变化的影响

7.3.1　浮游细菌动态变化

水环境生态系统中，细菌通过胞外酶将有机物颗粒分解为氨基酸和简单的微小化合物，自身生物量增加，改变水体悬浮碎屑体积和营养价值，使之更有利于浮游动物摄食，细菌分解有机物的终极产物一般为氨、硝酸盐、磷酸盐等，可以直接或间接为浮游植物提供营养。另外，细菌学指标也是衡量水质清洁程度和考核水体净化效果的重要指标，并在氮、磷等污染物的转化过程中起到非常重要的作用。图 7.3 所示为多孔混凝土生态构建的 1 号河与“三面光”硬化模式的 4 号河中浮游细菌随时间的动态变化。由于 1 号河、4 号河同时抽取黄浦江原水，浮游细菌总数初始值为黄浦江原水中的细菌总数，为 3470cfu/mL，实验过程中，多孔混凝土生态构建的 1 号河中浮游细菌总数迅速减少，至第 3d 时，浮游细菌为 280cfu/mL，细菌总数减少 92%，因为第 3d 时 1 号河氮、磷等污染物浓度迅速降低，浊度下降，水体透明度大，第 3d 以后水中的浮游细菌总数变化不大，第 11d 浮游细菌总数为 190cfu/mL，第 15d 时细菌总数更低，仅为 89cfu/mL。“三面光”硬化模式的 4 号河中浮游细菌总数没有明显变化，第 3d 时，细菌总数有较大幅度升高，达到 5155cfu/mL，此后，随着时间的延长，4 号河水质也有所改善，细菌总数也呈下降趋势，第 7d 后，基本维持在 2700cfu/mL 左右，略低于黄浦江原水中的浮游细菌总数。

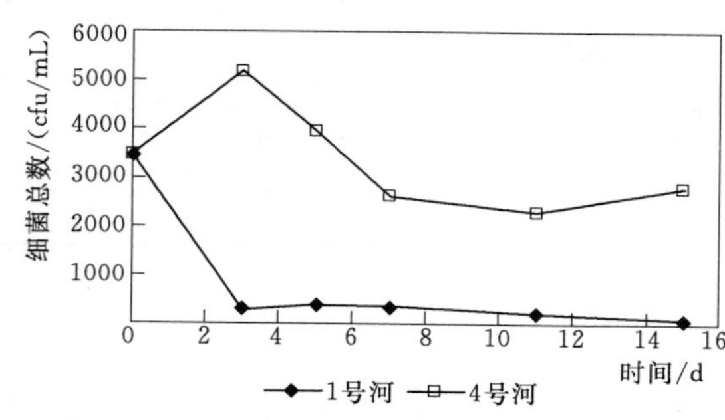

图 7.3　实验河道浮游细菌动态变化

7.3.2　浮游植物动态变化

浮游植物（藻类）是水域的初级生产者，也是天然水体溶解氧的主要来源之一。浮游植物的种群组成、优势种属和多样性以及现存量（密度和生物量）是水污染状况和影响水平的重要标志。浮游植物监测周期为 15d，实验结果见表 7.4。多孔混凝土生态构建的 1 号河中观察到浮游植物主要有黄藻、裸藻、硅藻和绿藻等，共 16 属，第 1d、3d、5d、7d、11d、15d 观察到的浮游植物分别为 10 属、12 属、8 属、7 属、5 属、5 属，随着时间的推移，种类逐渐减少，水体透明度高，主要以丝藻属为主。“三面光”硬化模式的 4 号河中共观察到 14 属浮游植物，优势种属为盘藻属、空星藻属、丝藻属、刚毛藻属等，第 1d、3d、5d、7d、11d、15d 观察到的浮游植物分别为 9 属、11 属、9 属、8 属、8 属、

6 属。

表 7.4　　不同岸线模式的实验模型中浮游生物种类

种类		1 号河	4 号河
门	属（种）		
蓝藻	微囊藻　*Microcystis*	+	+
	蓝纤维藻　*Dactylococcpsis*	+	+
	念珠藻属　*Nostoc*	+	+
	颤丝藻属　*Oscillatoria*	+	+
甲藻	多甲藻属　*Peridinium*	—	+
硅藻	针杆藻属　*Synedra*	+	—
	直链藻属　*Melosira*	—	+
裸藻	瓣胞藻属　*Petalomonas*	+	+
绿藻	刚毛藻属　*Cladophora*	+	+
	弓形藻属　*Schroederia*	—	+
	鼓藻属　*Cosmarium*	+	+
	集星藻属　*Actinastrum*	+	
	角星鼓藻属　*Staurastrum*	+	—
	空星藻属　*Coelastrum*	+	+
	盘星藻属　*Pediastrum*	+	+
	实球藻属　*Pandoeina*	—	+
	十字藻属　*Crucigenia*	+	
	丝藻属　*Ulothrix*	+	+
	四角藻属　*Tetraedron*	+	—
	团藻属　*Volvox*	+	+
	韦丝藻属　*Westella*	+	
	纤维藻属　*Ankistrodesmus*	+	+
	小球藻属　*Chlorella*	+	+
	新月藻属　*Closterium*	+	+
	栅藻属　*Scenedesmus*	+	+
小计	25	22	19

注　“+”表示该物种被检出；“—”表示未检出。

实验过程中，多孔混凝土生态构建的 1 号河（实验河道）中的浮游植物密度的动态变化如图 7.4 所示。初始值为黄浦江临江泵站原水中的浮游植物，密度为 3.38×10^5 ind/L，随着时间的推移，多孔混凝土生态构建的 1 号河中浮游植物密度迅速降低，实验开始后的第 1d，浮游植物总数降低至 1.69×10^5 ind/L，从第 3d 至 15d，浮游植物密度平均为 5.4×10^4 ind/L，说明生态护砌河道能有效抑制水中的藻类繁殖。“三面光”硬化模式的 4 号河（对照河道）中浮游藻数量在第 1d 内即迅速升高，达到了 7.09×10^5 ind/L，增加了 1

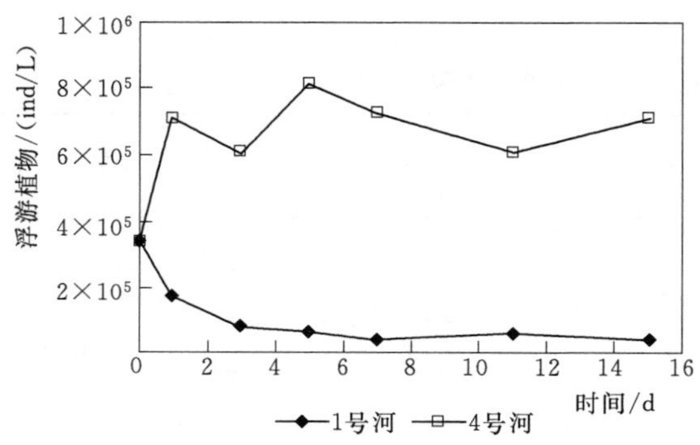

图 7.4　不同岸线模式的实验模型中浮游植物的动态变化

倍多，随着时间的推移，藻类数量没有明显减少。实验结果还表明，在相同的水力停留时间内，4 号河水中浮游藻类数量比 1 号河高 1～2 个数量级，"三面光"硬化模式引起藻类滋生，致使物种单一化，从而破坏河流的生态平衡。

7.3.3　浮游动物动态变化

水中浮游动物主要包括原生动物、轮虫、枝角类、桡足类和其他微型动物。实验河道中浮游动物的定性和定量测定结果显示：多孔混凝土生态构建的 1 号河中共检出浮游动物 15 种，其中原生动物 9 种、轮虫 4 种、枝角类（水溞）1 种，桡足类 1 种，轮虫、枝角类等体积稍大的微型动物主要在第 3～7d 被相继检出，在第 11d 和第 15d，水中的浮游动物种类数下降，主要为原生动物被检出；"三面光"硬化模式的 4 号河中共检出浮游动物 23 种，其中原生动物 11 种、轮虫 6 种、枝角类 2 种、桡足类 2 种、线虫等其他微型动物 2 种，第 1～3d，种群主要为原生动物、轮虫等物种，第 5d 和第 7d 时，除原生动物外，枝角类、桡足类等微型后生动物也相继被检出，第 11d 以后，桡足类、线虫等体积稍大的微型后生动物被检出，由此说明，在"三面光"河道中，浮游动物的种类变化不明显。在浮游动物的群落构成中，原生动物和轮虫类在种类和数量上均占有优势。

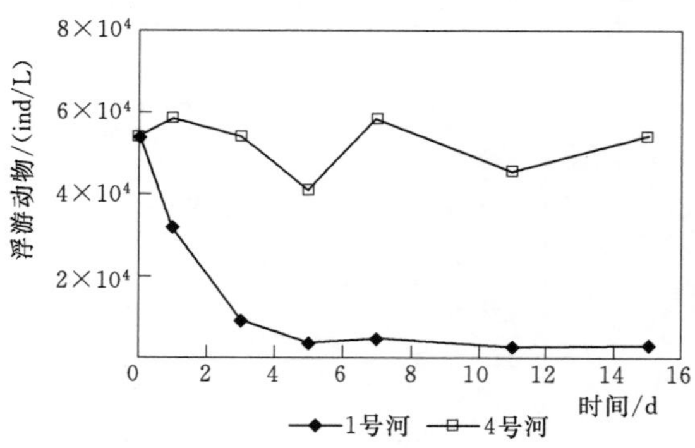

图 7.5　不同岸线模式的实验模型中浮游动物动态变化

图 7.5 所示为不同岸线模式的实验模型中浮游动物动态变化过程，图 7.6 所示为不同岸线模式的实验模型中浮游动物密度与水质的关系图。浮游动物初始值为黄浦江临江泵站原水浮游动物密度，为 5.4×10^4ind/L。多孔混凝土生态构建的 1 号河（实验河道）中浮游动物密度迅速降低，第 3d 时降低至 9.0×10^3ind/L，此后浮游动物的密度在 3.0×10^3ind/L 左右。对于多孔混凝土生态构建的 1 号河，实验结果显示，浮游动物的密度与水质有密切关系，在试验初期，水质综合污染指数 Pb 高时，浮游动物密度较高，随着时间延长，当综合污染指数 Pb 较低时，浮游动物密度降低，两者相关系数 $R^2=0.9731$。"三面光"硬化模式的 4 号河中浮游动物的密度随时间延迟变化不明显，尽管"三面光"硬化模式的 4 号河（对照河道）本身具有一定的自净能力，水质综合污染指数呈下降趋势，而浮游动物密度随 Pb 变化没有显示规律性，相关系数 $R^2=0.1347$。由此说明，当水体污染达到一定的程度后，水质净化与浮游动物密度关系变得不明确，也不能说

明浮游动物对水质净化的贡献率，主要是因为原生动物生活周期短，种群变化快，当水质达到或优于地表Ⅱ类水质时（GB 3838—2002），浮游动物量与水质综合污染指数具有明显相关性，而且浮游动物的种群特性对水质好坏具有指示作用。

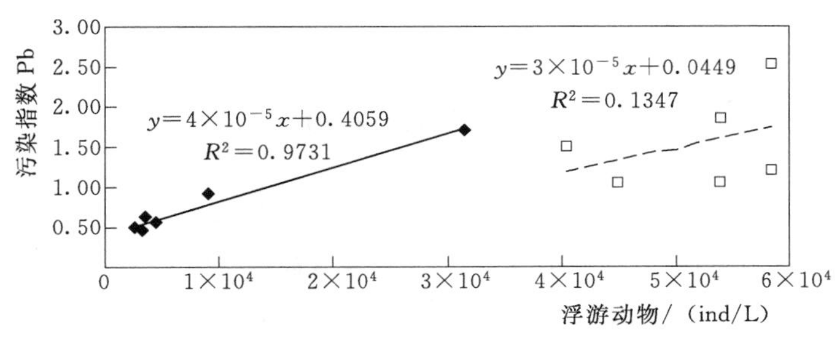

图 7.6　不同岸线模式的实验模型中浮游动物与水质相关性

7.4　底栖生物动态变化

底栖动物长期生活在水中，个体较大，移动能力差，生活周期长，其生活状况通常可以反映水质状况，越来越被广泛地应用于水生生态系统的生物监测和水质评价。河床底质作为底栖动物的栖息地，其结构、异质性、密实性和稳定性等对底栖动物的影响很大，据资料显示，群落的多样性随底质的异质性和稳定性增加而增加。河道的多孔混凝土护砌和传统“三面光”护砌改变了底栖动物的生存环境，在实验河道微生态系统基本完善的情况下，研究不同护砌方式的河床底质对底栖动物群落结构的影响，旨在为环境监测、河流生态修复和水源地生态防护提供生态学依据。

将装满砾石的人工基质采样篮同时放置在多孔混凝土生态构建的1号河和“三面光”硬化模式的4号河中，并下沉到底部，15d之后，取出采样篮，1号河检出颤蚓（*Tubificid sinicus*）、水丝蚓（*Limnodrilus hoffmeisteri*）、圆田螺（*Cipangopaludina chinensis*）、泥沼螺（*Assiminea sp*）、摇蚊幼虫（*Chironomus*，*sp.*）5种底栖动物，其中水丝蚓、圆田螺等物种的个体数量较为均衡；4号河检出线虫（*Nemato*）、颤蚓、水丝蚓、圆田螺、摇蚊幼虫5种底栖动物，其中以线虫、水丝蚓为主。

另外，人工基质采样篮在水中经过15d的培养，砾石表面覆盖了一薄层微生物膜，通过脂磷法测定微生物生物量大小来比较河流底质的微生物富集效果，检测结果如图7.7所示。多孔混凝土生态构建的1号河和“三面光”硬化模式的4号河的岸线生境基质富集微生物的生物量分别为0.28μg P/g基质和0.21μg P/g基质，1号河稍大于4号河，主要因为人工基质级配基本接近多孔混凝土骨料级配，同时1号河多孔混凝土护砌面空隙填充泥土，人工基质有利于微生物的富集，而4号河为“三面光”的硬质

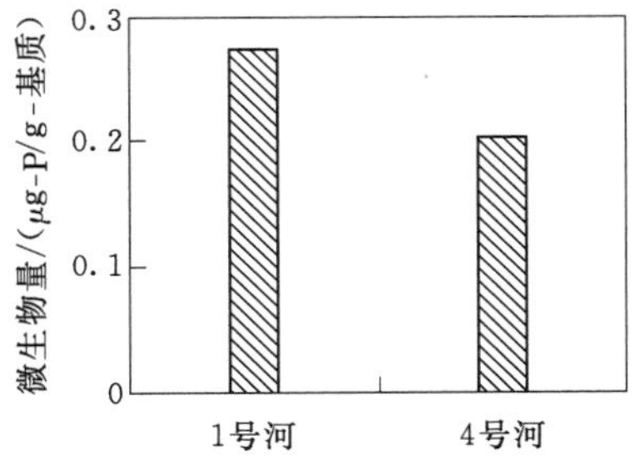

图 7.7　实验河道底栖生物生物量

性护砌，同时河水流速大于 1 号河，微生物富集效果稍差。另外，基质表面的微生物量比生态岸坡覆土的微生物量差 1 个数量级，因为土壤颗粒的比表面积大，微生物富集效果好，从而说明多孔混凝土护砌面覆土不仅可以诱导和促进绿色植物生长，同时也是微生物富集的重要载体。

7.5　生态护砌河道污染物行为机制探讨

长期以来，人们为了水土保持和防洪、航运等水利功能的发挥，地表水体过多地采用了硬质化的护砌方式，造成水体和陆域分离，岸坡植被失去了生存空间，水体和陆地之间物质、能量、信息的交流纽带被切断，水质持续恶化，微生物物种趋于单一化，生态系统遭到严重破坏。因此，水体的硬质化护砌普遍受到质疑，水体的生态护砌逐渐受到重视。然而，关于地表的生态护砌对水质的改善程度和生态修复原理研究的报道目前并不多见，本节通过建设多孔混凝土护砌河道的中试实验模型，以黄浦江原水为研究对象，通过实验对照，对多孔混凝土护砌河道水质改善机制、生态修复效果和原理进行初步探讨。

根据多孔混凝土护砌河道水质分析、微生物富集特性、坡面基质生化性质以及水质综合数学模型参数率定的研究，生态护砌河道通过以生物作用为主、物理化学作用为辅的途径对水中有机物、氮、磷、细菌、藻类等污染物快速去除，主要途径如下（图 7.8）：

（1）生态护砌面生长的绿色植物吸收水中的污染物，植物分泌液和根系微生物可抑制水中藻类的生长和繁殖。

（2）生态护坡面和植物根茎形成的微生物膜通过吸附、网捕、附着、絮凝等作用去除水中的悬浮物、胶体颗粒和菌胶团。

（3）生态护砌面的细菌等微生物可降解和转化有机物，转化吸收氮、磷等营养性污染物，浮游动物和底栖动物可以有效摄取浮游细菌、藻类等，从而建立起一个完善的河流微型生态系统。

（4）水体流动过程中对污染物的迁移、离散、稀释、扩散等作用。

（5）水体中污染物自身的水解、转化等作用。

（6）水中氨氮等污染物的挥发、溢出水体等。

在实验河道微型生态系统中，绿色植物、细菌、藻类、原生动物和后生动物通过食物

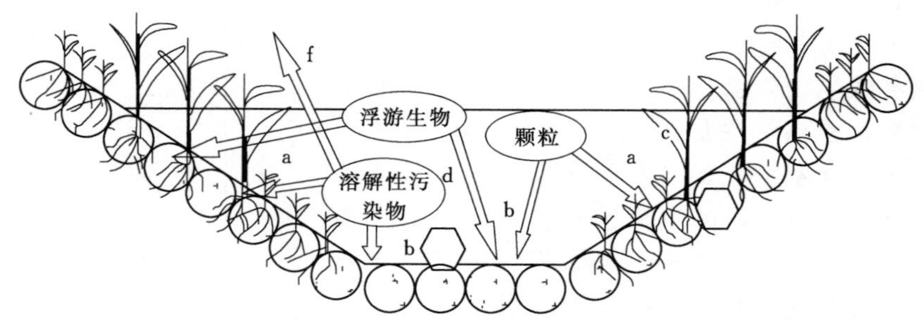

图 7.8　多孔混凝土岸生态河渠内污染物去除与转化

链网相互制约，健康成长，再加上河流本身的自净作用，河流水质得到有效改善。

7.6 本章小结

（1）在对实验河道水质效应与微型生物群落的相关关系研究中，对多孔混凝土生态构建的1号河、“三面光”硬化模式的4号河同时进行水质监测，结果表明，多孔混凝土岸线特定生态系统的水质改善较为明显，化学综合污染指数迅速降低，第3d后，化学污染指数降低至0.5左右，水质已符合地表Ⅱ类水质标准（GB 3838—2002），“三面光”硬化模式4号河的水质改善效果不明显。

（2）应用PFU法测定具有岸坡特定生态系统的实验渠和岸坡硬化的空白渠的微型生物群落，实验渠中水质改善效果显著，15d内检出微型生物60种，植物性鞭毛虫比例为46.7%，生物链结构趋于稳定，生态系统趋于完善；而空白渠水质改善效果不明显，15d内检出微型生物68种，异养型微型生物比例为55.9%，生态系统易因生物种群结构不稳定而较为脆弱。

（3）多孔混凝土生态构建的1号河（实验渠）、“三面光”硬化模式的4号（空白渠）中微型生物群集速率常数分别为0.95和0.54，多孔混凝土岸线特定生态能有效促进水生生态系统的完善，实验渠中的微型生物群落可在较短的时间内达到物种平衡，群集过程中生物多样性指数明显高于空白渠，达到微型生物种群平衡的时间为2.42d，而空白渠则为4.19d。

（4）在富营养化的“三面光”硬化模式的4号河中，停留时间大于5d时PFU群集了肉足虫纲、纤毛虫纲、轮虫以及桡足、枝角类等微型后生动物，生物多样性指数高于实验渠，对于封闭的水体来说，生物多样性指数并不能单独判定生态系统的稳定性，应与微型生物的种群构成、水质状况等因素相结合来综合评价河渠的生态系统。

（5）多孔混凝土生态构建的1号河中浮游细菌在$HRT=3$d时的去除率达到92%，“三面光”硬化模式的4号河中浮游细菌总数没有明显变化，多孔混凝土岸线生境坡面富集的细菌总数比河水中高6～8个数量级。

（6）多孔混凝土生态构建的1号河中浮游植物和浮游动物分别检出16种、15种，与“三面光”硬化模式的4号河中的浮游生物的种类基本相当，但1号河中浮游植物和浮游动物的密度均比4号河低1～2个数量级。在初始水质相同的情况下，当$HRT=3$d时，1号河中的浮游植物和浮游动物即被大量去除，去除率分别达到76%和83%，浮游动物密度与水质化学综合污染指数有较强的相关性，而4号河中浮游生物的密度随时间延长没有明显改善，河水浊度较大。

（7）应用人工基质采样篮对多孔混凝土生态构建的1号河、“三面光”硬化模式的4号河同时进行底栖动物监测，底栖动物种类均为5种，多孔混凝土岸线生境的底栖动物如水丝蚓、圆田螺等物种的数量较为均衡，通过脂磷法测定1号河人工基质表面富集的微生物量远大于4号河；而“三面光”硬化模式的对照渠中底栖动物则以线虫、水丝蚓为主，物种单一化趋势明显。

第 8 章　岸线多孔混凝土生态护坡实验模型的流态分析

对于河流、湖泊等地表水体，为防止水土流失，改善河道的行洪、航运、蓄水等水利功能，往往对河道岸坡采用硬质化护砌，而忽略了河湖水域与岸上陆域生态系统间的联系，水生生态系统的生物链断裂，水质逐渐变差。多孔混凝土是改善河湖岸坡硬质化护砌的新型生态材料，本章通过多孔混凝土护砌河道实验模型及相关实验研究，证明了多孔混凝土护砌河道水质改善效果明显，生态护砌面植物生长旺盛，生态效应良好。然而，河道的多孔混凝土护砌面较为粗糙，降低了河道的过水能力。因此，有必要研究多孔混凝土护砌河道壁面的粗糙系数和水流流态特征，为多孔混凝土的推广和应用提供技术支撑。

8.1　水力计算方法

8.1.1　断面流速测试

流速测试：仪器为 LS78 型旋杯式流速仪（重庆华正水文仪器有限公司生产）。多孔混凝土生态构建的 1 号河的岸线生境坡面上的植被处于生长旺盛期，且水质改善效果明显，岸线的平均三维绿量为 1.68m^3/m^2，选择该时间段测试河道流速对于研究多孔混凝土生态岸线的水动力特性具有代表性。流速测试时，多孔混凝土生态构建的 1 号河与“三面光”硬化模式的 4 号河中均保持工作水位 0.8m。

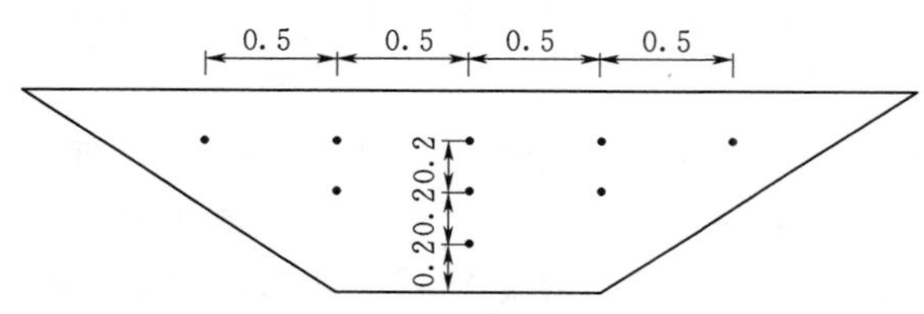

图 8.1　流速测试垂线和测试点（单位：m）

生态护砌实验河道模型中，每条河道中安装水流推进器推动水流以模拟河水流动。流速测试时，在环形河道上设置两个测试断面，分别位于环形河道直线段的两端：断面（Ⅰ）位于推进器前方 3.5m，断面（Ⅱ）位于推进器前方 24.5m，两断面相距 21.0m，包括有两个 90°弯曲段，然后在各断面上用皮尺确定 5 条流速测试垂线及 9 个测试点，如图 8.1 所示，同时监测多孔混凝土生态构建的 1 号河与“三面光”硬化模式的 4 号河中的水流速度，对比研究多孔混凝土岸线特定生境和传统“三面光”硬化模式对河流水动力学条件的影响。

8.1.2　断面流速分布

河水在水流推进器的推动下循环流动，水流推进器叶轮直径 400mm，叶轮中心距河床 0.25m，距水面约 0.55m，河道中泓线长 42.1m，因此，河流流态直接受环形河道和水流推进器的影响，河流断面流速分布不均。多孔混凝土生态构建的 1 号河因岸线护砌面粗糙和河流弯曲度的影响，流速衰减较快，断面（Ⅰ）的平均流速为 0.341m/s，断面（Ⅱ）的平均流速仅为 0.106m/s；在同样的水力条件下，"三面光"硬化模式的 4 号河中流速衰减幅度不大，断面（Ⅰ）的平均流速为 0.441m/s，断面（Ⅱ）的平均流速为 0.406m/s。

图 8.2 所示为两条河流在断面（Ⅱ）流速等值线图，断面（Ⅱ）距离水流推进器 24.5m，并经过长约 9m 的直线河段，流态较为稳定。由图 8.2 可以看出，多孔混凝土生态构建的 1 号河、"三面光"硬化模式的 4 号河的断面流速等值线分布差异较大：1 号河因多孔混凝土护砌面粗糙率高，断面（Ⅱ）的流态基本接近河渠中天然水流状态，表现为水面下 0.4m 中泓线处速流速最大，为 0.161m/s，接近河床处的位置处流速较低，仅为 0.053m/s，受河道弯曲度的影响，中泓线外侧流速略高于内侧。4 号河因护砌面较为光滑，水流流态受到水流推进器和河道弯曲的共同影响，流速从内侧向外侧逐渐增加，水面下 0.2m 的水平线上，内侧流速为 0.267m/s，中泓线流速为 0.40m/s，外侧流速高达 0.58m/s，即断面流速横向差别较大、垂向差别较小。

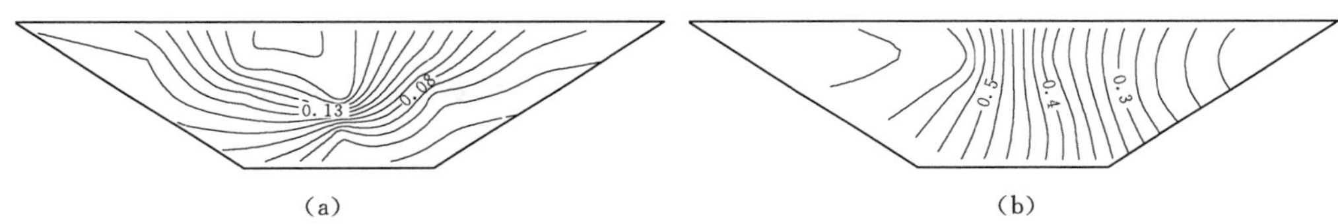

图 8.2 断面（Ⅱ）流速等值线

(a) 1 号河；(b) 4 号河

8.2 护砌面粗糙系数计算

对于河流的流动特性，其过水断面结构、河渠壁面粗糙情况是影响水流运动的主要因素，通过水力计算确定河道生态护砌面的粗糙系数，进而研究其过水能力。

实验河道为梯形断面，采用谢才公式和曼宁公式进行水力计算。断面平均流速为 5 个测速垂线的 9 个测试点的平均值。河道水力计算时，已知参量：水深 h（实测）、流速 v（实测）、边坡系数 $m=1.5$、河床宽渡 $b=1.0$m 等；中间参量：水力坡降 i；待求参量：河渠壁面粗糙系数 n。

河床坡降 i 的确定方法：河道为环形结构，河床高程一致（$z_1=z_2$），水在水流推进器的作用下循环流动，可假设河床坡降 i 等于水力坡度 J，即单位河段长度总水头的减小值。水流推进器运行时，由于推力作用，在距离推进器较近的断面（Ⅰ）水位 h_1 稍大于距离稍远的断面（Ⅱ）水位 h_2，但实际上，由于两个断面距离不够远，用普通测尺无法直接测量水位，因此，通过测定两个断面流速 v_1、v_2，两断面之间的距离为 D，根据液体恒定总流方程式（8.1），计算水力坡降，即

$$z_1+\frac{p_1}{\rho g}+\frac{\alpha_1 v_1^2}{2g}=z_2+\frac{p_2}{\rho g}+\frac{\alpha_2 v_2^2}{2g}+h_w \tag{8.1}$$

$$i=J=\frac{h_w}{D}=\frac{\alpha_1 v_1^2-\alpha_2 v_2^2}{2gD} \tag{8.2}$$

计算时，离水流推进器稍远的断面（Ⅱ）水流较为平稳，采用该断面监测数值计算河流的粗糙系数。一般情况下，$p_1=p_2$，$\alpha_1=\alpha_2=1.0$。

谢才公式

$$v=C\sqrt{Ri} \tag{8.3}$$

曼宁公式

$$C=\frac{1}{n}R^{2/3}i^{1/2} \tag{8.4}$$

其中

$$R=\frac{(b+mh)h}{b+2h\sqrt{1+m^2}} \tag{8.5}$$

式中　C——谢才系数；

R——水力半径。

将式（8.1）～式（8.5）综合，得

$$n=\frac{1}{v_2}\left[\frac{(b+mh)h}{b+2h\sqrt{1+m^2}}\right]^{2/3}\left(\frac{v_1^2-v_2^2}{2gD}\right)^{1/2} \tag{8.6}$$

把实验数据代入式（8.6），即可计算出河道的粗糙系数。1 号河由多孔混凝土预制球护砌，生态护砌面较为粗糙，而且护砌面空隙填充覆土，表面生长有沉水植物和挺水植物，因此粗糙系数较大，河流粗糙系数为 0.0879；4 号河由标号 C15 的传统混凝土三面护砌，而且护砌面进行了抹灰处理，表面比较光滑，粗糙系数为 0.0122。多孔混凝土护砌河道的粗糙系数为“三面光”护砌的 7.2 倍。

因此，在相同的结构条件下，多孔混凝土护砌河道的过水能力较小，因此在采用多孔混凝土进行河道岸坡生态护砌和河流生态修复工程设计时，为防洪安全需要，宜采用 0.088 以上的粗糙系数进行设计，保证其过水能力。

第9章　多孔混凝土河湖岸线生态修复技术与应用

9.1　岸线多孔混凝土生态修复

多孔混凝土生态岸线是对河湖进行原位性的生态修复过程。多孔混凝土生态堤岸通常可分为现浇式和预制构件式两种类型。

多孔混凝土预制式生态堤岸建设采用多构型组合形式，施工方便，具备大型动植物的生长空间，通过砌块之间的有效连接使之具有较强的抗冲刷能力，维护了河道的安全与稳定，适用坡面的局部形变。总体来说，多孔混凝土生态堤岸主要具有以下优点：

（1）预制构件铺设，运输、施工简便快捷。

（2）预制构件外形优化设计，符合生态孔隙原理，有利于植物生长、动物繁殖。

（3）有一定的结构强度，耐冲刷，抗侵蚀。

（4）对河道岸坡具有保护作用，有效减少雨水滴溅和坡面径流的侵蚀，增大雨水入渗量，防止水土流失。

（5）对面源污染物具有一定的拦截和去除功能。

（6）预制砌块构型多样，适合不同坡度的生态堤岸建设。

（7）由于其材料本身具有透水性，地表水和地下水融为一体，多孔混凝土防护坡面不需设置专用排水通道。

9.2　多孔混凝土岸线构建

9.2.1　坡面基础工程

多孔混凝土堤岸的基础工程包括护脚、坡面垫层和压顶等。

（1）护脚。一般设置在枯水位以下，时刻受到水流的冲击和侵蚀作用，因此，在建筑材料结构上具有抵御水流冲击和耐磨损的能力，可采用抛石护脚和钢筋混凝土护脚，堤岸护脚的构建应符合《堤防工程设计规范》（GB 50286—2013）等相关标准规定。

（2）坡面垫层。河道坡面清理后，应用打夯机或其他夯实机械进行夯实，并按照规范规定进行检测。坡面夯实后，铺设垫层，垫层材料可为素土、碎石及其混合物，垫层厚度根据坡面设计标高确定，一般不小于20cm。垫层表面应严禁有块石等坚硬凸出物。

（3）压顶。铺设多孔混凝土防护的顶部需设置压顶，以维护岸坡的稳定性。压顶一般采用钢筋混凝土浇筑，每隔10～20m设置一道伸缩缝。

（4）格框。多孔混凝土铺装前，在坡面上构建生态坡面格框，建设材料可为浆砌石或传统混凝土，框架围成的生态护坡面积为200m² 左右。

9.2.2　反滤层

反滤层一般为土工织物，即透水性土工布，位于坡面垫层与多孔混凝土材料之间，主要功能是防止施工初期波浪或雨水对坡面垫层的侵蚀。

堤岸坡面平整后，可根据坡面的侵蚀情况确定是否设置反滤层。对于流速较大或通航河道在其水位变动区应用多孔混凝土防护以及雨期施工时，应设置反滤层，土工布坡面接搭宽度不小于50cm，铺设完毕应尽快铺设多孔混凝土；对于流速较小且不通航河道，可不设反滤层，坡面平整后可直接铺装多孔混凝土预制构型。

9.2.3　多孔混凝土预制构型与铺装

9.2.3.1　多孔混凝土预制构型选用

选用了7种多孔混凝土护坡预制构型并实际应用，即多孔混凝土预制单球组合、多孔混凝土预制球连体砌块、多孔混凝土凹凸连锁具孔矩形砌块、多孔混凝土预制方形组合自嵌式砌块、多孔混凝土水下鱼巢式砌块、多孔混凝土直立岸线预制扇形块体、多孔混凝土直立岸线连锁砌块，前4种砌块适用于斜坡式护坡的生态防护，鱼巢式砌块适用于水下挡墙鱼类生境的修复，扇形块体适用于直立墙堤岸的生态防护。

1. 预制球组合

球体通过钢筋或高强度塑料连接件串接，坡面的整体性强，组合面孔洞率高达47%，适用于大型植物的生长，生态效益好。由于孔隙率高，短期内孔洞内覆土的保持能力弱，预制球组合适用于流速较小、环境要求高、具有景观要求且坡度不大于1∶1的生态堤岸建设；也可垂直串接，适用于直立式挡墙的生态建设。预制圆球组合铺装时需要一定量的经防腐处理的钢筋或高强度塑料连接件串接，工程造价相对较高。

2. 球连体砌块

该构型由上部4个半球和下部平台组成，宽体质量较大，块体与块体之间预留锁定接口，可通过防锈钢丝连接，坡面的稳定性好，组合面空洞率为32%，同时铺装表面具有类似单球组合的特点，适用于大型植物生长。该砌块尤其适用于小流速、坡面稳定性要求较高、坡度不大于1∶1的生态堤岸建设。

3. 凹凸连锁具孔矩形砌块

该构型表面平整，内部预留3个直径80mm的孔洞供植物生长，砌块之间通过自身的凹凸机构互相咬合，稳定性能好，组合面孔洞率为22%，坡面组合的水土保持能力强，工程造价低。适用于各类型河道的生态堤岸建设，坡面倾角可达到60°，尤其适用于流速大、通航河道以及山丘区河道水位变动区的生态防护。

4. 方形组合自嵌式砌块

该构型表面平整，组合时砌块之间互相嵌套，不需要专门的连接件，块体尺寸较小，便于运输，易于操作，组合面空洞率为35%，孔洞形状为矩形和圆形，可为不同类型的动物、植物提供生存空间。适用于各类型的生态堤岸建设，护坡坡度不大于1∶1。

5. 水下鱼巢式砌块

该砌块连续铺装自成一体，适用于堤岸水下部位的生态堤岸建设，也可作为生态坡面护脚的组成部分，专为水中鱼类等动物提供栖息繁衍空间。

6. 直立岸线预制扇形块体

扇形砌块多层交错叠加，扇形面朝向水面，适用于陡岸（坡度大于 1：1）直至直立挡墙的河道生态堤岸建设，同时扇形面可有效消纳水浪的能量，减轻对堤岸的侵蚀。

7. 直立岸线连锁砌块

多孔混凝土直立岸线连锁砌块是由扇形前冠和圆弧流线凹凸自嵌周边自然结合而成的柱状实心体，其中左侧凹凸自嵌周边和右侧凹凸自嵌周边尺寸形状相匹配，整体上呈类鱼骨形，左右对称；在自嵌式砌块的尾部左右两侧各设置有一个连锁插孔，在自嵌式砌块的中前部设置有锥形孔，连锁插孔和锥形孔均沿深度方向贯穿自嵌式砌块。将多孔混凝土直立岸线连锁砌块逐层铺装在堤岸基础之上，直至达到设计的堤顶高度；同层自嵌式砌块前后交错放置、通过左右侧的凹凸自嵌周边相互牵制，上下层自嵌式砌块压缝铺装、通过连锁插孔对齐并紧固；自嵌式砌块的扇形前冠朝向水体侧，锥形孔用作生态鱼礁或用于种植植物。

以上提出的 7 种多孔混凝土预制构型的适用范围，对于同一河道不同坡位的生态建设，可构建多构型组合方案，如常水位以下可采用鱼巢式构型、扇形砌块、预制单球组合构建生态鱼礁或生态护坡的护脚等构型；坡度较大的岸线水位变动区可选用矩形砌块、四球连体砌块、扇形块体等；单球组合、自嵌式砌块、四球连体砌块、矩形砌块均适用于斜坡式岸坡的生态防护；对于坡度大于 1：1 的生态堤岸建设，可选用鱼巢式砌块、扇形砌块、连锁砌块。河道生态堤岸构型的选择，应根据立地条件、植物资源、水文特性、生态功能以及工程造价等多因素综合确定。

9.2.3.2 多孔混凝土预制构型的铺装

1. 斜坡式坡面构型铺装

如图 9.1 所示为斜坡式生态护坡的断面示意图。平整后的坡面为面层防护时，采用多

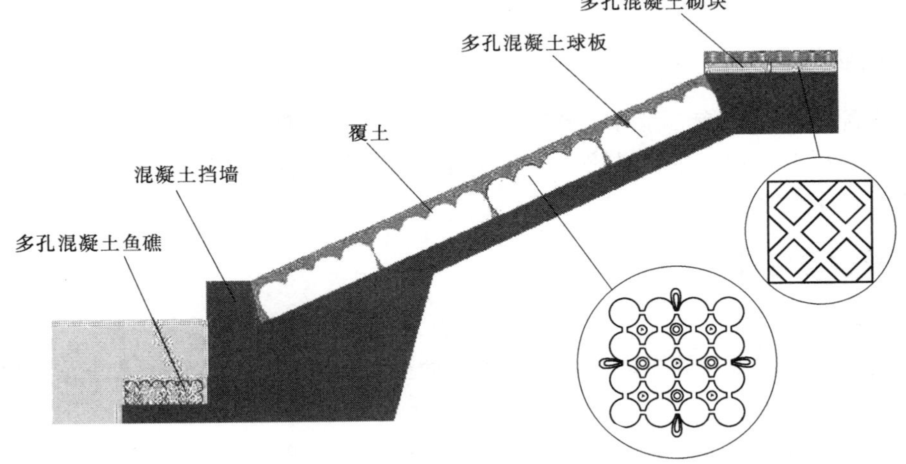

图 9.1 河湖岸线多孔混凝土生境修复示意图

孔混凝土预制单球组合、四球连体砌块、矩形砌块、自嵌式砌块四种构型进行单层铺装。

河道堤岸铺装施工时，应按自下而上顺序进行，砌块之间尽可能地挤紧，单球组合、四球连体两种构型的块体之间应设连接件紧密连接和锁定，金属连接件做防锈蚀处理，也可选用高强度的塑料连接件，并作为多孔混凝土防护层的配筋，矩形砌块、自嵌式砌块两种构型铺装时不需要连接件，依靠块体自身的凸凹机构自行咬合，施工时咬合部位应配置准确。砌筑的坡面应平顺，要求整齐、顺直、无凹凸不平现象，并与相邻坡面顺接。若有筑砌块松动或脱落处需及时调整。

2. 直立式堤岸构型铺装

鱼巢式砌块、扇形砌块、单球组合、连锁砌块等构型均适用于直立式堤岸的生态护岸，其构筑方式为多层交错叠加，块体本身、块体与块体之间自然产生孔洞，作为动植物的生长载体。

鱼巢式砌块：沿护脚（基础）表面可按一列或多列铺装，依据防护高度可铺设一层或多层，块体与块体之间通过凸凹机构互相咬合，配置紧密。铺装时要求护脚表面平整，尽量避免坚硬凸起物。

扇形砌块、连锁砌块：砌块多层错位铺装，连接件通过矩形部位预留的两个直径 20mm 的圆孔串接并互相牵制，块体前端预留的圆柱形孔洞互不干扰，水下部分利于鱼类栖息，水上部分填充土壤可促进植物生长，上下层砌块采用直径 18mm 的聚甲醛（POM）棒或防锈处理的钢筋连接并锁定。

单球直立组合：由于圆球中预留 x、y、z 三维方向的通孔，圆球组合可按立体形式铺装，三维串接作为直立生态护岸。单球串接时应至少保证 2 排 2 列依次向上组合。

9.2.4　种植土回填

多孔混凝土预制构型铺装后，应在多孔混凝土坡面的孔洞内及时回填种植土，以诱导植物快速成长。回填土宜为腐殖土或改良土。覆土宜在枯水期进行，水位变动区及常水位以上覆土高度不超过坡面表层或球顶。

9.2.5　植物选配

植物选配应依据实施工程所在地气候、土壤及周边植物情况确定，植物物种需抗逆性强且多年生，根系发达，生长迅速，能够在短时间内覆盖坡面，适用粗放管理，种子（幼苗）易得且成本合理。

9.2.6　养护与管理

9.2.6.1　施工期

多孔混凝土生态堤岸施工期间养护与管理的主要任务是防止坡面的水土流失以及混凝土材料的管养。

（1）坡面基础养护。引起水土流失的主要原因是雨水滴溅、坡面径流和水流冲刷，其后果是导致坡面平整度差。施工期间应避免雨期施工，并采取坡面基础受水力侵蚀的工程措施。另外，坡面反滤层应避免打皱，反滤层破孔及时修补。

（2）多孔混凝土材料养护。现场使用的多孔混凝土一般采取自然养护措施。多孔混凝土现场搅拌并预制成型经7d自然养护后才可以进行坡面铺装，7d养护期内，每天洒水一次，避免长时间雨淋。

9.2.6.2 铺装后养护

多孔混凝土预制构型铺装完毕至植物植生之前，为生态堤岸的休眠期，不需要人为的专门养护，重点工作在于保证坡面的安全，定期观察生态坡面的沉降情况，块体沉降后及时修补坡面基础，同时注意防止牲畜和人为破坏。

坡面植物施工后养护管理参见植物堤岸防护技术。

9.2.7 施工及验收

1. 施工期间主要技术环节的验收

（1）坡面平整，无塌陷，无局部倒坡或悬坡，严禁出现大块的凸起物。

（2）多孔混凝土制备材料的质量、配合比符合设计要求，多孔混凝土标准试件的孔隙率、抗压强度符合设计要求。

（3）多孔混凝土预制构型结构完整，预留的孔洞不得被异物填充，构件破损及时更换。

（4）回填种植土的主要养分含量应能够适应植物生长的需要。

2. 坡面铺装验收环节

（1）铺装后的坡面无块体破损和滑落的现象。

（2）边坡上的回填土应保存于孔洞内，填土流失率不大于50%；否则，在植物植生之前，应及时补充。

9.3 特定生境植物群落构建

9.3.1 黏土质岸线修复后生境植物群落设计

具有黏性土质岸线的水体一般位于平原河网区或城市建成区内，河湖等水体均具有景观、休闲或交通航运功能，在空间许可的地区，也可做成复式断面，以强化水体行洪。修复之前的水体岸线土质多为黏性土，土壤含水量较大，河道水位变幅小，但是通航河道水位则变化较大，对土岸河坡侵蚀较大，需要采用多孔混凝土作为生境基材联合绿色植物进行岸线生态建设。多孔混凝土修复岸线生境时，坡面应预留乔木的植生空间。

岸线常水位以上河岸宜种植意杨（*Populus euramevicana*）、垂柳（*Salix babylonica*）、杜英（*Elaeocarpus decipiens Hemsl*）、榔榆（*Ulmus parvifolia Jacq*）、水杉（*Metasequoia glyptostroboides Hu et Cheng*）、夹竹桃（*Nerium indicum Mill.*）、红叶李（*Prunus Cerasifera Ehrhar f. atropurpurea Jacq.*）等；岸线水位变动区一般以多孔混凝土作为构建生境基材，适宜的常用植物有美丽胡枝子［*Lespedeza Formosa*（*Vog.*）*Koehne*］、马棘（*Indigofera pseudotinctoria*）、紫穗槐（*Amorpha fruticosa Linn.*）等；岸线常水位以下可构建多孔混凝土生境，适宜种植水生植物，如水葱（*Scirpus validus*

Vahl)、芦苇(*Phragmites communis Trin.*)、香蒲(*Typha orientalis Presl*)等。平原河网区河道植物群落营建多以乔灌草搭配为主，生态堤岸材料使用区多在常水位变化范围。城市(镇)的河湖岸线应选择具有较高观赏价值或经济价值的植物种类，在相应的乔灌草植物生长区，选择垂柳(*Salix babylonica*)、鸡爪槭(*Acer palmatum Thunb*)、萱草(*Hemerocallis fulva L.*)、再力花(*Thalia dealbata Fraser*)、美人蕉(*Canna indica L.*)等；乡村水体可采用常见的优良水土保持植物，如苦楝(*Melia azedarach Linn.*)、桑树(*Morus alba L.*)等。

平原地区水体岸线生境植物群落营建多以乔灌草搭配为主(图 9.2)，多孔混凝土生境基材多使用于岸线的常水位变化范围(图 9.3)。

图 9.2 河网区水体岸线植物群落营建平面图

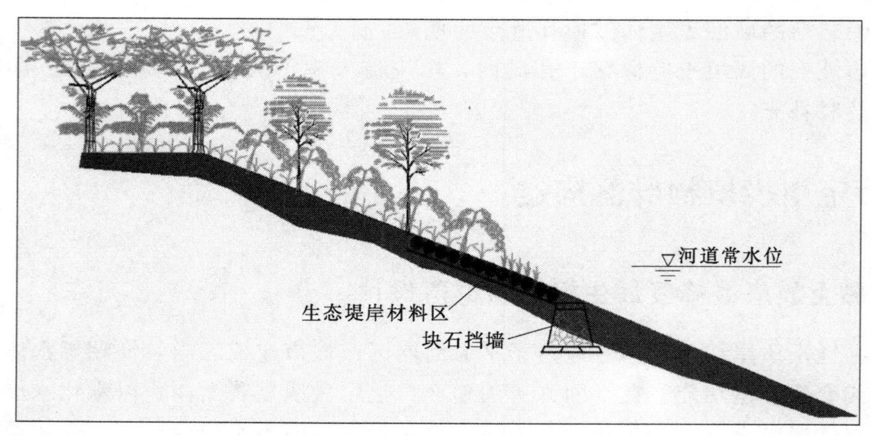

图 9.3 平原区岸线多孔混凝土生境修复植物群落断面图

9.3.2 砂土质岸线修复后生境植物群落设计

具有砂砾质天然岸线的水体一般位于山地区或丘陵区。这类型水体的地形切削严重，具有落差大、水位暴涨暴落、高水位时水流急、干旱时河床裸露等特点。在水体岸线修复之前，其岸坡体多为砂砾料填筑，土壤瘠薄、保水能力差，因此，岸线全坡位都可选用不同构型的多孔混凝土修复生境，岸线生境要求护坡植物耐旱、耐瘠薄能力强，另外设计洪水位以下的护坡植物还应具有一定的耐淹性。

岸线设计洪水位以上生境区域宜选用耐干旱、瘠薄植物，如无患子(*Sapindus*

mukorossi Gaertn.)、夹竹桃等；常水位以上设计洪水位以下河坡不仅选用耐干旱、耐瘠薄的植物，还要考虑植物的耐淹性，如乌桕［*Sapium sebiferum*（*L.*）*Roxb.*］、苦楝（*Melia azedarach Linn.*）等。生态堤岸材料中常用植物有小腊（*Ligustrum sinense Lour.*）、马棘、紫穗槐等。山丘区河道植物群落营建以乔灌草搭配为主，生态堤岸材料使用区在常水位以上。

山地丘陵区水体岸线生境的植物群落营建以乔灌草搭配为主（图 9.4），多孔混凝土生境基材多使用于水位变动区和常水位以上区域，并配置稳定可靠的岸坡挡墙护脚等（图 9.5）。

图 9.4 山丘区河道岸线植物群落营建平面图

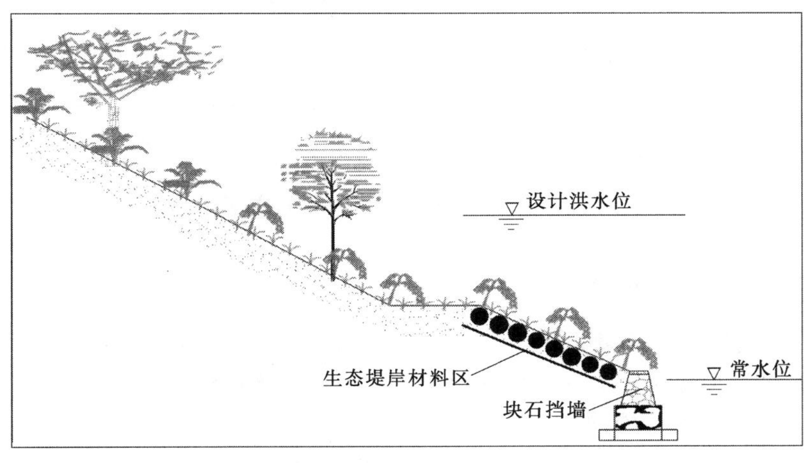

图 9.5 山丘区多孔混凝土河道岸线生境植物群落营建断面图

9.3.3 含盐砂质岸线修复后生境植物群落设计

具有含盐量高、砂质岸线的水体一般位于沿海地区。沿海地区的河湖岸线修复之前土体结构松散，土壤含盐量高，保水保肥能力较差；河湖水位大多由水闸进行控制，水位变幅小，台风带来的大量降雨会使河湖水位短时间大幅上涨；同时沿海地区风力大、持续时间长，植物立地条件较差，多孔混凝土可应用于岸线的全坡位生态建设。

岸线的常水位以上部位适宜的植物群落要具有耐盐、耐瘠薄、耐干旱、冠幅小、根系发达等特性，如乌桕、夹竹桃、海滨木槿（*Hibiscus hamabo Sieb. et Zucc.*）、香蒲、紫穗槐、小腊、高羊茅（*Festuca arundinace*）、水烛（*Typha angustifolia*）、黑麦草（*Loli-*

um perenne L.)、白三叶（*Trifolium repens L.*）等。

沿海地河湖岸线生境植物群落营建注重乔灌结合的植物应用措施（图 9.6），多孔混凝土材料适用于岸线全坡位的生态建设，尤其是水位变动区应强化其生态修复（图 9.7）。

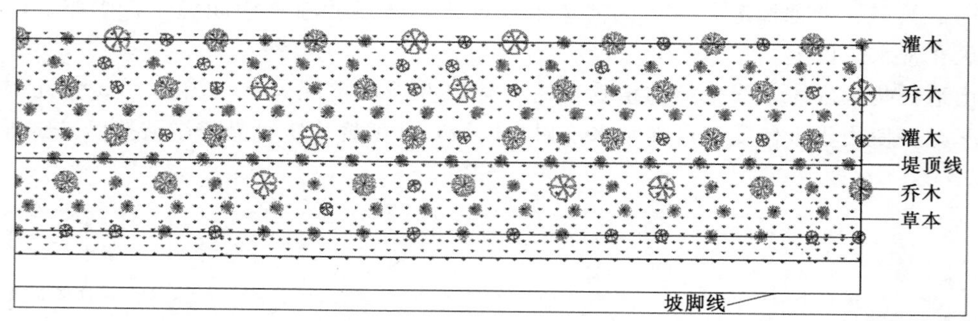

图 9.6　滨海区域水体岸线植物群落营建平面示意图

图 9.7　滨海区域水体岸线植物群落营建断面示意图

9.3.4　岸线植物群落构建

多孔混凝土生态岸线在不同坡位、不同水力条件宜选择不同的植物类型及组合。岸上堤防可种植乔木，种植密度为乔木株行距为 3m×3m，灌木株行距为 1.5m×1.5m，乔木与乔木、灌木与灌木进行株间混交，灌木种植于乔木树种之间。草本植物狗牙根、高羊茅、紫花苜蓿用种子撒播，水生植物种植密度为 16 棵/m^2。

9.4　岸线多孔混凝土生态建设工程案例

河湖岸线多孔混凝土特定生境营养相对贫瘠，特定生境植物应选用具有适用性强、耐瘠薄、耐寒冷、耐干旱、根系发达、景观效果好等特征的草本植物和灌木树种及其组合。根据在上海黄浦江、长江镇江段滨江公园、云南大理波罗江、抚仙湖入湖流域生态沟渠以及浙江省桐乡市无量桥港、桐庐县分水江、金华市金东区八仙溪、台州市黄岩区永宁江、绍兴市越城区王家葑等水体的多孔混凝土生态岸线修复工程和植物群落观测，筛选了适宜多孔混凝土特定生境的植物群落，包括优良灌木种类 8 种：美丽胡枝子、紫穗槐、伞房决明、胡枝子、截叶胡枝子、马棘、红叶石楠、小叶女贞，优良草本植物种类 7 种：狗牙

根、高羊茅、百喜草、美人蕉、再力花、黄菖蒲、菰，丰富了多孔混凝土堤岸生境的植物类型，在河湖岸线多孔混凝土生境构建了具有灌草结构的植物群落。根据各试验河道的类型和功能，构建的植物群落模式绝大多数健康稳定。通过工程措施和植物措施相结合构建的生态堤岸能显著降低岸坡水土流失，岸线植物群落逐步接近自然。

典型案例1：上海市黄浦江生态多孔混凝土生态护坡（临江泵站段取水口一侧）

黄浦江多孔混凝土生态护坡工程位于临江泵站防潮挡墙外侧的岸坡迎水面，原为天然的土质岸线，由于受万吨巨轮船行波的侵蚀和半日型潮汐水流运动的影响，岸线侵蚀严重，岸边分布零星的石蒲等水生植物。生态护坡护岸长900m，宽15m，坡顶高程4.5m，坡底高程2.5m，岸线坡度平均为1：7.5。按照设计坡度整理坡面，用碎石作垫层，即为多孔混凝土铺装基础面。底部设生态护坡护脚。为防止船行波等水波淘刷侵蚀，多孔混凝土砌块铺装前，先铺设一层土工布反滤层。选用多孔混凝土预制单球、多孔混凝土16球连体砌块和凹凸连锁具孔矩形砌块分段铺装，如图9.8所示。多孔混凝土生态护坡的上半区，长时间位于潮高水位以上，植物物种选择水土保持能力较强的陆生草本（高羊茅、狗牙根、白三叶），植物种子混合直播，使用液力喷播机进行播种。生态护坡的下半区，由于潮汐作用间断性位于水面以下，受船行波淘刷和侵蚀，选用多种多年生挺水植物（美人蕉、黄菖蒲、芦苇、水葱等）分片种植，移植密度为8株/m^2。除黄菖蒲不适宜多孔混凝土岸线的特定生境外，其他植物类型均能良好生长。生态护坡工程实施后，黄浦江临江泵站段岸线稳定，至今多孔混凝土砌块未出现侵蚀和风化现象，砌块形状完整，多年生植物群落能够自我更新，多孔混凝土生态护坡的植物群落能够适用粗放式管理。

图9.8 黄浦江多孔混凝土生态护坡（上海黄浦江临江泵站段）

典型案例2：桐庐县分水江生态护坡

分水江生态护坡工程位于浙江省桐庐县分水镇，省道208白沙大桥断面上游的河段北侧。分水江为山区型流域骨干河道，水位落差大，水流急，要求生态护坡载体具有较强的抗冲刷能力。生态堤岸长度为670m，分别采用多孔混凝土预制单球、多孔混凝土预制矩形砌块和多孔混凝土预制四球连体铺装（图9.9），护坡长度分别为250m、200m和220m。护坡坡度随地形变化而变化，护坡宽度为3m。生态护坡的坡脚采用浆砌块石，护脚高度为1.5m。坡顶为钢筋混凝土梁压顶。为保证生态坡面的稳定性，多孔混凝土护坡压顶每20m设伸缩缝一道，长度为2cm。多孔混凝土护坡面预留乔木1m^{2}的生长空间。

多孔混凝土上种植小叶女贞、伞房决明、马棘、美丽胡枝子、截叶胡枝子、紫穗槐、狗牙根。多孔混凝土以上坡面种植乌桕、樟树、苦楝、木荷、木芙蓉、夹竹桃、美丽胡枝子、木槿、小叶女贞、马棘、高羊茅、黑麦草等植物。

图 9.9 分水江多孔混凝土生态护坡（浙江省桐庐县分水镇）

典型案例 3：金华市八仙溪多孔混凝土生态护坡

八仙溪生态护坡工程（图 9.10）位于金华市金东区寺后山段，属山丘区河道，洪水暴涨暴落，原为砂砾石岸坡，容易发生崩塌、滑坡等险情。河道面宽为 50～100m，八仙溪多孔混凝土护坡长度为 1200m，采用多孔混凝土预制单球、预制矩形砌块铺装，护坡长度分别为 600m。生态坡护坡坡度平均为 1：2.5，防护宽度 3.0m。生态护坡的坡脚采用浆砌块石，护脚高度为 0.5m。压顶为钢筋混凝土浇筑，多孔混凝土护坡面预留乔木生长空间。多孔混凝土以上部分为纯植物措施防护。多孔混凝土上种植狗牙根、百喜草、小叶女贞和红叶石楠。多孔混凝土以上坡面种植女贞、黄山栾树、垂柳、乐昌含笑、紫荆、红叶李、百喜草、狗牙根等植物。

图 9.10 八仙溪多孔混凝土生态护坡工程（浙江省金华市金东区）

典型案例 4：抚仙湖北入湖流域排水沟生态护坡

工程位于云南省澄江县城东郊，为东大河流域，东大河是抚仙湖北岸污染较重的河流之一，河全长 19.9km，流域内年产水量为 2985 万 m^3。实施东大河流域的清水产流机制修复，是保障抚仙湖水质的重要保障。农田径流排水沟的生态构建是清水产流建设中的重要一环，工程段排水沟底宽 1m，上口宽度约 4m，边坡坡度为 1：1.5。沟渠按设计断面坡度平整后，省略反滤层土工布 1 层，直接铺装多孔混凝土预制凹凸连锁具孔矩形砌块。

由于排水沟渠的水力条件相对温和，砌块厚度仅为河湖岸线同类砌块厚度的60%，其基本尺寸为530mm×330mm×120mm，多孔混凝土砌块铺装后，砌块孔洞回填种植土，岸坡种植美人蕉等水生植物，如图9.11所示。生态排水沟整体稳定，生态效益显著，具有较强的污染物去能功能，切实削减农田非点源污染负荷。

图9.11　抚仙湖北入湖流域排水沟多孔混凝土护坡工程的不同阶段（云南省澄江县）

河湖岸线是连接陆地生态系统与水生生态系统最重要的纽带，是水土界面物质、能量和信息交互作用的平台，河湖岸线的生态化建设是现代水利工程的重要发展方向。多孔混凝土材料具有类似土壤连续贯通的孔隙和一定的力学强度，应用于河湖岸线的生态护坡工程，能够有效维护岸线的安全与稳定，同时也避免了单一“硬化”材料带来的水质恶化、河岸生物多样性低、河岸景观差等众多问题。多孔混凝土生态护岸技术已在多省市生态水体建设中推广应用（表9.1），在固体护坡、水土保持、水质净化和水体造景等方面发挥着重要功能的同时，重建河湖生态环境、恢复河湖生态健康，造就“水清、流畅、岸绿、景美”的河湖景象。

表9.1　　河湖岸线的多孔混凝土生态护坡应用案例

序号	工程应用地点	规模	建设年份
1	上海黄浦江（临江泵站段）	1200m	2007
2	浙江省桐庐县分水江	3600m	2012，2014
3	浙江省金华市金东区八仙溪	2100m	2011
4	浙江省台州市黄岩区永宁江	1500m	2011—2012
5	浙江省绍兴市越城区龙王塘	900m	2011

续表

序号	工程应用地点	规模	建设年份
6	云南省大理市波罗江	3300m	2013
7	云南省玉溪澄江县东大河流域	900m	2013
8	昆山市淀山湖镇香馨佳园外河	600m	2010
9	浙江省桐乡市两河山镇河段	28000m	2009—2013
10	浙江省嘉善县西塘镇大腿浜	2600m	2012
11	南京扬子石化生态景观塘护坡	3000m^2	2009
12	宜兴市湖滨公路滨湖湿地	3600m^2	2011
13	宜兴市丁蜀镇陈东港湿地	3000m^2	2010
14	浙江省安吉县生态河道与湿地	16000m	2011—2014
15	灌云县杨桥农场渔业尾水生态净化工程	6000m	2016
16	镇江市滨江公园长江生态驳岸	1200m	2006

9.5 本章小结

（1）基于多孔混凝土生态岸线的实验研究和工程实践，编写了多孔应用于河湖岸线生态建设的关键技术与应用规程，阐述了河湖生态岸线构建过程中生态护坡基础工程、反滤层设计、多孔混凝土预制构型选用、特定生境植物群落构建等关键技术与应用方法，对于指导岸线的多孔混凝土生境修复和植物群落构建具有指导作用。

（2）展示多孔混凝土应用于河湖岸线生态修复的工程案例，工程实践表明多孔混凝土作为生态修复材料可应用于不同类型的河湖岸线生态建设，植物生长茂盛，生态效益显著，并易被相关部门管理人员和周边居民认可。

第 10 章　岸线修复型多孔混凝土制备与预制构型设计技术指南

根据河湖岸线的水文生态功能及生态建设的技术需求，研究具有一定力学强度且透水透气的多孔混凝土材料用于改善堤岸生境条件，为堤岸植物提供生存空间。为规定和规范河湖岸线生态建设用多孔混凝土的制作工艺、参数性能、构型设计及其应用方法等，特别编制《岸线修复型多孔混凝土及预制构型设计技术指南》，以促进多孔混凝土的制备及其在河湖岸线生态工程中的应用。

10.1　总则

(1) 为了在我国推广应用多孔混凝土技术，并在其制备、应用过程中贯彻国家的技术经济政策，做到技术先进、安全可靠、经济合理、保证质量，特制定本技术指南。

(2) 本指南适用于河道堤岸生态防护、透水性路面铺装中采用多孔混凝土及其预制构型、成型模具的生产、质量控制和检验。

(3) 多孔混凝土应用于河道生态堤岸时可按本技术指南执行，但河道堤防等水工建筑还应遵守相关的专门技术标准或规程的有关规定。

(4) 本指南对多孔混凝土的原材料性能、配合比设计、配制方法、施工工艺、质量验收和相关实验方法等不同于普通混凝土的专门要求做出规定。

(5) 在依据本指南进行多孔混凝土材料设计、制备及其预制成型、工程应用时，除应执行本指南外，还应按所属工程类别分别符合现行有关国家标准、规范中的有关规定。

10.2　术语、符号

10.2.1　术语

多孔混凝土：是使用特殊级配的集料和胶凝材料，在力学性能满足工程使用要求的同时，形成蜂窝状的结构，实现其多孔且连续的特点，使具有良好的透水性和透气性，植物以其为载体并在其铺装面生长，营造生物多样性的环境。河道堤岸生态防护应用的多孔混凝土主要指标：设计目标孔隙率 20%，控制范围 15%～25%，抗压强度不小于 10MPa，标准养护后孔隙水环境 pH 值小于 10。

外加剂：采用符合国标、部标等标准要求的混凝土外加剂。

多孔混凝土工作性：指其混合料在运输和成型过程中，胶结材能保持均匀地包裹在骨料表面的性能。

孔隙率：多孔混凝土为实现其特有的透水性和透气性等性能，并保证在一定的强度条件下，使用特殊的集料和外加剂，实现其多孔的结构。孔隙所占多孔混凝土总体积的百分比，称为孔隙率。

抗压强度：标准养护28d后的多孔混凝土试块在单向受压力破坏时所承受的荷载。

孔隙水环境：水体通过多孔混凝土介质渗流时，由于多孔混凝土的释碱性，导致渗流水体的pH值、矿物质浓度升高的现象，是影响多孔混凝土作为河道堤岸生境材料的主要因素。

10.2.2　符号

W_G——每立方米粗骨料用量，kg/m^3。

ρ_G——碎石紧密堆积密度，kg/m^3。

α——修正系数，可取0.98。

V_P——胶结材浆体体积，L/m^3。

ν_C——碎石紧密堆积孔隙率，%。

R_{wid}——设计目标孔隙率，%。

W_C——每立方米的水泥用量，kg/m^3。

W_W——每立方米的用水量，kg/m^3。

$R_{W/C}$——水灰（胶）比。

ρ_C——水泥密度，kg/m^3。

10.3　制备原材料

10.3.1　一般要求

多孔混凝土的原材料主要有粗骨料、细骨料、水泥、掺合料和各种添加剂，多孔混凝土的制备过程和性能要求较普通混凝土严格，可调范围小，所以对原材料的指标要求普遍较高。多孔混凝土制备由骨料（砾石、细砂）和胶结材料（水泥、矿物外加剂、减水剂）等与水混凝土成型而成。

10.3.2　骨料

粗骨料：是多孔混凝土的结构骨架，以单粒级配的饱满砾石为主，粒径范围为15～25mm，堆积孔隙率为35%～45%，砾石压碎指标宜小于15%。骨料中的粉尘、黏土和泥块含量应小于0.5%，针片状颗粒含量小于10%，卵石率小于14%。

粗骨料应符合《普通混凝土用砂、石质量及检验方法标准》（JGJ 52—2006）的规定，进场骨料应提供检验报告、出厂合格证等资料。进场后骨料应按照JGJ 52—2006中的规定复验合格后才能使用。

细骨料：为控制浆体收缩，可采用细骨料，一般为中砂，同时应符合《普通混凝土用砂石、质量及检验方法标准》的规定。

细骨料一般选择级配良好的中砂，含泥量不大于1.5%，泥块含量不大于1.0%。

10.3.3 水泥

水泥的活性、品种、数量是影响多孔混凝土强度的关键因素之一，水泥强度等级要求较高。选用符合《通用硅酸盐水泥》（GB 175—2007）质量要求的硅酸盐水泥、普通硅酸盐水泥和矿渣硅酸盐水泥，水泥强度等级为42.5及其以上。当采用其他品种的水泥时，其性能指标必须符合相应标准的要求。

水泥浆的最佳用量是刚好能够完全包裹骨料，形成均匀的水泥浆膜为适度，并以采用最小水泥用量为原则。

10.3.4 胶结材料

矿物掺合料：也称矿物外加剂，可选用硅灰、磨细矿渣粉和粉煤灰等，或者多种外加剂的混合物。所选用矿物外加剂应符合《高强高性能混凝土用矿物外加剂》（GB/T 18736—2002）中规定的质量要求。矿物外加剂可替代部分水泥用量，应用粉煤灰时，应选用Ⅰ级粉煤灰，产量一般不超过15%。

增强胶结材：也称外加剂，是为提高水泥浆与骨料间的黏结强度，可采用少量树脂配合无机胶材使用，常用树脂有水溶性环氧树脂、丙烯酸树脂和苯丙共聚物树脂等，一般用量控制在4%以下，主要作为无机胶结材的改性剂。

选用的化学外加剂必须符合《混凝土外加剂匀质性试验方法》（GB/T 8077—2012）和《混凝土外加剂应用技术规范》（GB 50119—2013）中的规定。

减水剂：为改善多孔混凝土成型时的和易性并提高强度，可加入一定量的减水剂。一般可选用萘系减水剂和多聚羧酸高效减水剂，使用中应注意与水泥、有机胶结材料的适用性。

10.3.5 拌和用水

多孔混凝土所用拌和用水应符合《混凝土用水标准》（JGJ 63—2006）的有关规定。

10.4 配合比设计

10.4.1 一般要求

多孔混凝土的配合比设计主要应满足抗压强度、孔隙率、渗透性的要求，并以合理使用材料和节约水泥为原则。必要时尚应符合对多孔混凝土性能（如抗折强度、pH值、工作性等）的特殊要求。多孔混凝土配合比中加入化学外加剂和矿物掺料时，其品种、掺量和对水泥的适应性，须通过试验确定。

多孔混凝土配合比设计方法，依据集料紧密堆积形成的空隙和目标孔隙率，计算出所需浆体的体积，然后根据各种原材料占据的体积计算出多孔混凝土的配合比。

10.4.2 配合比计算

1. 计算公式

多孔混凝土是由骨料、胶结材、水、添加剂等混合而成的多组分体系，其配合比设计是把各原材料的体积与孔隙体积之和作为混凝土的体积来计算。公式为

$$\frac{m_g}{\rho_g}+\frac{m_c}{\rho_c}+\frac{m_f}{\rho_f}+\frac{m_w}{\rho_w}+\frac{m_s}{\rho_s}+\frac{m_a}{\rho_a}+P=1 \tag{10.1}$$

式中 m_g、m_c、m_f、m_w、m_s、m_a——单位体积混凝土中粗骨料、水泥、矿物掺合料、水、细骨料、外加剂的用量，kg/m³；

ρ_g、ρ_c、ρ_f、ρ_w、ρ_s、ρ_a——粗骨料、水泥、矿物掺合料、水、细骨料、外加剂的表观密度，kg/m³；

P——设计孔隙率。

多孔混凝土制备原料中，外加剂的用量一般很少，式中的$\frac{m_a}{\rho_a}$可忽略不计。

2. 水胶比

合适的水胶比可以使浆体具有一定的流动性和适当的黏度，多孔混凝土水灰（胶）比范围为0.24～0.30。水灰比随着粗骨料粒径的减小而稍微增大。

水胶比和多孔混凝土的强度没有比较明确的数学关系，而是在一定范围内有对应关系，一般根据多孔混凝土的强度设计孔隙率选定胶结材用量，然后再根据工作性要求选定用水量。

3. 设计孔隙率

应用于河道堤岸生境修复多孔混凝土的设计孔隙率为20%，控制范围为15%～25%。

10.4.3 配合比设计

1. 粗骨料用量

每立方米多孔混凝土粗骨料用量的计算公式为

$$W_G=\alpha\rho_G(\text{kg/m}^3) \tag{10.2}$$

式中 W_G——单位立方米粗骨料用量，kg/m³；

ρ_G——碎石紧密堆积密度，kg/m³；

α——修正系数，取0.98。

2. 胶结材浆体体积

每立方米多孔混凝土胶结材浆体体积的计算公式为

$$V_P=1000-10\alpha(100-v_C)-10R_{wid}(\text{L/m}^3) \tag{10.3}$$

式中 V_P——胶结材浆体体积，L/m³；

v_C——碎石紧密堆积孔隙率，%；

R_{wid}——设计目标孔隙率，%。

3. 水泥用量

每立方米多孔混凝土水泥用量的计算公式为

$$W_C=\frac{V_P}{R_{W/C}+\frac{1}{\rho_C}}(\mathrm{kg/m^3}) \tag{10.4}$$

式中 W_C——每立方米水泥用量，$\mathrm{kg/m^3}$；

$R_{W/C}$——水灰（胶）比；

ρ_C——水泥密度，$\mathrm{kg/m^3}$。

4. 用水量

每立方米多孔混凝土用水量的计算公式为

$$W_W=W_C R_{W/C}(\mathrm{kg/m^3}) \tag{10.5}$$

式中 W_W——每立方米用水量，$\mathrm{kg/m^3}$；

W_C——每立方米水泥用量，$\mathrm{kg/m^3}$。

5. 矿物掺合料

当掺用粉煤灰、矿渣微粉和硅灰等矿物掺合料时，按照掺量换算对应的体积计入胶结材浆体体积，按照上述步骤分别计算其用量。一般情况下外加剂掺量较小，体积可以不计入浆体总体积。

10.4.4 配合比施工调整

由于制备材料的性状差异，现场配合比调整时，首先应检验混凝土拌和物是否满足工作性要求，当浆体过稀和过干时，可调整外加剂掺合量。

技术方法：以初选胶结材为中心，再选定胶结材分别增减5%的试块各一组，检验混凝土7d、28d的抗压强度和透水性，从中选取合适的配合比，最后根据施工情况，计算出施工配合比。

10.5 多孔混凝土及拌和物性能指标

10.5.1 一般要求

多孔混凝土混合物是浆体包裹骨料，浆体必须具有一定的黏聚性，以保证包覆于骨料后仍为颗粒状，一般以手攥成团为度，坍落度在50mm内，混合料成型后骨料表面的浆体将颗粒黏聚在一起，保持一定孔隙，随着期龄水化硬化产生强度，成为硬化的整体多孔结构。

原材料计量应准确，允许的偏差范围是：水泥、矿物、水、外加剂掺合料为±2%，粗、细骨料为±3%。

搅拌设备：多孔混凝土的混合料由于使用外加剂，需要严格地控制生产过程，其制备采用现场搅拌较为适宜，首先宜选用强制式搅拌机，其次也可选用自落式搅拌机。

10.5.2 混合料制备工艺

多孔混凝土制备工艺流程如图10.1所示。

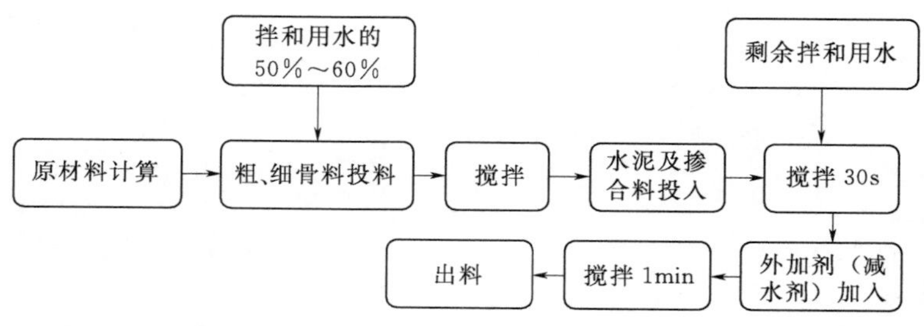

图 10.1 多孔混凝土混合料制备工艺流程

现场生产时，上述制备工艺可根据具体情况适当调整。由于碎石骨料表面粗糙，容易挂浆，可将骨料和胶结材一同加入搅拌，边搅拌边加水，30s 内加至用水量的 50%～70% 后，投入矿物外加料、减水剂等，再搅拌 30s，随着搅拌逐渐加入其余水量至工作性合适为止。

在黏聚性要求较高的情况下，也可采用掺用树脂改性的方法以提高黏聚性和改善工作性。

10.5.3 混合料性能指标

拌和物要求：多孔混凝土拌和物性能必须满足如下要求：浆体包括骨料成团，坍落度控制在 20～50mm，颗粒间有一定黏结力，不跑浆，整体呈多孔堆积状态。

工作性：采用控制胶结材流动度的方法能够实现对多孔混凝土的工作性进行控制，胶结材的流动度控制在 180～210mm。

表观密度：多孔混凝土的表观密度宜控制在 1800～2000kg/m^3。

出料后允许时间：多孔混凝土拌和物出料后运输应遮盖，低温时应有保温措施，出现终凝的拌和物不得用于坡面现场铺装或预制砌块。根据混凝土的特性和初凝时间，拌和物从出料到运输再到浇注（或预制）完毕所允许的最长时间应符合表 10.1 的规定。

表 10.1　　拌和物出料与浇筑（预制）完毕允许最长时间

施工温度/℃	时间/h	施工温度/℃	时间/h
5～9	2	20～29	1
10～19	1.5	30～35	0.75

超过规定时间时应事先对混凝土配合比进行调整，通过增加缓凝剂和减水剂来满足拌和物的工作性要求。

10.5.4 硬化多孔混凝土性能指标

技术说明：多孔混凝土试块采用静压法成型，即使用有压力试验机对试模内的拌和物施加压力。成型压力宜控制在 3MPa。加压时间可以通过压力机的加压阀控制，保持匀速施压，时间为 30s。然后保持 3MPa 的压力，恒压时间为 90s。试压块期龄 28d 时测试相关指标。

抗压强度：不小于10MPa。

孔隙水环境pH值：多孔混凝土28d时孔隙水环境的pH值控制在11.5以下，90d时多孔混凝土内部的pH值控制在10以下。

孔隙率：材料配比设计孔隙率为20%，控制范围为15%～25%。

渗透系数：多孔混凝土的渗透系数与孔隙率有关，孔隙率越大，透水性越强。渗透系数控制范围为1.5～3.0cm/s。

抗折强度：多孔混凝土抗折强度不小于25MPa。

抗冻融性：多孔混凝土25次冻融循环强度损失小于20%。

10.6 多孔混凝土预制构型

10.6.1 一般要求

多孔混凝土在保持一定力学强度的条件下，内部具有连续贯通的孔隙，孔隙率范围控制在15%～25%，孔隙直径一般在毫米级以下，在应用于河道堤岸生态防护时，孔隙孔径过小，灌木、乔木等植物无法植生；另外多孔混凝土的制备原材料主要为无机材料，作为堤岸生境修复介质，不能供应植物生存所需的营养成分，因而不能较快形成河渠稳定的植物群落，其生态效应难以有效发挥。

多孔混凝土应用于河道堤岸生态防护时，通过采用多孔混凝土的拌和物出料后，置入模具，多种多孔混凝土预制砌块构型，砌块组合时相互牵制，并产生较大空间以利于不同类型的植物生长。本技术指南规定了多孔混凝土预制单球组合、多孔混凝土预制球连体砌块、多孔混凝土凹凸连锁具孔矩形砌块、多孔混凝土预制方形组合自嵌式砌块、多孔混凝土鱼巢式砌块、多孔混凝土直立岸线预制扇形块体、多孔混凝土直立岸线连锁砌块7种多孔混凝土预制构型的形状设计、结构特征、成型工艺、组合形式及其制作模具等内容。

10.6.2 多孔混凝土预制单球组合

构型设计：图10.2所示为多孔混凝土预制球的正面图和平面图。多孔混凝土球有多种系列规格，直径100～400mm，规定直径的容许偏差小于5mm。球体直径太大，则质量较大，不易搬运或施工，选择何种规格的构件将根据实际情况而定。图中虚线表示连接件预留通道，连接件在x、y、z三个方向穿出，使球状构件可以在空间任意方向进行组合，同时还起到配筋作用，一定程度上提高了构件整体的抗折强度。需要指出的是，连接件不应同时穿过球状构件的中心位置，应该保留一定的偏心距，避免其在构件内部的碰撞。

制作模具：多孔混凝土预制球体的制备需制作成型模具，模具由三部分构成，即底座、活动套筒和顶帽，模具示意图如图10.3所示。

成型参数：首先将多孔混凝土出料的拌和物放入模具的底座和活动套筒中，然后在顶帽垂直压下充分压实多孔混凝土，顶帽上施加压力为3MPa，施压时间为30s、恒压时间为90s，同时轻微振动活动套筒和底座，顶帽保持数秒，最后将活动套筒提起，多孔混凝土球和底座一起送入养护室养护。同时在成型模具上预留 x、y、z 三个方向的通道插入 Φ20钢筋，压实后拔除即可。

河湖岸线生态护坡组合形式：预制球体进行河道生态堤岸铺装时，采用直径为12～18mm的连接件正交串接球体，球体之间自然产生了孔洞，填充种植物，以诱导植物快速生长。球体的串接数量由连接件的长度确定。多孔混凝土预制球的连接可采用经防锈处理的钢筋，也可应用相应直径的高强度的塑料棒（如聚甲醛棒）作为连接件，连接件可作为堤岸坡面生态防护层的配筋。预制球体可为单层或多层铺装，应用于河道的斜坡式、直立式挡墙的生态防护，也可应用于构造生态鱼礁置于水体中。多孔混凝土预制球体组合形式如图10.4所示。

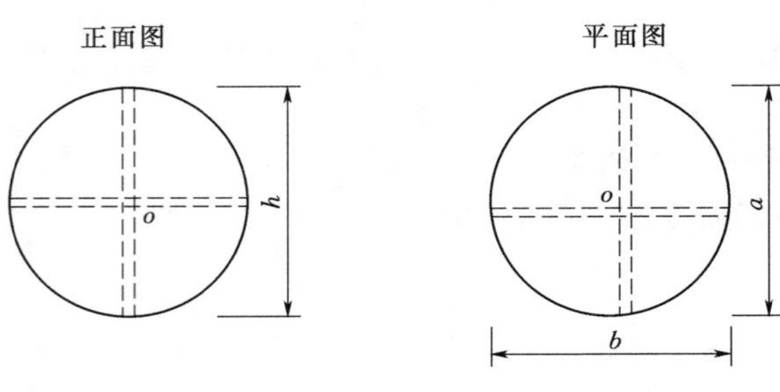

图10.2　多孔混凝土球构件示意图（单位：mm）

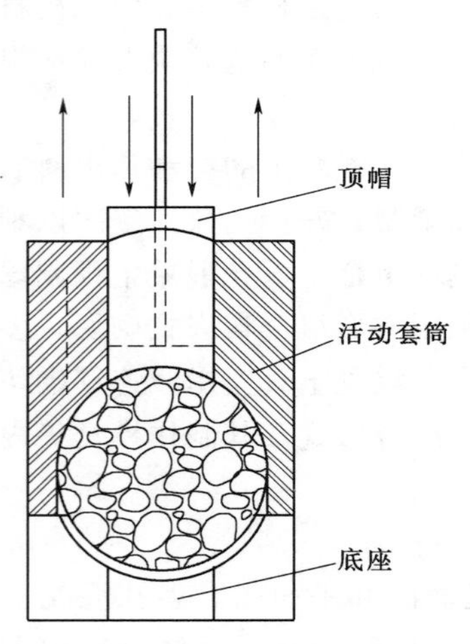

图10.3　多孔混凝土球成型过程

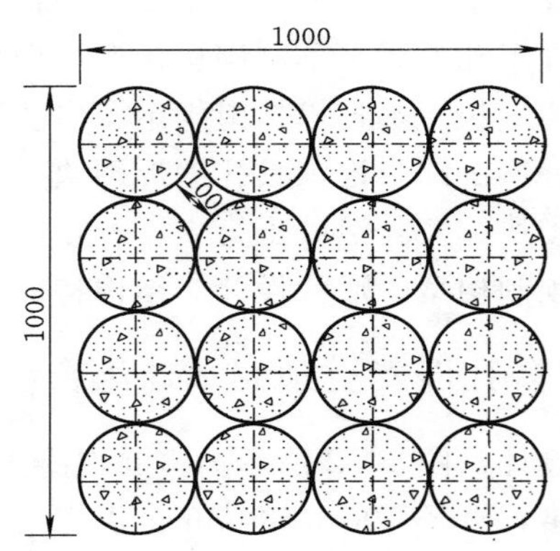

图10.4　多孔混凝土预制球体组合形式（单位：mm）

10.6.3　多孔混凝土预制球连体砌块

构型设计：多孔混凝土多球连体是由上部4个半球体和下部4个圆台组成的，中间用多孔混凝土自然连接且预留了一个圆台形的空洞，如图10.5所示。施工时方便和增强构件与构件之间的连接，砌块设置了连接件，其在多孔混凝土球状单元体构件中同样也起到加筋的作用，连接件位置如图10.6所示。可制作直径100～400mm系列球体组合，球连体个数2、3等系列。

制作模具：多孔混凝土成型模具按照构型设计，成型时底板朝下，装入多孔混凝土并

充分捣实。拆模时将底板朝上，利用圆台和挡棒的坡度脱去下模和上模。模具制作材料一般由耐腐蚀和耐摩擦的玻璃钢材料制作，也可采用金属材料制作。模具示意图如图10.7所示。

成型参数：多孔混凝土的拌和物出料后置入模具料仓并填满，上部盖板振动30s后，施加压力为3MPa，施压时间为30s、恒压时间为90s，即可脱模并养护。

河湖岸线生态护坡组合形式：多孔混凝土球连体砌块在堤岸坡面依次铺装，依靠多孔混凝土砌块四周预留的连接部位予以紧固，并互相牵制。该砌块适用于河岸斜坡式挡墙的生态防护，坡度不大于1∶1。多孔混凝土球连体砌块修复岸线的组合模式如图10.8所示。

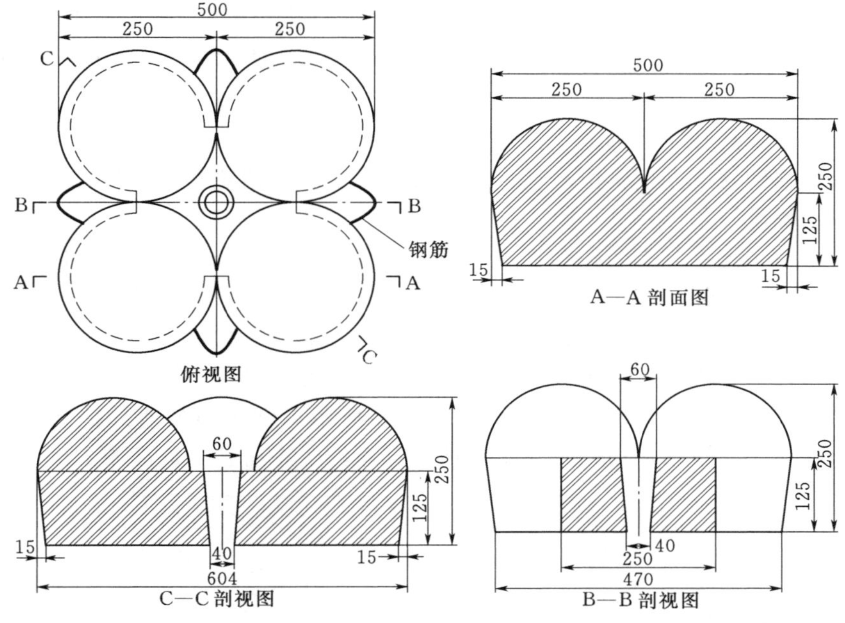

图10.5 多孔混凝土四球连体砌块设计图（单位：mm）

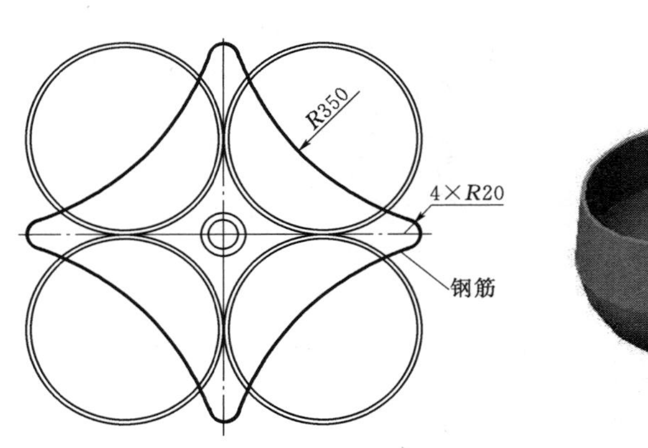

图10.6 连接件尺寸及位置图（单位：mm）

图10.7 多孔混凝土预制球连体砌块模具示意图

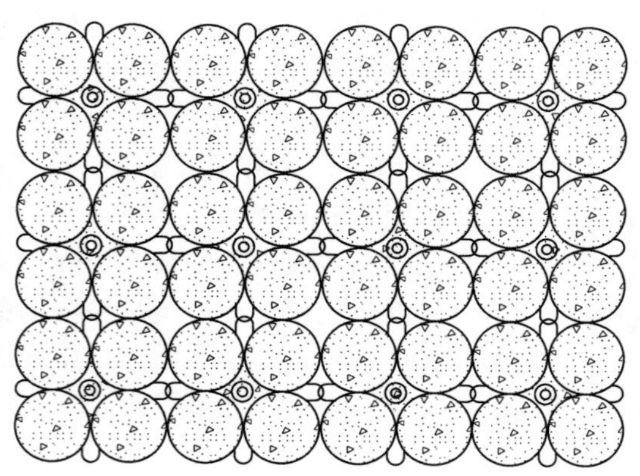

图10.8 多孔混凝土球连体砌块平面铺装示意图

10.6.4 多孔混凝土凹凸连锁具孔矩形砌块

构型设计：该砌块的外形轮廓为矩形，四周为锯齿构型，生态坡面铺装时，外形凸凹部位相互咬合，不需要连接件及预留连接部件。砌块中间预留3个直径为80mm的圆柱形孔洞，为较大植物的生长预留了空间，砌块之间通过锯齿构型互相咬合，相互制约，平面上不产生相对位移。如图10.9所示为520mm×330mm的连锁砌块示意图，并可由此制作系列尺寸的多孔混凝土凹凸连锁具孔矩形砌块。

制作模具：砌块成型模具由玻璃钢或金属材料制作，按照预制构型设计模具。模具料仓按照预制砌块设计。

成型参数：多孔混凝土的拌和物出料后置入模具料仓并填满，上部盖板振动30s后，施加压力为3MPa，施压时间为25s、恒压时间为75s，即可脱模并养护。

河湖岸线生态护坡组合形式：砌块依靠外部凸凹部位互相牵制，组合时，除砌块自身具有的3个圆孔外，块体之间也会形成孔洞，无需任何连接件。铺装时，要求砌块结合紧密，砌块之间缝隙宽度不大于5mm，如图10.10所示。砌块铺装遇到护坡边缘时，由砌块的一半予以填充。该砌块适用于河岸斜坡式挡墙的生态防护，坡度不大于1：1。

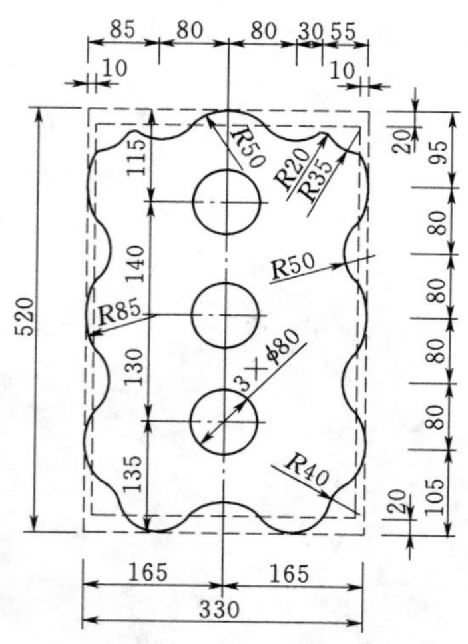

图10.9 多孔混凝土矩形砌块构型图（单位：mm）

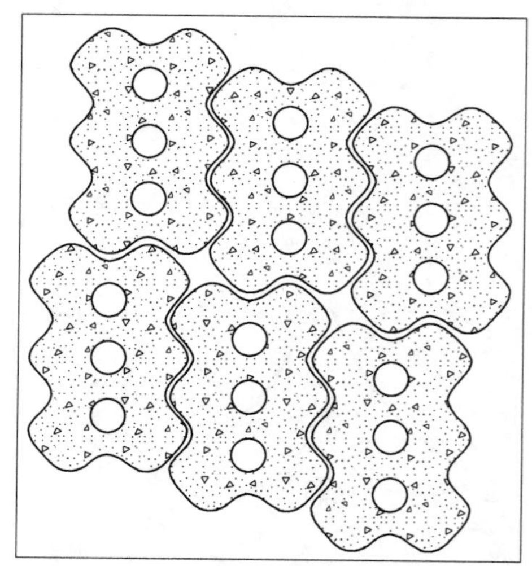

图10.10 多孔混凝土预制矩形砌块组合形式

10.6.5 多孔混凝土预制方形组合自嵌式砌块

构型设计：方形自嵌式砌块外部构型简约，砌块自身并没有孔洞结构特征，块体外部

轮廓为梯形，左右对称，上底边设计为半圆槽，下底边预留矩形孔洞，如图10.11所示。两个砌块构成方形，并产生矩形和圆形的孔洞，生态护坡时，孔洞内填充种植土，以诱导植物初期生长。

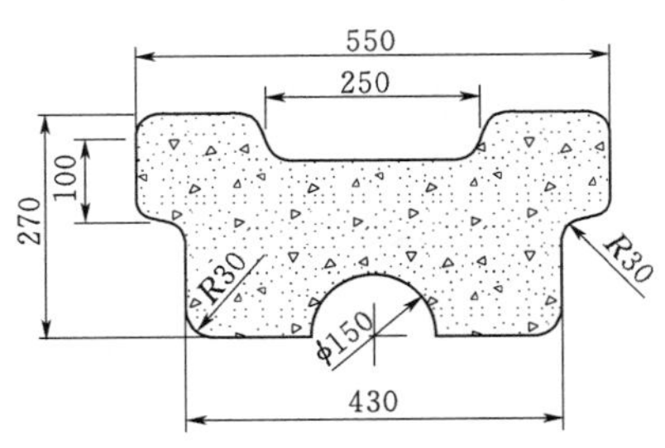

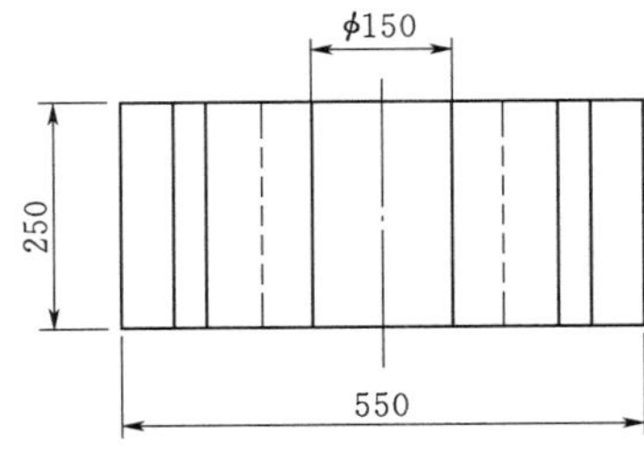

图10.11　多孔混凝土自嵌式预制构型（单位：mm）

制作模具：砌块成型模具由玻璃钢或金属材料制作，按照预制构型设计模具。模具料仓按照预制砌块设计。

成型参数：多孔混凝土的拌和物出料后置入模具料仓并填满，上部盖板振动30s后，施加压力为3MPa，施压时间为25s、恒压时间为75s，即可脱模并养护。

河湖岸线生态护坡组合形式：多孔混凝土自嵌式组合砌块体积小，施工简单，铺装相互嵌套，互相制约，减少滑块现象，组合时产生圆孔及矩形孔洞，为大型植物生存提供空间，如图10.12所示。该砌块适用于河岸斜坡式挡墙的生态防护，坡度不大于1∶1。

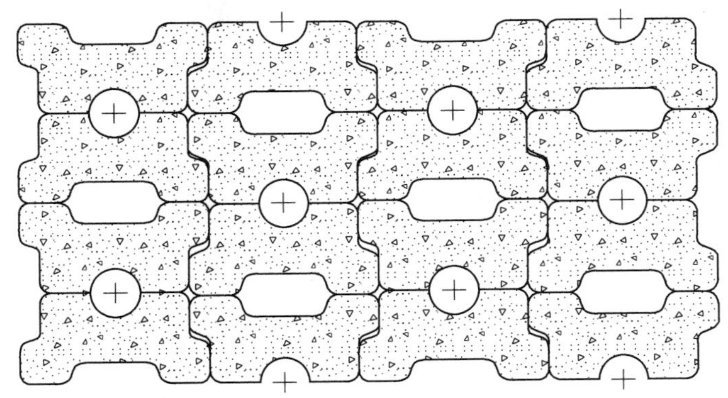

图10.12　多孔混凝土自嵌式砌块组合形式

10.6.6　多孔混凝土鱼巢式砌块

构型设计：多孔混凝土鱼巢式砌块由上、下两部分构成，所述预制块的上部的外形轮廓为长方体结构，长方体的一对侧面上分别设置有能与另一预制块相互嵌套的键和凹槽，长方体的纵向上设置有上下贯通的孔洞；所述预制块的下部为4根支撑体，分别设置在长方体下表面的四个角处，如图10.13所示（砌块典型尺寸，可制备系列尺寸的生态鱼礁）。多孔混凝土鱼礁式预制块设计充分应用了空间几何原理，砌块组合时互相嵌套，砌块组合时自然产生供鱼类洄游的通道，完全适合各类型生物的栖息繁衍，修复水生生态系统。

制作模具：砌块成型模具由玻璃钢或金属材料制作，按照预制构型设计模具。模具料仓按照预制砌块设计。

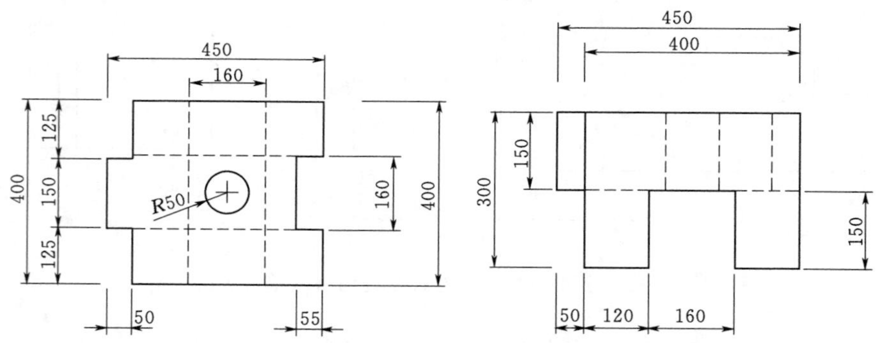

图 10.13 多孔混凝土预制鱼巢式砌块（单位：mm）

成型参数：多孔混凝土的拌和物出料后置入模具料仓并填满，上部盖板振动 30s 后，施加压力为 3MPa，施压时间为 25s、恒压时间为 75s，即可脱模并养护。

河湖岸线生态护坡组合形式：多孔混凝土预制鱼巢式砌块主要针对水下生态护岸生境而设计，适合于岸坡坡度大于 1∶1 的陡岸护砌和治理挡墙的生态防护。砌块连接时，依靠砌块间的键体互相咬合，横向和竖向均不会发生错位，有效维护岸坡的安全与稳定，不需要连接件，块体下部的孔隙结构为鱼类提供了生存空间，如图 10.14 所示。

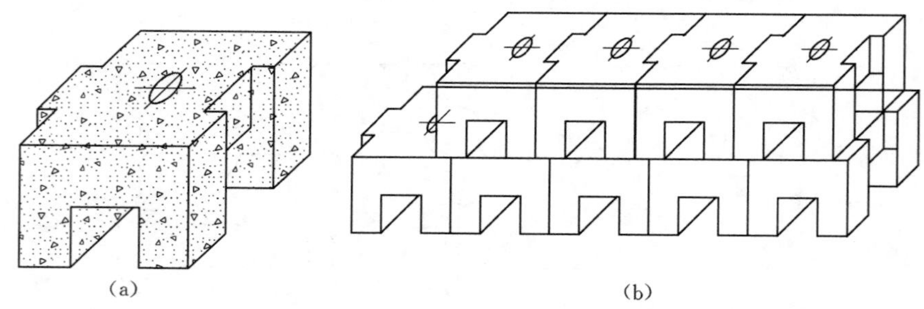

图 10.14 多孔混凝土预制鱼巢式砌块及其组合模式
(a) 单体示意图；(b) 组合示意图

10.6.7 多孔混凝土直立岸线预制扇形块体

构型设计：多孔混凝土直立岸线预制扇形块体是由半圆柱体前冠和倒圆棱柱体自然连接的实心体，前冠中心设有锥形孔，采用硬质聚氨酯塑料作为连锁件，如图 10.15 所示。砌块内部设有孔洞，作为砌块铺装时的操作部位，也为鱼蟹等水生动植物提供生息繁衍的空间，砌块后部设计 2 个直径为 20mm 的圆孔，由 ϕ18 聚甲醛（POM）棒贯穿圆孔将砌块错位串接，并与直立墙基础固定，作为生态透水性直立墙的配筋，以增加直立墙的稳定性。

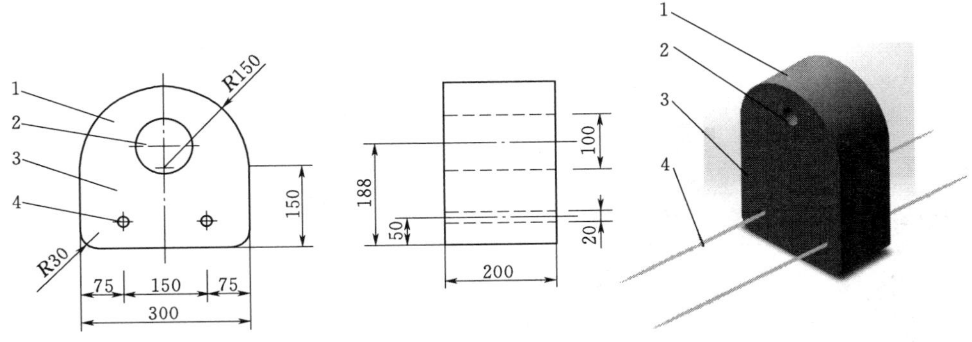

图 10.15 多孔混凝土直立岸线预制扇形块体
1—半圆柱体前冠；2—锥形孔；3—倒圆棱柱体；4—连锁件

制作模具：砌块成型模具由玻璃钢或金属材料制作，按照预制构型设计模具。模具料仓按照预制砌块设计。

成型参数：多孔混凝土的拌和物出料后置入模具料仓并填满，上部盖板振动 30s 后，施加压力为 3MPa，施压时间为 25s、恒压时间为 75s，即可脱模并养护。

河湖岸线生态护坡组合形式：多孔混凝土直立岸线预制扇形块体的多层错位铺装，连接件通过矩形部分设有两个直径 20mm 的圆孔相互串接并互相牵制，上下两层的砌块错层铺装，预留的圆柱形孔洞互不干扰，水下部分利于鱼类栖息，水上部门填充土壤可促进植物生长，如图 10.16 所示。多孔混凝土较好的透水性增加了堤岸土壤水的渗透水量，减少了直立墙承受的侧压力。河渠生态透水性直立墙的预制构型连接件，为直径 18mm 的聚甲醛（POM）棒，其化学性质稳定、耐腐蚀，抗剪强度为 66MPa，拉伸强度为 600MPa。多孔混凝土预制件通过 POM 棒的串接，使块体铺装稳定并相互牵制，构建成为结构稳定的河渠生态透水性直立墙，并建立了水体与陆地间的物质、能量交互的界面。

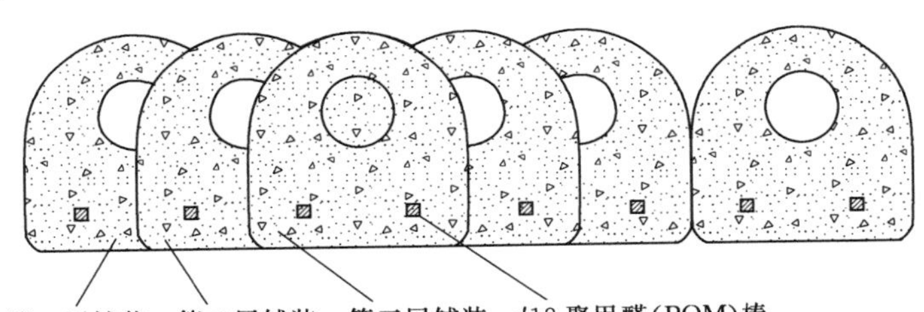

图 10.16 多孔混凝土直立岸线预制扇形块体直立岸线组合形式

该砌块适用于河道直立挡墙的生态防护，对风浪大、船行波强度高、水流速快的水体能有较好的防护效果。

10.6.8 多孔混凝土直立岸线连锁砌块

构型设计：多孔混凝土直立岸线连锁砌块是由扇形前冠和圆弧流线凹凸自嵌周边自然

结合而成的柱状实心体，其中左侧凹凸自嵌周边和右侧凹凸自嵌周边尺寸形状相匹配，整体上呈类鱼骨形，左右对称；在自嵌式砌块的尾部左右两侧各设置有一个连锁插孔，在自嵌式砌块的中前部设置有锥形孔，连锁插孔和锥形孔均沿深度方向贯穿自嵌式砌块，如图 10.17 所示。

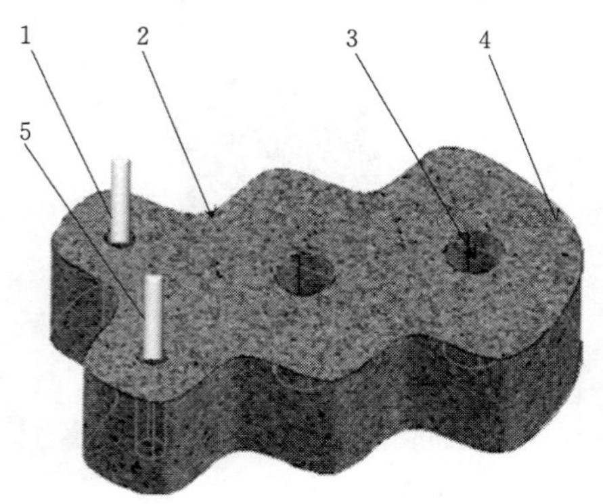

图 10.17　多孔混凝土直立岸线连锁砌块
1—连锁插孔；2—凹凸自嵌周边；3—锥形孔；4—扇形前冠；5—硬质聚甲醛棒

制作模具：该自嵌式砌块是由多孔混凝土材料通过压制成型或振动成型制备而成的全面透水砌块，砌块成型模具由玻璃钢或金属材料制作，按照预制构型设计模具。模具料仓按照预制砌块设计。

成型参数：多孔混凝土的拌和物出料后置入模具料仓并填满，上部盖板振动 30s 后，施加压力为 3MPa，施压时间为 25s、恒压时间为 75s，即可脱模并养护。

河湖岸线生态护坡组合形式：将多孔混凝土直立岸线连锁砌块逐层铺装在堤岸基础之上，直至达到设计的堤顶高度；同层自嵌式砌块前后交错放置、通过左右侧的凹凸自嵌周边相互牵制，上下层自嵌式砌块压缝铺装、通过连锁插孔对齐，硬质聚甲醛棒插入上下相邻两块自嵌式砌块的对齐连锁插孔中进行连接，硬质聚甲醛棒的长度大于一个自嵌式砌块厚度、小于两个自嵌式砌块厚度；自嵌式砌块的扇形前冠朝向水体侧，锥形孔用作生态鱼礁或用于种植植物。应用于直立挡墙式河湖岸线生态修复时的组合模式如图 10.18 和图 10.19 所示。多孔混凝土直立岸线连锁砌块构建河湖直立式挡墙，其位于浅水区域及水上区域的锥形孔内填充土壤，移栽或种播植物；水下区域的锥形孔用作生态鱼礁。

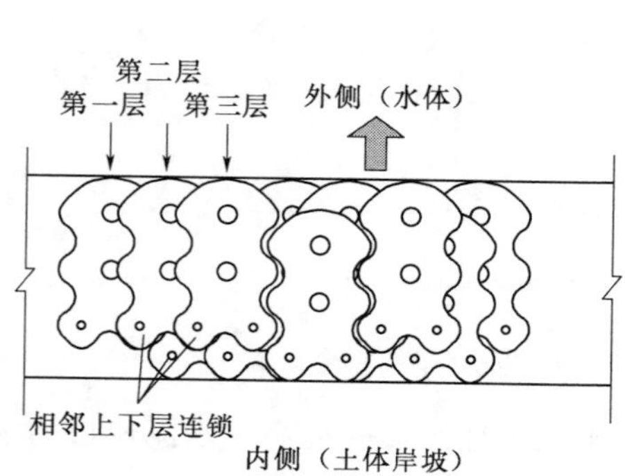

图 10.18　多孔混凝土直立岸线连锁砌块铺装方法

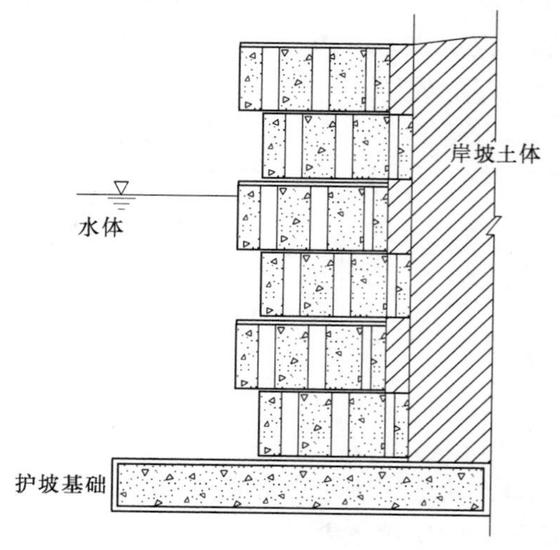

图 10.19　多孔混凝土直立岸线连锁砌块的剖视图

10.7　多孔混凝土预制构型养护

10.7.1　振动成型

多孔混凝土预制构型用振动台成型的方法，将拌和好的混合料放入模具，上面加上配重块，放在振动台上振动，振动一定时间后，将模具搬离振动台。实验室的振动台频率为30～50Hz，工作气压30MPa，振动时间15～30s。振动完毕后，即可脱模，其中球体砌块要在模具托盘静置12～24h。

10.7.2　养护模式

在养护工序中，应控制混凝土处在有利于硬化和强度增长的环境中，使硬化后的混凝土具有必要的强度、耐久性、孔隙率及透水性。

标准养护：各种混凝土材料至少应提前24h移入试验室。材料及试验环境温度均应保持在（20±3)℃，并在此温度下静停（24±2)h脱模。如果是缓凝型产品，可适当延长脱模时间。然后在（20±3)℃、相对湿度大于90%的条件下养护至规定龄期。

蒸汽养护：蒸汽养护所需的设备及方法见《混凝土质量控制标准》（GB 50164—2011)，蒸汽养护时恒温时间宜控制在8h。

自然养护：自然养护指在自然条件下，采取浇水湿润、防风、防干、保湿、防冻等措施养护混凝土，使混凝土中水泥充分水化，实现其力学性能。自然养护分覆盖浇水养护和喷洒塑料薄膜养护液养护，对于透水性混凝土适宜采用覆盖浇水养护。自然养护混凝土时，应每天记录天气的最高温度、最低温度和天气变化情况，并记录养护方式和制度。对采用薄膜和养护剂养护的混凝土，应经常检查薄膜和养护剂的完整情况和混凝土的保湿效果。

10.8　多孔混凝土检验规则

10.8.1　检验分类

出厂检验：受检混凝土的抗压强度、抗折强度、孔隙率、渗透系数、表观密度。

型式检验：包括多孔混凝土性能指标。有下列情况之一者，应进行型式检验：

(1) 现场生产的试制定型鉴定。

(2) 正式生产后，如原料、工艺有较大改变，可能影响产品性能时。

(3) 正常生产时，一年至少进行一次检验。

(4) 产品长期停产，恢复生产时。

(5) 出厂检验结果和上次型式检验结果有较大差异时。

(6) 国家质量监督机构提出进行型式检验要求时。

10.8.2　取样与批号

以不超过 $400m^3$ 为一批（一次不超过 $400m^3$ 也为一批），均衡取样。按混凝土标准规定检验、复检。每一批号取样不小于 0.2t 水泥所需用的外加剂。

多孔混凝土制备预制砌块时，应对每批（不超过 $400m^3$）的多孔混凝土混合浆料制备标准试件进行检验、复检等。

10.8.3　判定与复检

产品经检验全部项目都符合标准的规定时，则判定为合格；如其中一项或一项以上不符合标准的规定，则判定为不合格。若生产和使用单位有异议，可进行复检，复检方法应事先在供货合同中规定。

10 -附录 A　多孔混凝土抗压强度测试

国际上对多孔混凝土抗压强度的测定均采用与相同普通混凝土的方法，按照《普通混凝土力学性能试验方法标准》（GB/T 50081—2002）的规定执行，计算公式为

$$f_{cc}=\frac{F}{A}$$

式中　f_{cc}——混凝土立方体试件抗压强度，MPa；

F——试件破坏荷载，N；

A——试件承压面积，mm^2。

多孔混凝土试件的承压面积与普通混凝土有所不同，普通混凝土的承压面积即为外形面积，多孔混凝土内部及表面有很多孔隙，孔隙部分没有承受压力，因此，多孔混凝土的承压面积应该是去除孔隙面积所占的面积。

多孔混凝土试件承压面积用试件外形面积与表面密实度的乘积来表示，在多孔混凝土试验方法中，试件的破坏荷载除以实际承压面积所得的结果为“实材抗压强度”，计算公式为

$$f_c=\frac{F}{AA'}$$

式中　f_c——混凝土立方体试件实材抗压强度，MPa；

F——试件破坏荷载，N；

A——试件承压面积，mm^2；

A'——试件的表面密实度，%。

实材抗压强度是为表征多孔混凝土实体部分的强度而提出的新指标，数值上比抗压强度大，本规程中提及的抗压强度为 f_{cc}。

10 -附录 B　渗透系数测试

多孔混凝土试件的渗透系数采用定水头法。保持固定的水压不变，通过一定时间透过

试件的水量计算出渗透系数。渗透系数实验装置示意图如图10.20所示。

试件为标准圆柱形，试件尺寸见《普通混凝土力学性能试验方法标准》（GB/T 50081—2002）的相关规定。测试步骤如下：

分别测量圆柱体试件的直径（D）和厚度（L），测量至少两侧，取平均值，计算试件的上表面面积（A）。

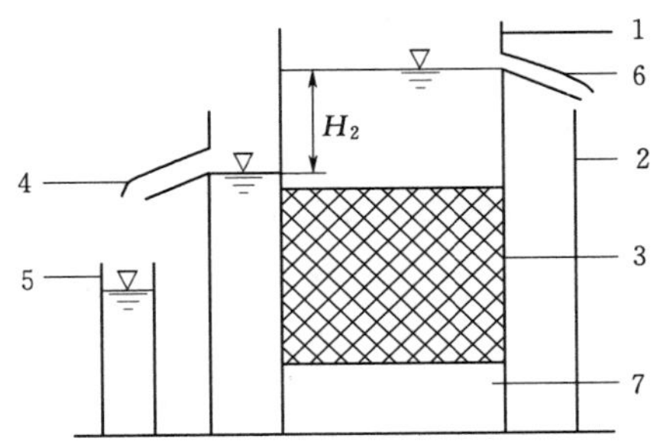

图10.20　多孔混凝土渗透系数实验装置

1—密封膜；2—定位量筒；3—多孔混凝土试件；4—溢流口；5—量筒；6—溢出管；7—透水圆筒

试件四周用不透水材料密封好，不漏水，水从试件的上下表面渗流，待密封材料固化后，将试件置入真空装置中，抽真空至(90±1)kPa，保持30min。保持真空的同时，加入足够的水将试件淹没，水面高出试件上表面100mm，停止抽真空，浸泡20min，取出试件，装入渗透系数实验装置，将试样与透水圆筒密封好。

持续向透水圆筒中进水，等溢流水槽的溢流口和透水圆管的溢流口出水量稳定后，用量筒从出口接水，记录5min的流出水量Q，测量三次，取平均值。

测量透水圆筒的水位和溢流水槽的水位差（H），并记录水温。

渗透系数计算公式为

$$K_T=\frac{L}{H}\frac{Q}{At}$$

式中　K_T——水温为T时的渗透系数，cm/s；

Q——试验时间t（一般取5min）内的渗流水量，mL；

L——试件的厚度，cm；

H——水位差，cm；

t——测试时间，一般取5min；

A——截面面积，cm^2。

10-附录C　孔隙率测试

多孔混凝土的孔隙包括贯通孔隙和封闭孔隙，对渗透起作用的是贯通孔隙，因此本技术指南中的孔隙率为贯通孔隙和部分半封闭孔隙。

多孔混凝土孔隙率的测试采用体积法，仪器设备有CoreLok真空密度仪。

首先测定多孔混凝土试件连通密封袋的密度ρ_1，在水下剪开试件外面包裹的密封袋，计算其水中密度ρ_2，即为试件的表观密度。

试件的孔隙率

$$P=\frac{\rho_1-\rho_2}{\rho_2}\times 100\%$$

10-引用标准名录

《普通混凝土用砂、石质量及检验方法标准》（JGJ 52—2006）

《通用硅酸盐水泥》（GB 175—2007）
《高强高性能混凝土用矿物外加剂》（GB/T 18736—2002）
《混凝土外加剂匀质性试验方法》（GB/T 8077—2012）
《混凝土外加剂应用技术规范》（GB 50119—2013）
《混凝土用水标准》（JGJ 63—2006）
《混凝土质量控制标准》（GB 50164—2011）
《普通混凝土力学性能试验方法标准》（GB/T 50081—2002）

第 11 章　河湖岸线生态建设技术指南

11.1　总则

《河湖岸线生态建设技术指南》是在河道堤防结构符合《水利水电工程边坡设计规范》(SL 386—2007)、《建筑边坡工程技术规范》(GB 50330—2002)、《堤防工程设计规范》(GB 50286—2013) 等相关规定的基础上，为防止坡面的水土流失，提高坡体抗水流冲刷能力，对坡面进行生境改造和生态修复而制定的工程与技术方法。

《河湖岸线生态建设技术指南》全面阐述河湖岸线多孔混凝土生态建设的设计原则、生境材料、工艺流程、植物筛选、植物群落模式和施工验收等内容，对主要堤岸生境修复与植物群落技术进行了全面分析。

11.2　河湖岸线生态建设概述

11.2.1　河岸岸线生态与生境特征

河流岸坡生态受损的主要根源是在强化河流水利功能的前提下，由于自然力、人为或者两者共同作用导致河流堤岸生命要素的缺失。通常情况下，河道生态修复的关键是选用合适的植物种类改造介质，或者采用物质、化学和生物学技术方法直接改良和改造介质，使之更适合植物生长，以恢复河流健康生态系统。具体见表 11.1～表 11.3。

表 11.1　河道边坡类型与生境状况

边坡类型	性状特点	植物的立地条件
土质边坡	水土流失严重、坡体不稳定、不耐水体冲蚀	可直接作为植物生长基质，进水部位受到水体侵蚀后较为贫瘠，植被覆盖率低，需进行生境改良或覆盖基质
硬化边坡	强砌块式、混凝土浇筑，稳定性好，耐水流冲刷	需要在堤岸表面另行覆盖植物生长所需营养基层
块石边坡	直径大于 25cm 的大块石、大卵石、山麓堆积	需填充种植土或覆盖基质后以利于植物生长

表 11.2　河道边坡坡度与植被发育状况

河道堤岸坡度（迎水面）	植物生存环境
小于 1：1.7（<30°）	可以恢复以乔木、灌木为主的植物群落，周边的本地植物容易入侵，生物生长较易，植物群落稳定，堤岸坡面几乎不发生侵蚀

续表

河道堤岸坡度（迎水面）	植 物 生 存 环 境
1∶1.7～1∶1.4（30°～35°）	坡面会发生水土侵蚀，需要生态防护，周边植物自然入侵可形成植物群落
1∶1.4～1∶1.1（35°～45°）	坡面侵蚀的概率较大，可以创建草本覆盖坡面，也可以中低高度灌木、乔木为主的植物群落
1∶1～1∶0.8（45°～50°）	坡面需要防护，流失率大，可以建造低矮灌木、草本构成的植物群落
大于1∶0.8（>50°）	已恢复草本植物为主，必须结合坡面加固的工程措施

表 11.3　　边坡稳定性和防护措施

稳 定 性	防 护 措 施
稳定边坡	坡脚较小时坡面可只进行生态防护，近水区域与工程措施相结合
不稳定边坡（直立挡墙）	生态防护与工程防护相结合

11.2.2　河湖岸线生态建设解决的问题

河湖岸线的生态建设应保护堤岸免受水体侵蚀、雨水冲刷、减缓边坡的风化破碎，能够适宜特定植物生存，从而维护整个河道堤岸的稳定性。河湖岸线迎水边坡的立地条件直接影响生境恢复和植物建植的可行性，不稳定的边坡必须采取工程防护技术，保证河道堤岸防护具有一定力学强度，如硬化边坡不能植生，坡度较陡的边坡不能种植乔木。岸线生态工程建设主要解决以下五个方面的问题。

11.2.2.1　河湖岸线边坡的生态问题

要在河道边坡进行生态修复或植被建植，必须解决边坡防护层稳定性、生境重建与改良、植物群落和坡面水运动等方面的问题。

11.2.2.2　河湖岸线生境基层稳定性问题

保证岸线岸边生境基层的稳定性，是河道生态堤岸生态系统构建的前提条件。由于河道边坡是一个倾斜的土体，甚至形成直立墙形式，根据岩土力学原理，边坡及其表面的物体在重力和其他外力作用下总是存在一种向下运动的趋势，这种趋势就是边坡的不稳定性。当各种力的作用达到平衡时，向下运动趋势受到抑制，边坡及其表面体就处于稳定状态。河湖岸线生境基质的稳定性问题主要是指边坡表层的不稳定性，造成不稳定性的主要原因是由外力侵蚀（风、雨、波）所带来的坡体表层水土流失和风蚀，坡面表层即生境层不稳定，影响植物生长发育的生境基底就要受到破坏，植物的生存受到威胁，坡面植被恢复也难以实现。

边坡防护层的厚度因坡质、坡度不同而有所差异，一般可以看作为木本植物根系在地下所能延展的空间（0～2.0m 的范围内），通过简单的工程措施，如多孔混凝土铺装、窗式护面墙、锚杆挂网、浆砌块石等，可以在某种程度上抑制降雨等带来的侵蚀，使坡面处于稳定状态，随着植物根系的发育和枝叶的生长，工程措施和植物措施的防护效果融为一体，边坡表层的稳定性进一步增强。

11.2.2.3　河湖岸线边坡生境重建与改良问题

土壤等多孔性载体是植物赖以生存的场所，河道坡面植被恢复的基础工作是解决生境重建与改良问题。对于因水土流失和冲刷失去生境基质的河道坡面来说，生态修复最为直接的措施是通过选用适宜植物种类改造介质或直接更换基质以适合植物生长。

在河湖岸线迎水面重建土壤或改良土壤，由于受到雨水侵蚀和波浪淘刷，要想在短时间内恢复到原有自然土壤状态的难度较大，有时甚至是不可能的。但是岸线自然土壤层的腐殖质都是很好的团粒结构，其渗透性、透气性和保水性都比较好，有利于植物种子的发芽，也有利于植物根系的生长。因此，河流堤岸生境改良与重建问题应以土壤腐殖质层或耕作土壤层的土壤结构为参照，以不同植物（乔、灌、草）生存所需最小土层为参照，以不同植物（乔、灌、草）生存所需的最小土层厚度为标准，在河道堤防坡面重建或新建生境层，同时又具有一定的力学强度以抵抗水土流失和波浪侵蚀。

11.2.2.4 河湖岸线生境植物群落稳定性问题

在修复改善后的河湖堤岸坡面生境中，种植什么样的植物群落，是河道生态堤岸建设的核心内容。在植物群落上需要遵循的主要原则有地带性或地域分异规律原则和群落演替原则。在河湖堤岸坡面植被恢复时，首先要考虑堤岸所处地区的地带性植被是什么，构成这种地带性植被的植物群落有哪些；然后选择与堤岸立地条件相适宜的植物种群。一般来说，本地种（或乡土种）是最能够代表地带性植被的物种，多使用本地种对构建适合当地环境的稳定的植物群落非常重要。

11.2.2.5 河湖岸线坡体内部水运动问题

坡面水运动是指表层水运动、底层水运动以及深层水运动。表层水运动对边坡表面产生冲刷，造成水土流失，并引发表层不稳定性。底层水运动是降水或地下水在坡面底层的渗流运动，可在底层产生聚集，甚至人工坡层的塌落。深层运动主要是指地下水的运移，造成坡堤软弱面向下滑动（滑坡），或者由于土的剪切强度减小，间隙水压增加，从而带来坡面土体坍塌。

河道堤岸表层水运动和底层水运动直接影响堤岸生态防护层的稳定，威胁坡面植被的正常生长发育，在生态护坡构建过程中，要综合考虑河道堤岸防护层的透水性问题，必要时设计排水设施。河道在河湖岸线生态建设时，应选用透水透气材料，有利于疏导表层、底层的水体运动。

11.2.3 河道堤岸生态建设技术要求

河道生态堤岸建设的目的是在提高坡面稳定性、水土保持能力以及抗冲刷、侵蚀功能的同时，通过修复生态系统功能并补充生物组分而使受损的河流生态系统回到一个自然的状态，表现为三个方面：①河道边坡的表层稳定性，即防止边坡崩塌、水土流失等现象；②恢复植物群落，恢复到近自然、可持续的状态，以维持河道健康的生态系统；③应具有一定景观功能。

11.3 河道堤岸生境建设方法

河道堤岸生态破损的原因之一即生物生境的缺失，传统浆砌块石、水泥浇筑的硬化堤岸虽然能够有效地维护河道堤岸稳定，但剥夺了植物、微生物的生存空间，阻隔了水域和陆域间的物质能量和信息交互作用，河道缺乏绿色生机，水生生态系统破损，因此，寻求具有一定力学强度的类似土壤透水透气的多孔介质对于修复河道生境来说，具有重要意义。

河湖岸线的生境修复根据坡度、水文特点及生态功能需求，一般采用人工辅助和完全人工建设两种或其复合型措施，同时兼顾河道生态景观功能需求，图 11.1 和图 11.2 所示为典型河湖岸线生境修复示意图（不同功能区生境修复模式）。一般来说，在水流冲刷、水土流失严重堤岸坡位，宜采用具有一定力学强度的多孔性材料修复堤岸生境，再根据堤岸的坡度或是否为直立墙而选用不同的适宜构型。在水位变动区以上的区位，考虑坡度及水流流失等因素，即可采用人工修复土壤系统，把周围自然环境的表土移到堤岸边坡上，并配合一定的防止水土流失措施，给边坡表层创造一个稳定的环境，然后进行人为设计并建植先锋植物，促进边坡快速恢复稳定的植物群落。因此，在河道生态堤岸建设过程中，堤岸生境修复就是根据河道水文、生态条件选用合适的修复材料，形成堤岸植物生存的立地条件。

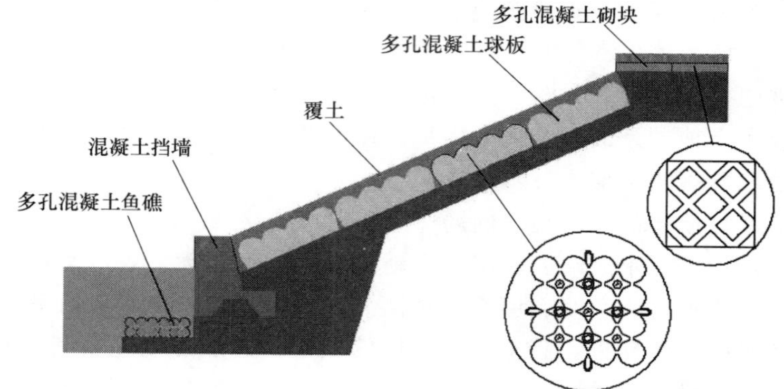

图 11.1　典型河湖岸线生境修复示意图

图 11.2　河湖岸线生态化建设生境修复

11.3.1　土壤修复材料

土壤修复材料包括基础材料和添加材料。土壤修复的区位位于坡度较小，河岸带的缓冲部位，能够同时使植物快速生长形成较好的水土保持能力。

通常情况下，河道堤岸生境修复的种植土取自施工点周围的农田、林地和草地，土壤质地较好，适宜植物成活与生长，但这类取土难免对施工地区周边的自然环境产生二次破坏。为了减少客土对农田土壤、林草地的依赖，应尽量使用工程废弃土作为客土的基本材料。不仅可以提高资源利用率，减少对周边环境的破坏。工程废弃土的肥力较差，不适宜植物生长，应对客土施加一定添加材料，以改良和改性土壤。

添加材料包括土壤改良剂、黏合剂、土壤肥料和植物纤维等，主要目的是改善土壤性质，使之更适合植物生长。在陡坡修复生境时，为了维持土壤水分，通常施加一定量的保水剂，用量为0.1%～0.2%（体积比），拌种时用量为1.5～2.0g/m^2。

国内外常用的土壤层重建方法有人工回填和机械喷射。

11.3.1.1 人工回填土

对于表层不稳定的边坡在进行表面工程防护后回填种植土，是目前河道岸坡客土回填常用的工程方法。河道坡面按设计参数整理后，预留回填土的空间，从别处移植客土，以创造植物生长发育所需要的环境。人工回填土时，应先在坡面上浇洒一遍水，再覆土，其目的是达到保墒的作用，有利于植物生长。回填客土时，要一边回填一边夯实，以保证土壤的密实度，有利于防止水土流失。图11.3描述了同类型生态岸线的回填土模式。

图11.3 典型河湖岸线生态修复过程中的回填土模式

11.3.1.2 机械喷射回填

常用的机械喷射方法有客土喷射（干法客土喷射）和有机质喷射两种技术，均以压缩空气为动力，使用专用喷射机将物料通过高压气流（空气压缩机正常工作压力为

7.5MPa）喷附到坡面上。喷射物料要一次达到设计厚度，避免喷附局部基材过薄，可根据坡面形状来确定喷附面的形状，不必要求喷附面过于平整。在喷附时要适时进行厚度检测，保证厚度达到设计要求。喷射时，要一边拉起网子一边移动喷枪，使物料能够进入网材的下面，网材在客土层中的位置以处于中上层为宜，这样网材对客土的加筋作用明显，能真正起到防止基质层脱落的作用。喷附管长度以 200m 左右为宜，不可超过 300m，喷附管过长会造成压力不足，影响喷附质量。

11.3.2　河湖岸线多孔生境修复基材

依据生态学孔隙原理，河道生态堤岸建设材料须具有连续贯通的孔隙和一定的力学条件，才能作为堤岸生境的载体。应用于河道生态堤岸的构建材料包括组合型孔隙结构材料和整体型孔隙结构材料。组合型孔隙结构材料的技术核心是采用无孔硬化材料制作一定的孔洞结构以适于植物生长，如人工格栅、石笼以及各类预制砌块等（图 11.4）。组合型孔隙结构材料借助营养土能够适合植物生存，但孔洞之间为硬化材料阻隔，不具有连通性，植物生长量小，生态修复效果较差。

图 11.4　组合砌块式孔隙结构材料

整体型孔隙结构材料是类似土壤结构，内部具有连续贯通的孔隙，适合植物生长，植物根系能够贯入，并起到锚固作用，典型材料为多孔混凝土（图 11.5）。多孔混凝土是采用特殊级配的骨料和胶凝材料，内部孔隙连续贯通，抗压强度不小于 10MPa，孔隙率为 15%～25%，渗透系数为 1.5～30cm/s，28d 标准养护后的孔隙水环境 pH 值不大于 10MPa。多孔混凝土较好的力学性能保证具有耐水浪、水流冲击和淘刷的能力。孔隙率、

图 11.5　多孔混凝土材料及球连体砌块

渗透系数、孔隙水环境等方面的性能指标显示其可作为替代土壤的生存基质，由于其制备原料多为无机材料。因此，多孔混凝土作为植物生存基质时，还需要种植土、回填土以及水中氮、磷营养盐的配合。实践证明：多孔混凝土材料可应用于河道堤岸的生境改善，尤其适用于地条件相对恶劣的水位变动区和水下部位的生态防护。

11.3.3　河湖岸线多孔混凝土生态建设构型

研发了 7 种多孔混凝土护坡预制构型并实际应用（图 11.6），即多孔混凝土预制单球组合、多孔混凝土预制球连体砌块、多孔混凝土凹凸连锁具孔矩形砌块、多孔混凝土鱼巢式砌块、多孔混凝土预制方形组合自嵌式砌块、多孔混凝土直立岸线预制扇形块体、多孔混凝土直立岸线连锁砌块，前四种砌块适用于斜坡式护坡的生态防护，鱼巢式砌块适用于水下挡墙鱼类生境的修复，扇形块体适用于直立墙堤岸的生态防护。所有砌块是由多孔混凝土材料通过压制成型或振动成型制备而成的全面透水砌块，多孔混凝土材料的抗压强度大于等于 10MPa，孔隙率为 15%～30%，渗透系数为 1.0～3.0cm/s。

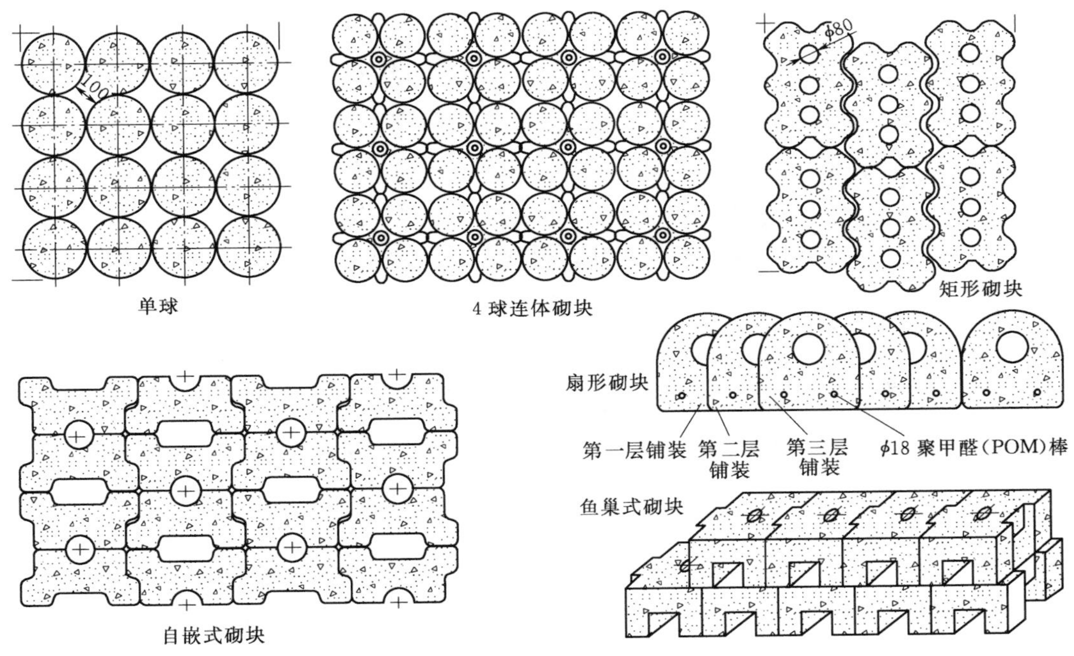

图 11.6　河湖岸线多孔混凝土生境修复铺装示意图

在河道堤防结构符合《水利水电工程边坡设计规范》、(SL 386—2007)、《建筑边坡工程技术规范》(GB 50330—2002)、《堤防工程设计规范》(GB 50286—2013) 等相关规定的基础上，为防止坡面的水土流失，提高坡体抗水流冲刷能力，将多孔混凝土预制构型按一定顺序铺装于整理后岸线坡面，并回填一定的种植土作为辅助手段，即对河湖岸线的坡面进行生境改造和生态修复，如图 11.7 和图 11.8 所示，从而形成生态护坡，改善水环境质量。

(a)

(b)

图 11.7　多孔混凝土砌块应用斜坡式岸线生境修复

(a) 昆山市淀山湖镇；(b) 上海市黄浦江

图 11.8　多孔混凝土砌块应用直立式岸线生境修复（浙江省桐乡市）

11.3.4　河湖岸线多孔混凝土预制构型选用

多孔混凝土预制构型堤岸生境修复受气候的影响较小，全年可实现多孔混凝土的生产与预制（表 11.4）。生态护坡工程宜在枯水季节施工。

11.3.5　多孔混凝土生态护坡构建

11.3.5.1　生态堤岸工艺设计

多孔混凝土生态护坡构建是基于河道稳定的堤防工程，即河道堤岸应符合《水利水电工程边坡设计规范》《建筑边坡工程技术规范》《堤防工程设计规范》等相关标准和规范的要求。多孔混凝土生态护岸的建设能够有效防止坡面的水土流失，提高堤岸及坡体抗水流冲刷能力，并为绿色植物、水生动物提供生存空间。

表 11.4　　不同类型河道堤岸多孔混凝土防护适用性

河道堤岸坡度	坡位	水动力条件	多孔混凝土防护适用构型
小于 1：1.7（<30°）	常水位以上	径流冲蚀	球体、球连体、自嵌式、具孔矩形
	常水位—坡脚	船行波、风浪侵蚀强度大；流速大	球体、具孔砌块
	常水位—坡脚	不通航，水流缓慢	球体、具孔砌块、球连体

续表

河道堤岸坡度	坡位	水动力条件	多孔混凝土防护适用构型
1：1.7～1：0.8 (30°～50°)	常水位以上	径流侵蚀	球体、球连体、具孔矩形
	常水位—坡脚	不限水力条件	球体、具孔矩形、鱼巢式
1：0.8～1：0.57 (50°～60°)	常水位以上	径流侵蚀	球体
	常水位—坡脚	不限水力条件	球体（多层铺装）、鱼巢式
>1：0.57至直立挡墙 (60°～90°)	全坡位	不限水力条件	扇形块体、鱼巢式、直立式连锁砌块

多孔混凝土护坡的设计内容包括：预制构型的选用、垫层设置、反滤层以及坡脚、压顶的工艺设计（其结构设计由水工专业负责）。工艺设计需水工专业设计校核，并出具结构图。图11.9所示为典型岸线多孔混凝土修复工艺图。

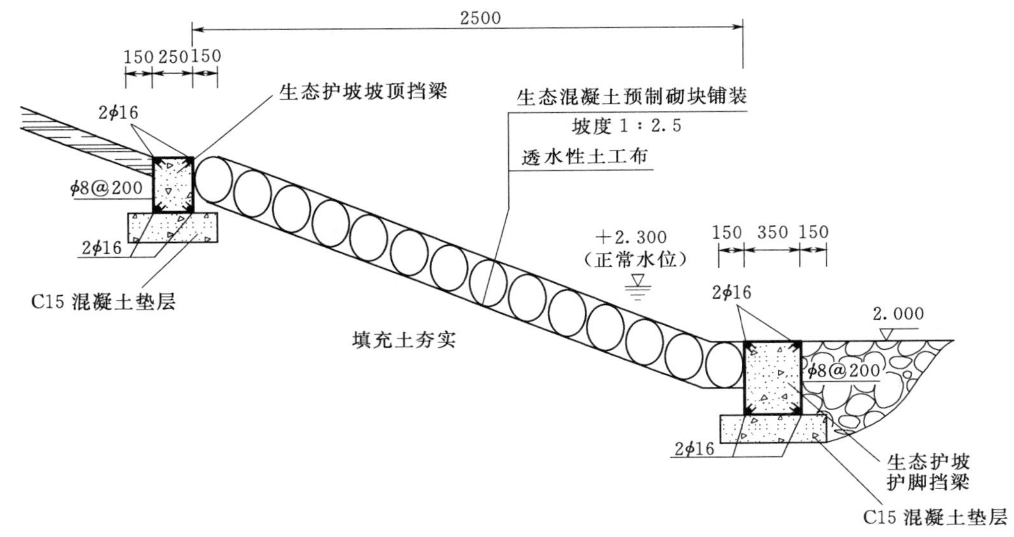

图 11.9 典型岸线多孔混凝土生境修复工艺图

预制构型选用：根据河道堤岸现状、水利条件、水文生态特性，经济技术比较后综合确定。由于多孔混凝土自身具有透水性，在预制构型设计时，会产生大量的孔洞，都可作为排水通道，因此，坡面可不设坡体内部水渗流的通道。

坡面垫层：垫层为生态坡面的基础，可为原土夯实，也可采用碎石垫层，垫层厚度不小于25cm。

反滤层：为一透水性土工布，主要防止多孔混凝土建设初期，坡面径流、水流淘刷、水浪对坡面基础的侵蚀。

坡脚、压顶的工艺设计：根据河流堤岸条件，提出坡脚、压顶的断面参数，供结构专业进行施工图设计。护脚一般设置在枯水位以下，时刻受到水流的冲击和侵蚀作用，因此，在建筑材料结构上具有抵御水流冲击和耐磨损的能力，可采用抛石护脚和钢筋混凝土护脚，堤岸护脚的构建应符合《堤防工程设计规范》等相关标准规定；压顶一般设置于多孔混凝土修复的上部，起到维护岸线稳定的作用，可采用普通混凝土浇筑等形式构筑。

11.3.5.2　施工准备

护坡使用的多孔混凝土构件的制备及运输路线要充分保证连续供应，避免造成施工冷缝。同时做好多孔混凝土护坡技术交底，使每位施工人员都熟悉操作规程和职责，并严格遵守。

施工所有物资、机具、人员都配备完毕，现场具备多孔混凝土护坡的施工条件。

测量放线，建立精确的平面控制网或坡面控制网及标高控制点。

11.3.5.3　施工工艺

施工工艺流程如下：坡面平整→护坡挡脚施工→反滤层铺设→多孔混凝土球和砌块铺设→护坡压顶浇筑→回填营养土→植被播种→生态护坡养护。

坡面平整的范围应包括堤身、铺盖、压载的基面，其边界应在设计基面边线外0.3～0.5m。老堤加高培厚，其清理范围尚应包括堤顶及堤坡。坡面表层的淤泥、腐殖土、泥炭等不合格土及草皮、树根、建筑垃圾等杂物必须清除。

坡面平整后，应在第一次铺填前进行平整，除了深厚的软弱堤基需另行处理外，还应进行压实，压实后的质量应符合设计要求。

护坡挡脚（护脚）施工：多孔混凝土护坡必须建设护坡挡脚。各种多孔混凝土护坡挡脚的形式、结构、质量、强度应符合设计要求。护脚的技术设计必须符合《水利水电工程边坡设计规范》《建筑边坡工程技术规范》《堤防工程设计规范》等技术要求。

护坡挡脚的施工宜按以下步骤：

（1）施工前将质量合格的混凝土运至现场。

（2）按设计要求在河、湖滩面准确定位。

（3）人工或机械挖除挡脚位置的河床介质，至设计高程。

（4）浇筑混凝土挡脚。

反滤层铺设：多孔混凝土护坡必须铺设透水性土工布，即在堤防的土坡平整后能够防止土中细颗粒被水流带走，并起到反滤层的作用。其质量符合《土工合成材料 长丝纺粘针刺非织造土工布》（GB/T 17639—2008）的技术要求。反滤层施工应符合下列要求：

（1）铺膜前，应将膜下基面铲平，土工膜质量也应经检验合格。

（2）大幅土工膜拼接，宜采用胶接法黏合或热元件法焊接，胶接法搭接宽度为5～7cm。

（3）热元件法焊接叠合宽度为1.0～1.5。

（4）应自下游侧开始，依次向上游侧平展铺设，避免土工膜打皱。

（5）已铺土工膜上的破孔应及时粘补，粘贴膜大小应超出破孔边缘10～20cm。

（6）土工膜铺完后应及时铺保护层。

多孔混凝土预制构型铺设（表11.5）：

（1）多孔混凝土球或砌块的铺设可采用人工铺设，大型河滩宜采用机械铺设。

（2）多孔混凝土球和砌块铺设应平整、稳定，缝隙应紧密，缝线应规则。

表 11.5　　多孔混凝土球和砌块护坡质量检查项目与标准

序号	检查项目	质　量　标　准
1	外观	尺寸准确、整齐统一，表面清洁平整，强度符合设计要求
2	铺砌	平整、稳定，缝线规则、紧密
3	平整度	2m 靠尺检测（以多孔混凝土球顶部为基点），凹凸不超过 10cm

护坡压顶浇筑

（1）多孔混凝土护坡压顶须用普通混凝土浇筑。

（2）多孔混凝土护坡压顶浇筑应在按分区设计尺寸整形削坡、吹填区整平、多孔混凝土球河砌块铺设以后，按图纸设计均匀浇筑。压顶包边可随主体填筑一并完成。

11.4　植物群落设计与重建

河湖岸线生态建设时，应根据水体的主要功能和多孔混凝土岸线修复的生境特性，因地制宜地选择优良的植物类型，并针对不同类型、不同功能的河湖等水体以及不同水体岸线的不同坡位推荐适宜的植物种类，且植物类型适用于当地气候条件下的粗放管理。

11.4.1　黏土质岸线修复后植物选择

修复之前的平原河网区河湖岸线土质多为黏性土，具体特征是：土壤含水量较大，河道水位变幅小，但是通航河道水位变化较大，对土岸河坡侵蚀较大，需要采用多孔混凝土作为生境基材联合绿色植物进行岸线生态建设，多用于河湖岸线水位变动区的生态建设。

多孔混凝土修复岸线生境时，坡面应预留乔木的植生空间。岸线常水位以上河岸宜种植意杨（*Populus euramevicana*）、垂柳（*Salix babylonica*）、杜英（*Elaeocarpus decipiens Hemsl*）、榔榆（*Ulmus parvifolia Jacq*）、水杉（*Metasequoia glyptostroboides Hu et Cheng*）、夹竹桃（*Nerium indicum Mill.*）、红叶李（*Prunus Cerasifera Ehrhar f. atropurpurea Jacq.*）等；岸线水位变动区一般为多孔混凝土作为构建生境基材，适宜的常用植物有美丽胡枝子［*Lespedeza Formosa*（*Vog.*）*Koehne*］、马棘（*Indigofera pseudotinctoria*）、紫穗槐（*Amorpha fruticosa Linn.*）等；岸线常水位以下可构建多孔混凝土生境，适宜种植水生植物，如水葱（*Scirpus validus Vahl*）、芦苇（*Phragmites communis Trin.*）、香蒲（*Typha orientalis Presl*）等。平原河网区河道植物群落营建多以乔灌草搭配为主，生态堤岸材料使用区多在常水位变化范围。城市（镇）的河湖岸线应选择具有较高观赏价值或经济价值的植物种类，在相应的乔、灌、草植物生长区，选择垂柳、鸡爪槭（*Acer palmatum Thunb*）、萱草（*Hemerocallis fulva L.*）、再力花（*Thalia dealbata Fraser*）、美人蕉（*Canna indica L.*）等；乡村水体可采用常见的优良水土保持植物，如苦楝（*Melia azedarach Linn.*）、桑树（*Morus alba L.*）等。

11.4.2　砂土质岸线修复后植物选择

修复之前为砂砾土质岸线的河湖等水体一般位于山地区或丘陵区。山丘区的河流地形切削严重，具有落差大、水位暴涨暴落、高水位时水流急、干旱时河床裸露等水力特征，同时岸坡多为砂砾料填筑，土壤瘠薄、保水能力差，水体岸线的全坡位都可选用不同构型的多孔混凝土修复生境，同时需配套建设生态护坡的挡墙护脚等设施。

砂土质岸线修复后的生境要求护坡植物耐旱、耐瘠薄能力强，另外设计洪水位以下的护坡植物还应具有一定的耐淹性。根据上述情况，河道设计洪水位以上河坡宜选用耐干旱、瘠薄植物，如无患子（*Sapindus mukorossi Gaertn.*）、夹竹桃等；常水位以上设计洪水位以下河坡不仅选用耐干旱、耐瘠薄的植物，还要考虑植物的耐淹性，如乌桕［*Sapium sebiferum*（*L.*）*Roxb.*］、苦楝等。生态堤岸材料中常用植物有小腊（*Ligustrum sinense Lour.*）、马棘、紫穗槐等。山丘区河道植物群落营建以乔灌草搭配为主，生态堤岸材料使用区在常水位以上。

11.4.3　含盐砂质岸线修复后植物选择

沿海地区的河湖岸线一般具有含盐量高、砂土质的特征。河湖岸线土体结构松散，土壤含盐量高，保水保肥能力较差；河湖水位大多由水闸进行控制，水位变幅小，台风带来的大量降雨会使河湖水位短时间大幅上涨；同时沿海地区风力大、持续时间长，植物立地条件较差，多孔混凝土可应用岸线的全坡位生态建设。

岸线的常水位以上部位适宜的植物群落要具有耐盐、耐瘠薄、耐干旱、冠幅小、根系发达等特性，如乌桕、夹竹桃、海滨木槿（*Hibiscus hamabo Sieb. et Zucc.*）、香蒲、紫穗槐、小腊、高羊茅（*Festuca arundinace*）、水烛（*Typha angustifolia*）、黑麦草（*Lolium perenne L.*）、白三叶（*Trifolium repens L.*）等。

11.4.4　植物群落配置与构建

植物配置应“师法自然”，遵循群落演替理论、生物多样性与生态系统功能理论等原则，仿照立地条件和气候特征相似的自然植被种类组成和空间结构进行配置。

岸线淹水区（常水位以下）：配置水生植物，也可配置耐水的水杉（*Metasequoia glyptostroboides Hu et Cheng*）等乔木树种，沿坡面水位线由岸边至河（湖）床依次布置挺水植物、浮叶植物、漂浮植物、沉水植物等，形成陆域生态向水域生态自然过渡的格局。对于河流、过水性湖泊等来说，由于水流运动的特征，一般不宜布置漂浮植物；对于池塘、小型湖泊、相对封闭的河流等水体，适宜布置漂浮植物，以强化景观和水质净化。挺水植物河湖岸线多孔混凝土生境（淹水区）的主要植物类型，宜植物的成长高度予以配置，形成植物梯次，并采取斑块或带状混交方式布置。

岸线水位变动区（常水位至设计洪水位）：该区域是多孔混凝土岸线修复的重点区域，应根据水体岸线的坡位条件和气候特点选种植物群落，以灌草结合为主。接近常水位的岸线修复区选种耐水淹的适生植物，如芦苇、香蒲、再力花、美人蕉等；常水位以上的岸线区域以中生植物为主，且能够适用短时的水淹植物，如紫穗槐、小叶女贞（*Ligustrum quihoui Carr.*）等。物种间应生态位互补、上下层次搭配科学、根系深浅相互错落、植物高度梯次有序变化等。

11.4.5 河湖岸线多孔混凝土生境推荐植物群落

多孔混凝土岸线生境上植物群落模式的设计根据修复水体的具体情况而定，同时考虑水体的功能、水流特征以及岸线坡位条件。根据群落演替理论和生物多样性与生态系统功能理论，进行植物群落配置。多孔混凝土岸线生境界面的灌木种植密度为(0.5～1.5)m×(0.5～1.5)m或用种子撒播，草本植物用种子直播；挺水植物幼苗移栽。灌木与灌木、灌木与挺水植物、草本与灌木等进行株间混交。移栽时灌木、挺水植物的幼苗高度以30～50cm为宜，不超过100cm。根据在浙江桐乡、桐庐、金华、台州、绍兴等地的河湖岸线生态工程，特别设计以下五种多孔混凝土岸线生境的植物群落模式，通过系统观测和生态效应评价，优化适宜的植物群落。

(1) 水位变动区多孔混凝土生境＋陆生草本：高羊茅、白三叶、黑麦草。多孔混凝土岸线生境组合模式：分片单一品种种植。岸线多孔混凝土砌块铺装后覆土量50%后直播种子，种子用量如下：高羊茅3g/m^2、白三叶2g/m^2、黑麦草3g/m^2。植物播种后多孔混凝土生境坡面再覆土一层，植物自然发芽、生长。高羊茅、白三叶种植时间：3—7月；黑麦草种植时间：10—11月。应用示范地点：浙江省桐乡市无量桥港。

(2) 孔混凝土生境＋草本植物（挺水植物）和灌木：黄菖蒲、千屈菜、美人蕉、再力花、水烛、水葱和灌木树种伞房决明、小叶女贞、马棘、胡枝子、紫穗槐。多孔混凝土岸线生境组合模式：灌木（马棘、胡枝子）＋草本（美人蕉、再力花、水烛）；灌木（伞房决明、小叶女贞）＋草本（黄菖蒲、千屈菜、水葱）。植物种类均采用苗植。种植密度：9～16株/m^2，移栽时间：3—5月。应用示范地点：浙江省绍兴市越城区王家葑村内景观水体（水位变化幅度较小）。

(3) 多孔混凝土生境＋草本植物和灌木树种：小叶女贞、伞房决明、马棘、美丽胡枝子、截叶胡枝子、紫穗槐。多孔混凝土岸线生境组合模式：灌木（美丽胡枝子、伞房决明）＋草本（狗牙根）；灌木（小叶女贞、紫穗槐、马棘）＋草本（狗牙根）；灌木（截叶胡枝子）＋草本（狗牙根）。种子直播，用量如下：高羊茅3g/m^2、小叶女贞1.1g/m^2、伞房决明0.2g/m^2、马棘0.15g/m^2、美丽胡枝子0.32g/m^2、胡枝子0.35g/m^2、截叶胡枝子0.40g/m^2、紫穗槐0.45g/m^2。应用示范地点：浙江省桐庐县分水江。

(4) 孔混凝土生境＋草本植物（挺水植物）：美人蕉、再力花、黄菖蒲、菰。多孔混凝土岸线生境组合模式：草本（美人蕉）；草本（再力花、水葱）；草本（黄菖蒲）。种植密度：9～16株/m^2，适宜移栽时间：3—5月。应用示范地点：浙江省台州市黄岩区永宁江。

(5) 多孔混凝土生境＋草本植物和灌木树种：狗牙根、百喜草、小叶女贞、红叶石楠。小叶女贞、红叶石楠采用植苗种植，种植密度：9～16株/m^2。多孔混凝土岸线生境组合模式：灌木（小蜡、红叶石楠）＋草本（狗牙根）；草本（百喜草）。狗牙根、百喜草为种子直播，种子用量3g/m^2。应用示范地点：浙江省金华市八仙溪。

11.4.6 岸线多孔混凝土特定生境的植物效应

多孔混凝土预制单球组合、球连体砌块组合、矩形砌块构型、鱼巢式构型、自嵌式构型以及扇形构型等河湖岸线多孔混凝土生态堤岸方式的适用范围及其组合构建技术，示范工程应用情况表明：多孔混凝土应用于河道生态堤岸时，能够承受各类水浪冲刷和降雨径流淋洗，其构型仍然保持完整性，坡面整体较为稳定。

根据多孔混凝土岸线生境的植物成活率和生长情况，特别适宜于多孔混凝土岸线生境生长的优良灌木种类有：美丽胡枝子（*Lespedeza formosa*）、紫穗槐、伞房决明（*Cassia corymbosa*）、胡枝子（*Lespedeza bicolor Turcz*）、马棘、红叶石楠（*Photinia fraseri*）、小叶女贞等，优良草本植物种类有：狗牙根［*Cynodon dactylon*（*Linn.*）*Pers.*］、高羊茅、百喜草（*Paspalum natatu*）、再力花、美人蕉、香蒲、菰（*Zizania latifolia*）、水葱、芦苇。

上述优选的植物类型工程实践均证明能够适宜多孔混凝土岸线生境，并能够形成稳定的灌草结构的植物群落。通过多孔混凝土岸线生境生态工程和植物措施相结合构建的生态岸线能显著降低岸坡水土流失、增加河道三维空间绿量、增加岸线生境的生物多样性、修复水生生态系统、改善河湖水体景观。

11.4.6.1　植物群落三维绿量

通过植物群落的构建，增加了河道堤岸的空间绿量（表 11.6）。在实施岸线多孔混凝土生态修复之前，试验河段岸线由于受到水利侵蚀呈现直立状态，无植物立地条件，其三维空间绿量几乎为零。通过岸线生境修复和植物群落构建，应用示范河段岸线的空间绿量平均为 3.27m^3/m^2，与公园绿地的绿量水平相当。空间绿量的增加大大改善了河道景观。

表 11.6　　多孔混凝土岸线修复后植物群落三维绿量

应用示范区	多孔混凝土岸线生境植物群落模式	三维绿量/(m^3/m^2)
桐乡市无量桥港	高羊茅	3.68
	白三叶	3.04
	黑麦草	2.95
越城区王家葑村龙王塘	灌木（马棘、胡枝子）＋草本（美人蕉、再力花、水烛）	3.20
	灌木（伞房决明、小叶女贞）＋草本（黄菖蒲、千屈菜、水葱）	3.62
桐庐县分水江	灌木（美丽胡枝子、伞房决明）＋草本（狗牙根）	4.20
	灌木（小叶女贞、紫穗槐、马棘）＋草本（狗牙根）	3.80
	灌木（截叶胡枝子）＋草本（狗牙根）	3.28
黄岩区永宁江	草本（美人蕉）	3.55
	草本（再力花、水葱）	3.13
	草本（黄菖蒲）	2.85
金东区八仙溪	灌木（小蜡、红叶石楠）＋草本（狗牙根）	2.74
	草本（百喜草）	2.50
平均值	—	3.27

11.4.6.2　土壤侵蚀模数

应用示范工程的多孔混凝土生境修复区域的水土流失与对照区（天然土质岸线）相比明显减少，土壤侵蚀模式见表 11.7。水体岸线通过多孔混凝土生境修复的工程措施和植物措施相结合构建的生态堤岸能有效地保持水土，减轻水土流失。

表 11.7　　多孔混凝土岸线修复后土壤侵蚀模数

试验区	多孔混凝土岸线+植物模式（对照为自然土质岸线）	土壤侵蚀模数/[t/(km^2·a)]
桐乡市无量桥港	高羊茅	154.4
	白三叶	176.3
	黑麦草	192.6
	对照岸线	866.4
桐庐县分水江	灌木（美丽胡枝子、伞房决明）+草本（狗牙根）	37.8
	灌木（小叶女贞、紫穗槐、马棘）+草本（狗牙根）	45.5
	灌木（截叶胡枝子）+草本（狗牙根）	67.6
	对照岸线	1085.7
台州市永宁江	草本（美人蕉）	177.8
	草本（再力花、水葱）	189.7
	草本（黄菖蒲）	207.5
	对照岸线	1224.3
金华市金东区八仙溪	灌木（小蜡、红叶石楠）+草本（狗牙根）	210.8
	草本（百喜草）	231.3
	对照岸线	1160.5

11.5 河湖岸线植物自然养护

按照植物配置设计方案种植植物，应对河湖岸线多孔混凝土生境进行定期管理与维护，一般情况，河湖岸线植物群落采取自然养护、植物丰度自然增加的模式进行管养。由于多孔混凝土生境岸线是河湖水体保持的重点区域，坡度较大，无景观要求，无序整形与修剪，不进行除草，否则不利于水土保持和修复基层的稳定。

在特别高温干旱的季节或植物成活时期，应重视植物的补水或浇水管理，以保持多孔混凝土生境基层的湿润性，促进植物生长。

11.6 施工与验收

11.6.1 施工期主要技术环节验收

施工期验收要做好分项验收记录，主要验收内容如下：

（1）场地布置和设备安放不影响交通和物料搬运。

（2）堤岸坡面应平整、无碎石和塌陷，无局部倒坡或悬坡，坡脚和压顶结构符合设计要求。

（3）反滤层土工布铺设符合设计要求。

（4）多孔混凝土材料的孔隙率、抗压强度、孔隙水环境pH值应符合使用要求。多孔混凝土预制构型的铺装符合规定要求，块体之间过渡和衔接较好，无凸起和下陷，同时做好与防护边界的衔接。

（5）坡面回填土质量、组合配比符合设计要求。

（6）坡面植物生长良好，一年的生长周期后，植物根系固着稳定，常水位以上区域植被覆盖率超过80%，坡面基本无水土流失。

11.6.2　竣工时主要技术验收环节

（1）砌块选型与铺装、生态护坡压顶护脚、植物群落配置等是否符合设计要求。

（2）检查坡面回填土，多孔混凝土防护层的铺装、坡脚、压顶的处理状况。

（3）岸线不同部位的多孔混凝土砌块保持完整性，无明显侵蚀、剥落或风化现象。

（4）岸线多孔混凝土生境无明显凹陷或凸起，用2m靠尺检查凹凸不大于10cm。

11.6.3　验收时质量检查

（1）多孔混凝土坡面的预制构型、植物的种类是否与设计一致。

（2）坡面植被覆盖度应与设计相同。

（3）坡面无水土流失边坡，预制砌块无脱落、下陷、破损等迹象。

（4）河湖岸线边坡植物群落应满足粗放管理要求。

11-引用标准名录

《河道整治设计规范》（GB 50707—2011）

《水利水电工程边坡设计规范》（SL 386—2007）

《堤防工程设计规范》（GB 50286—2013）

《建筑边坡工程技术规范》（GB 50330—2013）

《土工合成材料长丝纺粘针刺非织造土工布》（GB/T 17639—2008）

参 考 文 献

［1］ 环境保护部．水污染防治行动计划（国发〔2015〕17 号）．2015－04－16.
［2］ 环境保护部．2015 中国环境状况公报．2015－05－20.
［3］ http：//news. xinhuanet. com/environment/2007－01/07/content _ 5575610. htm.
［4］ Showers K B. Water scarcity and urban Africa：an overview of urban－rural water linkages［J］. World Development，2002，30：621－648.
［5］ Bohn B A，Kershner J L. Establishing aquatic restoration priorities using a watershed approach［J］. Journal of Environmental Management，2002，64：355－363.
［6］ 蒋火华，吴贞丽，梁德华．世界典型湖泊水质探研［J］．世界环境，2004（4）：35－37.
［7］ Farahnaz E，Thomas S，Silke M M，et al. Investigation of natural biofilms formed during the production of drinking water from surface water embankment filtration［J］. Water Research，2004，38：1197－1206.
［8］ Meier K，Kuusemets V，Luig J，et al. Riparian buffer zones as elements of ecological networks：Case study on Parnassius mnemosyne distribution in Estonia［J］. Ecological Engineering，2005，24：531－537.
［9］ Morten L P，Nikolai F，Jens S，et al. Restoration of Skjern River and its valley—short－term effects on river habitats，macrophytes and macroinvertebrates［J］. Ecological Engineering，2007，30：145－156.
［10］ 董哲仁．探索生态水利工程学［J］．中国工程科学，2007，9（1）：1－7.
［11］ Palmer M A，Bemhardt E S，Allan J D，et al. Standards for the ecologically successful river storation［J］. Journal of Applied Ecology，2005，42：208－217.
［12］ Giller P S. River restoration：seeking ecological standards［J］. Journal of Applied Ecology，2005，42（2）：201－207.
［13］ Gillilan S，Boyd K，Hoitsma T，et al. Challenges in developing and implementing ecological standards for geomorphic river restoration projects：a practitioner's response to Palmer et al.［J］. Journal of Applied Ecology，2005，42：223－227.
［14］ 董哲仁．生态水工学探索［M］．北京：中国水利水电出版社，2007.
［15］ 钦佩，安树青，颜京松．生态工程学［M］．南京：南京大学出版社，2002.
［16］ 张景来，王剑波，常冠钦，等．环境生物技术及应用［M］．北京：化学工业出版社，2002.
［17］ 唐志坚，张平，左社强，等．植物修复技术在地表水处理中的应用［J］．中国给水排水，2003，19（7）：27－29.
［18］ 宋旭文，陈家长．浮床无土栽培植物控制池塘富营养化水质［J］．湛江海洋大学学报，2001，21（3）：29－33.
［19］ 李睿华，管运涛，何苗，等．用美人蕉、香根草、荆三棱植物带处理受污染河水［J］．清华大学学报，2006，46（3）：366－370.
［20］ 许航，陈焕壮，熊启权，等．水生植物塘脱氮除磷的效能及机理研究［J］．哈尔滨建筑大学学报，1999，32（4）：69－73.
［21］ 宋海亮，吕锡武，李先宁，等．水生植物滤床预处理微污染水源水［J］．中国给水排水，2004，20（11）：6－9.

[22] 王宝贞，王琳，杨鲁豫，等．生态塘——简易高效的污水处理技术设计应用［J］．城市环境与城市生态，1998，11（2）：1－5．

[23] Jing S R，Lin Y F，Lee D Y，et al. Nutrient removal from polluted river water by using constructed wetlands［J］．Bioresource Technology，2001，76：131－135．

[24] Liu C，Du G S，Huang B B，et al. Biodiversity and water quality variations in constructed wetland of Yongding River system［J］．Acta Ecologica Sinica，2007，27，3670－3677．

[25] 秦伯强．富营养化湖泊开敞水域水质净化的生态工程试验研究［J］．环境科学学报，2007，27（1）：1－4．

[26] Steven D，Tom D B，Dirk E，et al. Ecological characteristics of small farmland ponds：associations with land use practices at multiple spatial scales［J］．Biological Conservation，2006，131：523－532．

[27] Wang B Z，Dai A，Wang D，et al. Case studies on pond－land systems treating municipal wastewater in northern areas of China［C］．Proceeding of water environment federation，68th Annual Conf. & Expo.，Miami Beach Florida，1995，（4）：511－522．

[28] Vanburenm A，Watt W E. Removal of selected urban stormwater constituents by an on－stream pond［J］．Journal of Environmental Planning & Management，1997，40：5－14．

[29] 丁则平．日本湿地净化技术人工浮岛介绍［J］．海河水利，2007，（2）：63－65．

[30] Perkol－Finkel S，Zilman G，Sella I，et al. Floating and fixed artificial habitats：spatial and temporal patterns of benthic communities in a coral reef environment［J］．Estuarine，Coastal and Shelf Science，2008，77：491－500．

[31] 马庆，孙从军，高阳俊，等．滇池入湖河口生态浮床植物筛选研究［J］．生态科学，2006，26（6）：490－494．

[32] 林军，章守宇．人工鱼礁物理稳定性及其生态效应的研究进展［J］．海洋渔业，2006，28（3）：257－262．

[33] Eric W，William M H. Topographically controlled fronts in the ocean and their biological influence［J］．Science，1998，241（8）［Doi：10.1126/science.241.4862.177］：177－181．

[34] 李冠成．人工鱼礁对渔业资源和海洋生态环境的影响及相关技术研究［J］．海洋学研究，2007，25（3）：93－102．

[35] 赵海涛，张亦飞，郝春玲，等．人工鱼礁的投放区选址和礁体设计［J］．海洋学研究，2006，24（4）：69－76．

[36] Nakamum F，Jistu M，Kameyama S，et al. Changes in riparian forests in the Kushiro Mire，Japan，associate with stream channelization［J］．River Research and Applications，2002，18（1）：65－79．

[37] 夏正东．航道护砌技术与生态效应［J］．水运工程，2007（10）：51－53．

[38] 董哲仁．水利生态工程学的框架［J］．水利学报，2003，34（1）：1－6．

[39] 林启才．河流生态工程学及生态水工学的发展与趋势［J］．灾害与防治工程，2007（1）：75－80．

[40] 刘正茂，赵艳波，崔玉玲，等．生态水利工程设计应遵循的理论与技术路线［J］．水利发展研究，2007（8）：26－30．

[41] 汪洋，周明耀，赵瑞龙，等．城镇河道生态护坡技术的研究现状与展望［J］．中国水土保持科学，2005，3（1）：88－92．

[42] Jungwirth M，Muhar S，Schmutz S. Re－establishing and assessing ecological integrity in riverine landscapes［J］．Freshwater Biology，2002，47（4）：867－887．

[43] Mander Ü，Kuusemets V，Lõhmus K，et al. Efficiency and dimensioning of riparian buffer zones in agricultural catchments［J］．Ecological Engineering，1997，8：299－324．

[44] McKone P D. Streams and their riparian corridors—functions and values［J］．Journal of Manage-

ment in Engineering, 2000, 16: 28 - 29.

[45] 黄廷林，马学尼．水文学［M］．5版．北京：中国建筑工业出版社，2014.

[46] Fremier A, Kiparsky M, Gmur S, et al. A riparian conservation network for ecological resilience [J]. Biological Conservation, 2015, 191: 29 - 37.

[47] Connolly N, Pearson R, Pearson B. Riparian vegetation and sediment gradients determine invertebrate diversity in streams draining an agricultural landscape [J]. Agriculture, Ecosystems & Environment, 2016, 221: 163 - 173.

[48] 吴义锋，吕锡武，仲兆平，等．河渠岸坡特定生态系统基质酶活性及细菌种群的动态特征［J］．化工学报，2009，60（11）：2897 - 2902.

[49] Dai Y, Wang D G. Numerical study on the purification rerformance of riverbank [J]. Journal of Hydrodynamics, 2007, 19: 643 - 652.

[50] Suthipong S, Satoshi T, Jiraporn H, et al. Soil erosion and its impacts on water treatment in the northeastern provinces of Thailand [J]. Environment International, 2007, 33: 706 - 711.

[51] Frantisek B, Renata K, Miroslav K. Model reconstruction of nitrate pollution of riverbank filtration using ^{15}N and ^{18}O data, Karany, Czech Republic [J]. Applied Geochemistry, 2006, 21: 656 -674.

[52] 韩玉玲，夏继红，陈用明，等．河道生态建设——河流健康诊断技术［M］．北京：中国水利水电出版社，2012.

[53] Weiss W J, Bouwer E J, Aboytes R, et al. Riverbank filtration for control of microorganisms: results from field monitoring [J]. Water Research, 2005, 39 (10): 1990 - 2001.

[54] Vidon P, Hill A. Landscape controls on the hydrology of stream riparian zones [J]. Journal of Hydrology, 2004, 292: 201 - 228.

[55] Parn J, Pinay G, Mander U. Indicators of nutrients transport from agricultural catchments under temperate climate: a review [J]. Ecological Indicators, 2012, 22: 4 - 15.

[56] European Commission. Implementation of Council Directive 91/676/EEC concerning the protection of wastes against pollution caused by nitrate from agricultural sources [R]. 2002.

[57] Wood P J, Hannah D M, Sadler J P. Hydroecology and ecohydrology: past, present and future [M]. John Wiley & Sons, Ltd, 2009: 198 - 208.

[58] Vidon P, Hill A. Landscape controls on the hydrology of stream riparian zones [J]. Journal of Hydrology, 2004, 292: 210 - 228.

[59] Hill A. Nitrate removal in stream riparian zones [J]. Journal of Environmental Quality, 1996, 25: 743 - 755.

[60] Hefting M, Clément J, Dowrick D, et al. Water table elevation controls on soil nitrogen cycling in riparian wetlands along a European climatic gradient [J]. Biogeochemistry, 2004, 67: 113 - 134.

[61] 吴义锋，吕锡武，仲兆平，等．河渠岸坡特定生态系统的脱氮效率及影响因素［J］．中南大学学报（自然科学版），2011，42：539 - 545.

[62] 董哲仁．河流生态修复的尺度格局和模型［J］．水利学报，2006，37（12）：1476 - 1481.

[63] 中国科学院成都分院土壤研究室．中国紫色土［M］．北京：科学出版社，1994.

[64] 李红卫，彭补拙．三峡库区水土流失特点及其环境危害防治措施探讨［J］．长江流域资源与环境，1993，2（4）：331 - 339.

[65] 徐海波，宗瑞英．谈城市河道生态护坡技术［J］．工程建设与设计，2005（1）：57 - 59.

[66] 杨芸．论多自然型河流治理法对河流生态环境的影响［J］．四川环境，1999，18（1）：19 - 24.

[67] 财团法人 先端建设技术セソター编［M］．河川护岸工法の手引き．东京山海棠，2001.

[68] Jasson R, Backx H, Boulton A I, et al. Stating mechanisms and refining criteria for ecologically

successful river restoration: a comment on Palmer et al [J]. Journal of Applied Ecology, 2005, 42 (2): 218 - 222.

[69] 王薇，李传奇. 景观生态学在河流生态修复中的应用 [J]. 中国水土保持，2003 (6): 36 - 37.

[70] 杨海军，封福记，赵亚楠，等. 受损河岸生态修复技术 [J]. 东北水利水电，2004，22 (6): 51 -53.

[71] Alexandra A G, Katy A H, Kerry T B M. River sediment and flow characteristics near a bank filtration water supply: implications for riverbed clogging [J]. Journal of Hydrology, 2007, 344: 55 -69.

[72] Westbrook S J, Rayner J L, Davis G B, et al. Interaction between shallow groundwater, saline surface water and contaminant discharge at a seasonally and tidally forced estuarine boundary [J]. Journal of Hydrology, 2005, 302: 255 - 269.

[73] Kima S B, Corapcioglu M Y, Kim D J. Effect of dissolved organic matter and bacteria on contaminant transport in riverbank filtration [J]. Journal of Contaminant Hydrology, 2003, 66: 1 - 23.

[74] 林军. 河流侵蚀淤积环境地质问题研究——以福建九龙江晋江为例 [J]. 中国地质灾害与防治学报，2005，16 (2): 32 - 37.

[75] 胡利文，陈汉宁. 锚固三维网生态防护理论及其在边坡工程中的应用 [J]. 水运工程，2003 (4): 13 - 15.

[76] 李俊翔. 水泥土在河道护坡中的应用初探 [J]. 山东师范大学学报（自然科学版），2002，17 (2): 44 - 47.

[77] Li X P, Zhang L Q, Zhang Z. Soil bioengineering and the ecological restoration of river banks at the airport town, Shanghai China [J]. Ecological Engineering, 2006, 26: 304 - 314.

[78] 邹战强. 水力喷播技术在水土保持中的应用 [J]. 草业科学，2005，22 (7): 104 - 106.

[79] 张政，付融冰. 河道坡岸生态修复的土壤生物工程应用 [J]. 湖泊科学，2007，19 (5): 558 -565.

[80] Forman R T T. Land mosaics: the ecology of landscapes and regions [M]. Cambridge: Cambridge University Press, 1997: 213 - 246.

[81] 岳隽，王仰麟. 国内外河岸带研究的进展与展望 [J]. 地理科学进展，2005，24 (5): 33 - 40.

[82] Tabacchi E, Lambs L, Guilloy H, et al. Impacts of riparian vegetation on hydrological processes [J]. Hydrological Processes, 2000, 14: 2959 - 2976.

[83] Narumalani S, Zhou Y C, Jensen J R. Application of remote sensing and geographic information systems to the delineation and analysis of riparian buffer zones [J]. Aquatic Botany, 1997, 58: 393 -409.

[84] 吴耀国，王超，王惠民. 河岸渗滤作用脱氮机理及其特点的试验 [J]. 城市环境与城市生态，2003，16 (6): 298 - 300.

[85] 王超，王沛芳，唐劲松，等. 河道沿岸芦苇带对氨氮的削减特性研究 [J]. 水科学进展，2003，14 (3): 311 - 317.

[86] Zhou Y, Watts D, Li Y H, et al. A case study of effect of lateral roots of Pinus yunnanensis on shallow soil reinforcement [J]. Forest Ecology and Management, 1998, 33: 107 - 120.

[87] Wainwright J, Parsons A J, Abrahams A D. Plot - scale studies of vegetation, overland flow and erosion interactions: case studies from Arizona and New Mexico [J]. Hydrological Processes, 2000, 14 (16 - 17): 2921 - 2943.

[88] Rousseau D P L, Vanrolleghem P A, De Pauw N. Model - based design of horizontal subsurface flow constructed treatment wetlands: a review [J]. Water Research, 2004, 38: 1484 - 1493.

[89] 张宇博，杨海军，王德利，等. 受损河岸生态修复工程的土壤生物学评价 [J]. 应用生态学报，2008，19 (6): 1374 - 1380.

[90] 冯辉荣，聂丽华，罗仁安，等．绿化混凝土的研究进展［J］．混凝土，2005（12）：25－29.

[91] Wong N H，Chen Y，Ong C L，et al. Investigation of thermal benefits of rooftop garden in the tropical environment［J］．Building and Environment，2003，38（2）：261－270.

[92] 董建伟．绿化混凝土上草坪植物所需营养元素及供给［J］．吉林水利，2004（2）：1－5.

[93] 冯辉荣，罗仁安，樊建超．“沙琪玛骨架”绿化混凝土抗压与植草实验研究［J］．混凝土，2005（7）：49－53.

[94] 刘小康，高建明，吉伯海．粗集料级配对多孔混凝土性能的影响研究［J］．混凝土与水泥制品，2005（5）：11－13.

[95] 吴义锋，吕锡武，王新刚，等．4种生态混凝土护坡护砌方式的生态特性研究［J］．安全与环境工程，2007，13（1）：9－12.

[96] 高建明，吕锡武．环保生态型多孔混凝土材料研究与应用［R］．南京：东南大学，2005.

[97] 胡春明，胡勇有，虢清伟，等．植生型生态混凝土孔隙碱性水环境改善的研究［J］．混凝土与水泥制品，2006（3）：8－10.

[98] 李化建，孙恒虎，肖雪军．生态混凝土研究进展［J］．材料导报，2005，19（3）：17－21.

[99] 陈志山，刘选举．生态混凝土净水机理及其应用［J］．科学技术与工程，2003，3（4）：371－373.

[100] Park S B，Tia M. An experimental on the water purification poperties of porous concrete［J］．Comment and Concrete Research，2004，34：177－184.

[101] 吴义锋，吕锡武．生态混凝土介质预处理富营养化原水［J］．净水技术，2007，26（4）：17－20.

[102] 金腊华，陈炜地，袁杰，等．透水性混凝土生态膜法处理城市生活污水［J］．暨南大学学报（自然科学版），2006，27（1）：112－117.

[103] Tanji Y，Sakai R，Miyanaga K，et al. Estimation of the self－purification capacity of biofilm formed in domestic sewer pipes［J］．Biochemical Engineering Journal，2006，31：96－101.

[104] 陈小华，李小平．河道生态护坡关键技术及其生态功能［J］．生态学报，2007，27（3）：1168－1176.

[105] 今井实．植生コソクリ－ト一のり面一［J］．コソクリ－ト工学，1998，36（1）：24－26.

[106] 樊建超，罗仁安，冯辉荣．植物相容型生态混凝土的植被试验与研究［J］．福建林业科技，2005，32（3）：11－14.

[107] 陈庆锋，单保庆．生态混凝土在城市面源污染控制中的应用初探［J］．上海环境科学，2005，25（4）：214－217.

[108] 蒋彬，吕锡武，吴今明，等．生态混凝土护坡在水源保护区生态修复工程中的应用［J］．净水技术，2005，24（4）：47－49.

[109] 陈杨辉，吴义锋，吕锡武．生态混凝土在河道护坡中的应用［J］．中国水土保持，2007（6）：42－43.

[110] 林发永，金卫民，翁明华，等．上海市南汇五灶港绿化混凝土生态护坡试验［J］．中国农村水利水电，2006，8：122－124.

[111] Mckone P D. Streams and their riparian corridors—functions and values［J］．Journal of Management in Engineering，2000，16（3）：28－29.

[112] 陈明曦，陈芳清，刘德富．应用景观生态学原理构建城市河道生态护岸［J］．长江流域资源与环境，2007，16（1）：98－102.

[113] 韩玉玲，岳春雷，叶碎高，等．河道生态建设——植物措施应用技术［M］．北京：中国水利水电出版社，2007.

[114] 陈敏建，丰华丽，王立群，等．生态标准河流和调度管理研究［J］．水科学进展，2006，17

(5)：631-636.

[115] Poudevigne I，Alard D，Leuven R S E W，et al. A systems approach to river restoration：a case study in the lower Seine valley，France [J]. River Research and Applications，2002，18 (3)：239-247.

[116] 金帮琳，赵微微．用生态模式建设城市河流防护工程刍议 [J]. 水利天地，2007 (10)：18-19.

[117] Lepori F，Palm D，Malmqvist B. Effects of stream restoration on ecosystem functioning：detritus retentiveness and decomposition [J]. Journal of Applied Ecology，2005，42 (2)：228-238.

[118] Ot'ahel'ová H，Valachovič M，Hrivnák R. The impact of environmental factors on the distribution pattern of aquatic plants along the Danube River corridor (Slovakia) [J]. Limnologica，2007，37 (4)：290-302.

[119] 国家环境保护总局．水和废水监测分析方法 [M]. 4 版．北京：中国环境科学出版社，2002.

[120] 方华．饮用水生物稳定性与净水工艺对有机物去除的研究 [D]. 南京：东南大学博士学位论文，2006.

[121] 纪荣平．人工介质对太湖水源地水质改善效果及机理研究 [D]. 南京：东南大学博士学位论文，2005.

[122] 魏谷，于鑫，叶林，等．脂磷生物量作为活性生物量指标的研究 [J]. 中国给水排水，2007，23 (9)：1-4.

[123] 于鑫，张晓健，王占生．饮用水生物处理中生物量的脂磷法测定 [J]. 给水排水，2002，28 (5)：1-6.

[124] Urfer D，Huck P M. Measurement of biomass activity in drinking water biofilters using a respirometric method [J]. Water Research，2001，35 (6)：1469-1477.

[125] 姚槐应，黄昌勇．土壤微生物生态学及其实验技术 [M]. 北京：科学出版社，2006：52-66.

[126] 许光辉，郑洪元．土壤微生物分析方法手册 [M]. 北京：中国农业出版社，1986.

[127] 沈韫芬，章宗涉，龚循矩，等．微型生物监测新技术 [M]. 北京：中国建筑工业出版社，1990.

[128] 中国标准出版社第二编辑室．中国环境保护标准汇编·水质分析方法 [M]. 北京：中国标准出版社，2000.

[129] 周凤霞，陈剑虹．淡水微型生物图谱 [M]. 北京：化学工业出版社，2005.

[130] 吴邦灿．环境监测技术 [M]. 北京：中国环境科学出版社，1998.

[131] 胡鸿钧，魏印心．中国淡水藻类——系统、分类及生态 [M]. 北京：科学出版社，2006.

[132] 王家辑．中国淡水轮虫志 [M]. 北京：科学出版社，1960.

[133] 黄祥飞．湖泊生态调查观测与分析 [M]. 北京：中国标准出版社，2000.

[134] Haney J F，Hall D J. Sugar-coated Daphnia：a preservation technique for cladocera [J]. Limnology and Oceanography，1973，18：331-333.

[135] 蒋燮志，堵南山．中国动物志·节肢动物门·甲壳纲·淡水枝角类 [M]. 北京：科学出版社，1979.

[136] 中国科学院动物研究所甲壳动物研究组．中国动物志·节肢动物门·甲壳纲·淡水桡足类 [M]. 北京：科学出版社，1979.

[137] 陈廷，黄建荣，陈晟平，等．广州市人工湖泊 PFU 原生动物群落群集过程及其对水质差异的指示作用 [J]. 应用与环境生物学报，2004，10 (3)：310-314.

[138] 桑军强，张锡辉，张声，等．原水生物预处理的轻质滤料滤池和陶粒滤池运行效果对比 [J]. 环境科学，2004，25 (3)：40-43.

[139] 黄海真，陆少鸣，王娜，等．四段式生物接触氧化池预处理微污染珠江原水研究 [J]. 中国给水排水，2007，23 (11)：39-42.

[140] Ericsson B，Tragardh G. Treatment of surface water rich in humus—membrane filtration vs. conventional

treatment [J]. Desalination, 1997, 108 (1-3): 117-128.

[141] Uyak V, Ozdemir K, Toroz I. Seasonal variations of disinfection by-product precursors profile and their removal through surface water treatment plants [J]. Science of The Total Environment, 2008, 390 (2-3): 417-424.

[142] Chen C, Zhang X J, He W J, et al. Comparison of seven kinds of drinking water treatment processes to enhance organic material removal: A pilot test [J]. Science of The Total Environment, 2007, 382 (1): 93-102.

[143] Plummer J D, Long S C. Monitoring source water for microbial contamination: evaluation of water quality measures [J]. Water Research, 2007, 41 (16): 3716-3728.

[144] 李树苑，罗宜兵，张怀宇，等．网状填料生物氧化预处理受污染水库水 [J]. 中国给水排水，1999，15 (11)：5-9.

[145] 詹旭，吕锡武．生物强化技术对水源地有机污染物的降解 [J]. 水处理技术，2007，33 (8)：44-46.

[146] 刘建广，张春阳，张晓健，等．亚硝酸盐氮对臭氧氧化有机物的影响研究 [J]. 中国给水排水，2007，23 (3)：84-87.

[147] Gersberg R M, Eldkins V. Role of aquatic plants in wastewater treatment by artificial wetland [J]. Water Research, 1988, 20 (3): 363-368.

[148] Camvalero M A, Mara D D. Nitrogen removal via ammonia volatilization in maturation ponds [J]. Water Science and Technology, 2007, 55 (11): 87-92.

[149] 张荣社，周琪，张建，等．潜流构造湿地去除农田排水中氮的研究 [J]. 环境科学，2003，24 (3)：113-116.

[150] 项学敏，宋春霞，李彦生，等．湿地植物芦苇和香蒲根际微生物特性研究 [J]. 环境保护科学，2004，30 (4)：35-38.

[151] 郭长城，胡洪营，李锋民，等．湿地植物香蒲体内氮、磷含量的季节变化及适宜收割期 [J]. 生态环境学报，2009，18 (3)：1020-1025.

[152] Joret J C, Levi Y, Volk C. Biodegradable dissolved organic carbon (BDOC) content of drinking water and potential regrowth of bacteria [J]. Water Science and Technology, 1991, 24: 95-101.

[153] 张朝辉．饮用水深度处理工艺的优化研究 [D]. 南京：东南大学博士学位论文，2005.

[154] 马晓雁，高乃云，李青松，等．黄浦江原水及水处理过程中内分泌干扰物状况调查 [J]. 中国给水排水，2006，22 (19)：1-4.

[155] 马晓雁，高乃云，李青松，等．固相萃取-高效液相色谱检测原水中微量内分泌干扰物 [J]. 给水排水，2006，32 (1)：6-10.

[156] Yang H J, Shen Z M, Zhang J P, et al. Water quality characteristics along the course of the Huangpu River (China) [J]. Journal of Environmental Sciences, 2007, 19: 1193-1198.

[157] Maloschik E, Ernst A, Hegedus G, et al. Monitoring water-polluting pesticides in Hungary [J]. Microchemical Journal, 2007, 85: 88-97.

[158] Miltner, Richard J, Baker, David B, et al. Treatment of seasonal preticides in surface water [J]. Journal of American Water Works Association, 1989, 81: 43-52.

[159] Ormad M P, Miguel N, Claver A, et al. Pesticides removal in the process of drinking water production [J]. Chemosphere, 2008, 71: 97-106.

[160] 蔡国庆，马军．臭氧催化氧化去除水中微量莠去津 [J]. 中国给水排水，2001，17：72-74.

[161] Li Q L, Snoeyink V L, Marinas B J, et al. Pore blocking effect of NOM on atrazine adsorption kinetics of PAC: the role of pore size distribution and NOM molecular weight [J]. Water Research,

2003，37：4863-4872.

[162] Bruzzoniti M C，Sarzanini C，Costantino G，et al. Determination of herbicides by solid phase extraction gas chromatography—mass spectrometry in drinking waters [J]. Analytica Chimica Acta，2006，578：241-249.

[163] 陈玺，孙继朝，黄冠星，等．酞酸酯类物质污染及其危害性研究进展 [J]. 地下水，2008，30 (2)：57-59.

[164] 鲁翌，徐铁鸣，王颖，等．高效酞酸酯降解菌的驯化、筛选及其降解的初步研究 [J]. 卫生研究，2008，36 (6)：671-673.

[165] Muneer M，Theurich J，Bahnemann D. Titanium dioxide mediated photocatalytic degradation of 1，2-diethyl phthalate [J]. Journal of Photochemistry and Photobiology A：Chemistry，2001，143：213-219.

[166] Halmann M. Photodegradation of di-n-butyl-ortho-phthalate in aqueous solutions [J]. Journal of Photochemistry and Photobiology A：Chemistry，1992，66：215-223.

[167] 夏凤毅，郑平，周琪，等．邻苯二甲酸酯化合物生物降解性与其化学结构的相关性 [J]. 浙江大学学报（农业与生命科学版），2004，30 (2)：141-146.

[168] 王莹莹，范延臻，顾继东．邻苯二甲酸及邻苯二甲酸二甲酯的好氧微生物降解 [J]. 应用与环境生物学报，2003，9 (1)：63-66.

[169] 陈济安．邻苯二甲酸二（2-乙基己基）酯生物降解研究进展 [J]. 国外医学卫生学分册，2003，30 (1)：17-19.

[170] 曾锋，康跃惠，傅家谟，等．邻苯二甲酸二（2-乙基己基）酯酶促降解性的研究 [J]. 环境科学学报，2001，21 (1)：13-17.

[171] 夏凤毅，郑平，周琪，等．7种邻苯二甲酸酯化合物的模拟曝气降解研究 [J]. 环境科学，2002，23 (S)：11-15.

[172] Cousins I，Mackay D. Correlating the physical-chemical properties of phthlate esters using the "three solubility" approach [J]. Chemosphere，2001，41：1389-1399.

[173] 甘平，朱婷婷，樊耀波，等．氯苯类化合物的生物降解 [J]. 环境污染治理技术与设备，2000，4 (1)：1-12.

[174] Harper D，Zalewski M，Pacini N. 生态水文学：过程、模型和实例——水资源可持续管理的方法 [M]. 北京：中国水利水电出版社，2012.

[175] 白宇，张杰，陈淑芳，等．生物滤池反冲洗过程中生物量和生物活性的分析 [J]. 化工学报，2004，55 (10)：1690-1695.

[176] Chu H Y，Lin X G，Fujii T，et al. Soil microbial biomass，dehydrogenase activity，bacterial community structure in response to long-term fertilizer management [J]. Soil Biology and Biochemistry，2007，39：2971-2976.

[177] Carreira J A，Vinegla B，Garcia-Ruiz R，et al. Recovery of biochemical functionality in polluted flood-plain soils：The role of microhabitat differentiation through revegetation and rehabilitation of the river dynamics [J]. Soil Biology and Biochemistry，2008，40：2088-2097.

[178] Rogers B F，Tate III R L. Temporal analysis of the soil microbial community along a toposequence in Pineland soils [J]. Soil Biology and Biochemistry，2001，33 (10)：1389-1401.

[179] 黄代中，肖文娟，刘云兵，等．浅水湖泊沉积物脱氢酶活性的测定及其生态学意义 [J]. 湖泊科学，2009，21 (3)：345-350.

[180] 张甲耀，夏盛林，丘克明，等．潜流人工湿地污水处理系统氮去除及氮转化细菌的研究 [J]. 环境科学学报，1999，19 (3)：323-327.

[181] 王晓娟，张荣社．人工湿地微生物硝化和反硝化强度对比研究 [J]. 环境科学学报，2006，26

(2)：225 - 229.

[182] 中华人民共和国国家标准．水质-微型生物群落监测- PFU 法（GB/T 12990—1991）[S]. 北京：中国标准出版社，1991.

[183] 王备新，杨莲芳．大型底栖无脊椎动物水质快速生物评价研究进展 [J]. 南京农业大学学报，2001，24 (4)：107 - 111.

[184] Beisel J N，Philippe U P，Thomas S，et al. Stream community structure in relation to spatial variation：the influence of mesohabitat characteristics [J]. Hydrobiologia，1998，389：73 - 88.

[185] Beisel J N，Usseglio - Polatera P，Moreteau J C. The spatial heterogeneity of river bottom：a key factor determining macroinvertebrate communities [J]. Hydrobjologia，2000，422/423：163 -171.

[186] Wang S B，Xie P，Wu S K，et al. Crustacean zooplankton distribution patterns and their biomass as related to trophic indicators of 29 shallow subtropical lakes [J]. Limnologica，2007，37：242 - 249.

[187] 郑木莲．多孔混凝土的渗透系数及测试方法 [J]. 交通运输工程学报，2006，6 (4)：41 - 43.

[188] 宋中南，石云兴．透水混凝土及其应用技术 [M]. 北京：中国建筑工业出版社，2010.

[189] 顾卫，江源，余海龙．人工坡面植被恢复设计与技术 [M]. 北京：中国环境科学出版社，2009.

[190] Vymazal J，Greenway M，Tonderski K，et al. Constructed wetlands for wastewater treatment [M]. Springer Berlin Heidelberg，2006.

[191] 周巧红，吴振斌，付贵平，等．复合垂直流构建湿地基质微生物类群及酶活性的空间分布 [J]. 环境科学，2005，26 (2)：108 - 112.